普通高等教育"十四五"规划教材

氢能利用

王 非 周 满 薛 冰◎主编

中国石化出版社

·北京·

内 容 提 要

本书根据能源化学工程专业人才培养方案以及氢能企业对高级应用型人才的要求而编写。全书共六章：第1章"绪论"，介绍氢的性质、氢经济与产业链以及各国氢能产业发展动态等；第2章"氢能绿色制取"，介绍化石燃料制氢、电解水制氢、太阳能制氢等几种主流的制氢方法和产业未来发展趋势等；第3章"氢能安全储运"，介绍气液固三种储氢方法以及氢能的运输和加注技术；第4章"氢燃料电池"，介绍氢燃料电池的物理化学基础、五种氢燃料电池的基本情况及各自的技术特点以及其关键材料的种类及特点；第5章"氢能与综合能源系统"，探讨氢能在未来综合能源系统中工业用户、交通运输、建筑热电联供、能源企业潜在的应用途径及未来关键技术节点；第6章"氢安全"，以氢安全基础、材料的氢脆等为基础，对典型的制氢、储氢、输氢和用氢过程中存在的风险因素进行分析，介绍氢安全评价技术。

本书为能源化学工程、化学工程与工艺及相关专业的本科生教材，也可以供研究生及工程技术人员参考。

图书在版编目（CIP）数据

氢能利用／王非，周满，薛冰主编. — 北京：中国石化出版社，2024.11. — （普通高等教育"十四五"规划教材）. — ISBN 978-7-5114-7694-4

Ⅰ. TK919

中国国家版本馆 CIP 数据核字第 20249G70V8 号

中国石化出版社出版发行

地址：北京市东城区安定门外大街 58 号
邮编：100011　电话：(010)57512500
发行部电话：(010)57512575
http://www.sinopec-press.com
E-mail：press@sinopec.com
北京科信印刷有限公司印刷
全国各地新华书店经销

*

787 毫米×1092 毫米 16 开本 10.5 印张 246 千字
2024 年 11 月第 1 版　2024 年 11 月第 1 次印刷
定价：38.00 元

前言

PREFACE

在 21 世纪的全球能源转型浪潮中，氢能作为一种清洁、高效、可再生的能源，正逐步从理论探索走向广泛应用，成为连接传统化石能源与未来可持续能源体系的桥梁。随着全球气候变化问题的日益严峻，减少温室气体排放、推动绿色低碳发展成为国际社会的共识。氢能，以其独特的优势——零排放、高能量密度、来源广泛且可储存性强，被视为实现这一目标的关键技术路径之一。

近年来，随着技术进步和成本下降，各国政府纷纷出台政策支持氢能产业发展，我国氢能产业链也逐渐完善，并且从制氢、储氢、运氢到加氢站建设、燃料电池汽车及氢能发电等多个环节均取得了显著进展：首列氢能源市域列车完成达速试跑，海水直接制氢技术在福建海试成功，《氢能产业发展中长期规划(2021—2035 年)》《氢能产业标准体系建设指南(2023 版)》等陆续推出……在这样的背景下，氢能利用的研究与应用不仅关乎能源结构的优化升级，更对实现全球气候目标、促进经济可持续发展具有重要意义。

本书旨在深入探讨氢能利用的现状、技术挑战、发展趋势以及未来展望，通过分析氢能产业链的关键环节、技术瓶颈及解决方案，为氢能产业的健康发展提供参考和借鉴。同时，我们也期待通过本书的探讨，激发更多关于氢能利用的创新思维和实践探索，共同推动全球能源向更加清洁、高效、可持续的方向迈进。

本书由王非、周满和薛冰主编，其中第 1 章由王非和郁晓婷编写，第 2 章由王非和敖怀生编写，第 3 章由周满和高海光编写，第 4 章由周满和何小波编写，第 5 章由周满、薛冰和陈雨凯编写，第 6 章由薛冰和刘宗辉编写，全书由王非、周满和薛冰修改定稿。在本书编写过程中，听取并采纳了一些专业教师的意见和建议，对此表示感谢。同时，作者衷心感谢中国石化出版社的大力支持。

本书对接产业更新的及时性与紧迫性，促进产教深度融合，更好地赋能新质生产，将产业前沿和基础知识有机融合，目的是让读者能够从"制氢—储氢—输氢—用氢—安全"的氢能全产业链上，结合最新的研究及应用现状，从整体上了解氢能产业的主要内容及发展趋势。本书有助于氢能研究领域人员快速全面了解本领域的基础知识、现状和发展趋势。

由于水平有限，难免有不妥和疏漏之处，热忱欢迎指正。

目录

CONTENTS

第1章 绪论

　　氢能是一种清洁低碳、灵活高效的能源，对于促进全球经济脱碳，特别是在工业和交通领域有着不可或缺的替代作用。氢能还兼具能源和原料双重属性，与电能相比，它便于储存、方便运输，可以作为载能体，替代电能参与到交通、发电、储能、工业等领域，应用场景丰富。另外，实现能源自主安全可控，可再生能源制氢可以利用我国广阔的国土面积，使用风光绿电制氢。2019年3月，氢能首次被写入《政府工作报告》。2022年3月，国家发展改革委、国家能源局联合发布《氢能产业发展中长期规划（2021—2035年）》，确定了氢能产业战略定位和绿色低碳发展方向，首次明确地提出氢在能源体系当中所占的重要地位。而在2024年的《政府工作报告》中，也指出"加快前沿新兴氢能、新材料、创新药等产业发展"，这是氢能产业首次被写入《政府工作报告》。可见发展氢能产业具有重要意义。两年来，我国氢能产业发展步入快车道，国家能源氢储运创新平台突破性技术成果不断涌现，氢能车辆免收高速费试点首发开启，氢能纳入《中华人民共和国能源法（草案）》……氢能是规划建设新型能源体系的重要组成部分，是实现碳达峰碳中和目标的重要路径之一。近日，工信部公示了《国家工业和信息化领域节能降碳技术装备推荐目录（2024年版）》，共有15项氢能技术入选。

　　2024年3月22日，国家能源局印发《2024年能源工作指导意见》，明确提出了要加快编制推动氢能产业高质量发展的相关政策，有序推进氢能技术创新与产业发展，稳步开展氢能试点示范，重点发展可再生能源制氢，拓展氢能应用场景。近年来，"氢能技术"已经成为能源领域国家重点研发计划项目，预计到2060年，我国氢气年需求量将超过1亿吨。

　　那么，到底什么是氢能？它从哪里来？我们又为什么要发展氢能？它能应用在哪些领域？来看看按下发展"加速键"的氢能产业，如何改变生产生活？

1.1 氢的性质

1.1.1 氢元素

氢(Hydrogen)是一种化学元素，元素符号为 H，原子序数为 1，原子质量为 1.00794u，是元素周期表中最轻的元素。组成宇宙星际物质的主要元素为氢，质量分数占 74%，另外由 25% 的氦和不到 1% 的微量元素组成。氢是地球上分布最广的元素之一，与其他元素以化合物的形式存在。比如与氧形成水，与碳形成不同类型碳氢化合物存在于化石燃料和大自然有机体中。氢元素的概况见表 1-1。

表 1-1　氢元素概况

名称·符号·序数	氢(Hydrogen)·H·1	电负性	2.20(鲍林标度)
元素类别	非金属	电离能	第一：1312.0kJ·mol^{-1}
族·周期·区	1·1A·s	共价半径	(31±5)pm
标准原子质量	[1.00784，1.00811]u	范德华半径	120pm
电子排布	1s^1		

1.1.2 氢的同位素

氢有三种天然同位素，分别是氕、氘和氚，记作 ^1H、^2H 和 ^3H。

氕(^1H)是氢的主要稳定同位素，丰度高于 99.98%，主要分布在水及各种碳氢化合物中，空气中的含量仅为 $5×10^{-5}$%。氕原子核不含中子，只有一个质子和一个电子。

氘(^2H，符号为 D)是氢的另一种稳定同位素，也称为重氢，在天然水的氢中占 0.0139%~0.0157%，无放射性，无毒性。氘原子核含有一个质子和一个中子，可用于热核反应，在化学和生物学研究中用作示踪原子。

氚(^3H，符号为 T)是氢的放射性同位素，也称为"超重氢"，会 β-衰变成氦-3，半衰期为 12.32 年，用中子轰击锂可产生氚。氚原子核含有一个质子和两个中子，在自然界中存在极微，主要用于热核反应。

1.1.3 氢气的物理性质

氢气是由两个氢原子通过共用一对电子构成的双原子分子，分子式为 H_2，常温常压下是无色、无臭、无味，极易燃烧且难溶于水的气体，密度为 0.089g/L(101.325kPa，0℃)，是世界上已知密度最小的气体。氢气的物理性质见表 1-2。

表 1-2　氢气物理性质

物态	气体	临界点	32.938K，1.2858MPa
密度	0.08988g·L^{-1}(0℃，101.325kPa)	熔化热	0.117kJ·mol^{-1}
熔点时液体密度	0.07g·cm^{-3}	汽化热	0.904kJ·mol^{-1}
沸点时液体密度	0.07099g·cm^{-3}	比热容	28.836J·mol^{-1}·K^{-1}

在标准大气压，-252.87℃下，气态氢可转变成无色的液态氢。液态氢密度为70.8kg/m³，可作为高效储存氢气的方式，通常作为火箭发射的燃料。当温度低至-259.1℃时，液态氢转变成雪花状固态氢。固态氢的密度只有0.086g/cm³，是已知密度最小的固体。

将液态氢冷却到将近熔点(-259.1℃)，压力下降，三相点上的氢就产生了，即固态、液态氢在氢三相点上的混合物。该形态的氢比普通的液态氢温度更低、密度更高(增加了16%~20%)，以便用更小的空间储存更多燃料用于火箭。

液态或固态氢在上百万大气压的高压下能变为金属氢，导电性类似于金属，是一种高密度的储能材料。2017年1月26日，《科学》杂志报道哈佛大学实验室成功制造出金属氢。

氢气在溶剂中的溶解度很小：25℃时在水中的溶解度为19.9mL/L，在乙醇中为89.4mL/L；氢气在镍、钯和钼等金属中的溶解度很大，1体积钯能溶解几百体积的氢气。

氢气的相对分子质量小，渗透性很强，常温下即可透过橡皮和乳胶管，高温下可透过钯、镍、钢等金属薄膜，高温高压下甚至可以穿过很厚的钢板。因此，当钢材暴露在一定温度和压力的氢气下时，渗透进钢材晶格中的氢原子聚合为氢分子，造成应力集中超过钢的强度极限，在钢内部形成细小的裂纹引起脆化甚至开裂的现象，称为氢脆。氢脆现象给氢气的储存和运输带来很大困难。

氢气的比热容大、导热性能好。在相同压力下，氢气的比热容[25℃，14300J/(kg·K)]是氮的13.6倍，氦的2.72倍，氢气的导热率比空气大7倍。

1.1.4 氢气的化学性质

常温下氢气性质稳定，不容易与其他物质发生化学反应。但改变条件如点燃、加热、使用催化剂时，氢气便可与绝大多数元素发生反应。氢气与电负性大的元素反应表现还原性，与活泼金属单质反应表现氧化性，在催化剂的存在下能与大部分有机物进行加成反应。

氢气的爆炸极限是4.0%~75.6%，即空气中的氢气在该体积浓度范围内遇明火即爆炸。氢气的燃点为574℃。纯净的氢气氧气混合物燃烧放出紫外光，当氧气比例较高时火焰呈无色。氢气燃烧的焓变为-286kJ/mol。

$$2H_2(g)+O_2(g) \longrightarrow 2H_2O(l)，\Delta H = -572kJ/mol$$

氢气可将卤素单质还原为负离子。如光照条件下氢气与氯气反应生成氯化氢气体；氢气与氟气混合，即使在阴暗条件下也会立刻爆炸，生成氟化氢气体。

氢气能将金属氧化物还原为金属单质。如迅速还原水溶液中的氯化钯；在加热条件下将黑色的氧化铜还原为橙色的金属铜。

氢气与二氧化碳在催化剂作用下生成甲醇，在高温高压条件下生成甲烷和水。

氢气与氮气在高温高压催化剂作用下生成氨气，工业通常采用该法制备氨。

$$N_2+3H_2 \Longleftrightarrow 2NH_3(高温高压，催化剂)$$

氢气与活泼金属反应表现氧化性，氢原子可获得一个电子形成氢负离子。如氢气作为氧化剂与金属锂在加热条件下生成氢化锂，从锂原子获得一个电子被还原为氢负离子。

在铂、钯等催化剂作用下，氢气可与烯烃、炔烃发生氢化反应，通常得到烷烃。如乙炔与氢气在铂催化剂下反应生成乙烷，但在特殊催化剂如Lindlar催化剂(用醋酸铅或喹啉处理过的金属钯)作用下，炔烃与氢气反应可得到烯烃。

此外，氢气可与多种有机物官能团发生反应。如氢气与苯在镍的作用下发生加成反应生成环己烷；将醛、酮化合物还原为醇；对不饱和脂肪酸催化加氢；还原酰氯、酰胺和硝基等。

1.2 氢能利用

1766 年，英国化学家、物理学家卡文迪许（Henry Cavendish）使用一定量的金属铁、锌等与足量的酸进行反应产生了固定量的气体，该气体与空气混合后点燃发生爆炸，他称之为可燃空气（inflammable air）。1781 年，他发现该气体与脱燃素空气（氧气）以 2∶1 体积比爆炸后生成了水。但受燃素说的影响，他始终认为可燃空气不是元素物质，而是燃素和水的化合物。1783 年，法国化学家拉瓦锡（Antoine-Laurent de Lavoisier）重复了卡文迪许的实验，证明了水是由氧气和可燃空气按照一定比例化合而成的，并得出金属溶解在酸中产生的可燃空气来自酸，可燃空气并非燃素，而是元素。他将这一元素命名为"Hydrogen"，词源为希腊文中的"水（hydro）"和"产生（genes）"。

1783 年，法国物理学家查理（Jacques Alexandre Cesar Charles, 1746—1823）制造了首个氢气球。1807 年，法国工程师德里瓦兹（François Isaac de Rivaz, 1752—1828）制成了第一台氢气内燃机引擎，氢气在气缸内燃烧推动活塞往复运动。然而，受当时技术水平所限，制备和使用氢气远比使用蒸汽和汽油复杂，氢气内燃机被蒸汽机、柴油机和汽油机所"淹没"。

1852 年，法国发明家亨利·吉法尔发明了首个以氢气提供升力的载人飞艇。德国斐迪南·冯·齐柏林伯爵（Ferdinand Graf von Zeppelin）大力推广了这一运输工具，设计了齐柏林飞艇，于 1900 年首飞。飞艇的常规航班从 1910 年开始，至 1914 年 8 月第一次世界大战之始已搭载 35000 多人，并无重大事故。1919 年，英国以齐柏林 L33 型号飞艇为蓝本改造的 R34 型飞艇使用氢气首次不停站横跨大西洋。1937 年 5 月 6 日，当时最先进的齐柏林飞艇兴登堡号准备降落新泽西州时，在半空中起火焚烧并坠毁，整个事故经电视直播被全程拍摄。最早认为是泄漏的氢气爆炸造成了这场事故，但之后的调查显示是飞艇镀铝的表面布料被静电点燃引致起火。兴登堡号的灾难使人们不再信任飞艇的安全性，航运业务转向更快捷的飞机，跨大西洋航线更倾向于安全舒适的邮轮。

1898 年，英国物理学家杜瓦（James Dewar）用再生冷却法和他发明的真空保温瓶，首次制成液氢。翌年，他又制成固体氢。美国化学家、物理学家尤里（Harold Clayton Urey）于 1931 年 12 月发现氘，1932 年发现重水。1934 年，英国物理学家卢瑟福（Ernest Rutherford）等人首次制备出氚。

1937 年，第一部氢冷汽轮发电机在美国俄亥俄州代顿投入使用，以氢气作为转子和定子的冷却剂。氢气的导热性极佳，至今仍是最常用的发电机冷却剂。

第二次世界大战期间，液氢被用作 A-2 火箭发动机的液体推进剂。1960 年液氢首次用作航天动力燃料，1970 年美国发射的"阿波罗"登月飞船使用的起飞火箭也使用了液氢燃料，自此液氢已成为火箭领域的常用燃料。液氢燃料的轻自重能显著增加有效载荷，对于现代航天飞机尤为重要。此外，使用"固态氢"的宇宙飞船正处于研究之中。固态氢既可以作为飞船的结构材料，又可以作为动力燃料。在飞行期间非重要零件转作为能源"消耗掉"，保证飞船在宇宙中飞行更长时间。

1839年，英国物理学家格罗夫（William Robert Grove）发明了燃料电池，通过氢气与氧气反应产生电流。1966年，美国通用汽车公司推出了世界首辆燃料电池汽车Electrovan，动力系统由32个串联薄电极燃料电池模块组成，持续输出功率为32kW，峰值功率为160kW。美国联合技术公司将碱性燃料电池应用于阿波罗登月飞行。后期燃料电池也应用于多个商业项目以及航天项目中。1978年，大连化物所设计制造出我国第一台碱性燃料电池。1990年，世界上第一家太阳能制氢工厂Solar-Wasserstoff-Bayern投入运营。1991年，美国科学家比林斯（Roger E Billings）成功制造了第一台氢燃料电池驱动的汽车——LaserCel 1，至此正式拉开氢燃料电池汽车的序幕。

2000年之前属于氢燃料电池汽车概念设计及原理性认证阶段，以概念车形式推出氢燃料电池汽车。2000—2010年是燃料电池汽车示范运行验证、技术攻关研究阶段。2010—2015年是燃料电池汽车性能提升阶段，这一阶段燃料电池的汽车功率密度、寿命取得进步，在特定领域商业化取得成功，在物流运输等领域率先使用，初步实现特定领域用车商业化。2015年之后燃料电池汽车进入商业化推广阶段，以丰田Mirai和本田Clarity的上市代表着面向私人乘用车领域开始销售，正式进入商业化阶段。2017年，由英国石油公司、壳牌公司和其他大型石油和天然气公司成立行业组织氢气理事会，以加快氢气和燃料电池技术的开发和商业化。随后，多国先后发布了氢能发展战略路线，主要围绕发电和交通领域推动氢能及燃料电池产业发展。

1.2.1 氢的能量

氢气高度易燃，燃烧会释放大量能量，氢气和氧气反应释放的能量称为氢能。标准状态（1atm，25℃）下，1mol H_2与1/2mol O_2生成1mol $H_2O(l)$水的标准焓变是-285.830kJ，标准自由能变化是-237.183kJ。

不同于煤炭石油天然气等化石燃料可以直接从地下开采，氢气来自水、化石燃料等含氢物质，属于二次能源。图1-1是氢气与主要燃料的热值比较。氢气作为一种高密度能源储存载体，质量能量密度要比其他燃料高很多，但是体积能量密度相对较小。

氢气可以通过燃烧直接供能，也可作为储能载体，在化石能源和可再生能源之间充当桥梁和纽带，既可替代化石能源直接消耗，促进终端能源消费清洁化，也可以作为可再生能源发展缓冲器，避免可再生能源的不稳定性给能源体系带来的冲击。在当前"碳达峰、碳中和"的背景下，氢能产业迎来了重要发展机遇，主要有三种应用方式。

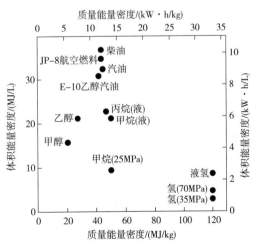

图1-1　氢气与主要燃料的热值比较

（1）直接利用。氢内燃机的基本原理和汽油、柴油内燃机原理一样，直接燃烧氢气生成水蒸气排出，不需要昂贵的特殊环境或催化剂就能完全做功。很多研发成功的氢内燃机都是混合动力，既可以使用液氢也可以使用汽油等燃料。氢内燃机由于点火能量小，易实现稀薄燃烧，在更宽阔的工况内得到较好的燃油经济性。

（2）通过燃料电池转化为电能。这是最安全高效的氢能利用方式。氢燃料电池发电的基本原理是电解水的逆反应，把氢气和氧气分别供给阳极和阴极，氢气失去电子生成质子通过质子交换膜扩散至阴极，电子通过外部负载到达阴极，阴极处氧气结合质子和电子生成水。氢燃料电池是把化学能直接转化为电能的电化学发电装置，能量转换率可达 60%~80%，而且污染少，噪声小，装置可大可小，非常灵活。

（3）核聚变。又称核融合、融合反应、聚变反应或热核反应，即两个较轻的核结合形成一个较重的核和一个极轻的核（或粒子）的一种核反应。如质量小的原子氘和氚，在一定条件下（如超高温和高压）原子核互相碰撞发生原子核聚合，生成新的质量更重的原子氦和中子，释放出巨大能量。人类已经可以实现不受控制的核聚变，即氢弹的爆炸，目前正在努力研究可控核聚变来成为未来的能量来源。受控热核反应是聚变反应堆的基础，聚变反应堆一旦成功，则可能向人类提供最清洁而又取之不尽的能源。

1.2.2 氢经济

中东战争引发了全球的石油危机，美国为了摆脱对进口石油的依赖，于 1970 年由通用汽车公司首次提出"氢经济（Hydrogen Economy）"的概念，指设想以氢气为主要能源的社会状态，描绘了未来氢气取代石油成为支撑全球经济的主要能源后，整个氢能源生产、配送、储存及使用的市场运作体系。氢气作为清洁能源燃烧生成水，不产生任何污染物。将太阳能、风能、水的位能等可再生能源转化成的电能用来电解水制备氢气，高效储氢材料常温储存或者管道输送；利用氢燃料电池发电，取代现有的石油经济体系，达到环保可再生可持续发展的目标。

氢经济的发展前景诱人，但关键技术仍有待进一步突破，包括：

（1）大量氢气制取：化石燃料制灰氢技术成熟，但涉及大量二氧化碳的排放，只可作为氢经济转变过程中的临时性措施。利用可再生能源发电分解水制备绿氢是理想途径，但制氢电力来源花费巨大，需要多种形式的能源来满足。

（2）储氢材料和输送：氢气的储存运输是连接生产端与需求端的关键。由于氢气在常温常压状态下单位体积能量密度低，且易燃易爆，金属材料容易吸氢或氢渗发生"氢脆"，因此氢气的安全高效输送和储存难度较大。当前氢气成本过高的原因在于运输环节成本占比过大，占到总成本的 30%~40%，提高储氢效率和降低成本成为突破氢能行业"卡脖子"的关键。

（3）氢能的转化设备：碳经济经过数百年的发展已形成一套完整的经济体系，各种能源转化设备齐全，例如锅炉、内燃机、发电机、电动机等，配套合理、经验技术成熟。氢能源如何转化成其他形式的能源动力，从技术、设备到经验都需要研究、设计、制造和合理使用。

1.2.3 氢能产业链

氢能作为二次能源，必须从一次能源转换得到，再运输至用能终端，转化为电力、热能或机械动力。因此，根据图1-2氢能产业链图谱，氢能主产业链可概括为"氢能制取、氢能储运、氢能加注、氢能源能量转化、氢能使用"等环节。其中，上游制氢、中游储运氢和加氢、下游多元化应用场景，主要分布于交通、工业、发电以及建筑领域。氢能源主要应用在工业领域和交通领域中，建筑、发电等领域仍然处于探索阶段。

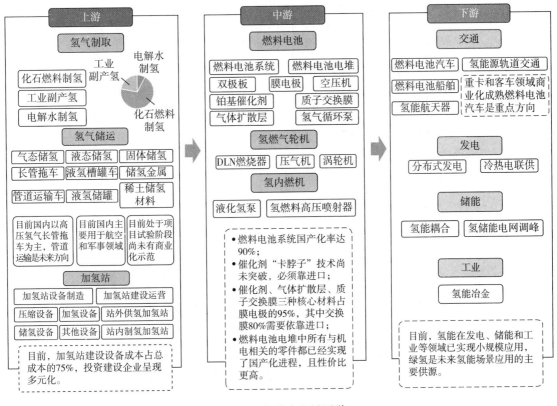

图1-2 氢能产业链图谱

从制氢市场规模来看，中国已成为全球最大的制氢国，总规模保持快速增长。图1-3为2017—2026年中国制氢产值规模及预测。2022年中国制氢年产值规模达到4833亿元，随着国家对制氢产业的不断支持及投入，预计到2026年我国制氢年产值规模将达到7825亿元。依托化石能源资源优势，西北和华北地区是制氢生产主要区域。其中，内蒙古和山东年产量超过400×10^4 t；新疆、陕西和山西年产量超过300×10^4 t，而长三角、珠三角制氢产量较少。

从制氢结构来看，我国制氢以化石原料和工业副产氢为主，电解水制氢规模小。图1-4为2017—2026年中国各制氢方式产值规模及预测。2022年化石能源制氢、工业副产氢、电解水制氢的产值规模分别为3271亿元、1120亿元、435亿元；占比分别为68%、23%、9%。根据相关数据预测，中短期中国氢气来源仍以化石能源制氢为主，以工业副产氢作为补充，可再生能源绿氢制取占比将逐年升高；到2050年，由可再生能源绿氢约占70%、化石能源制氢占20%、生物制氢等占10%。

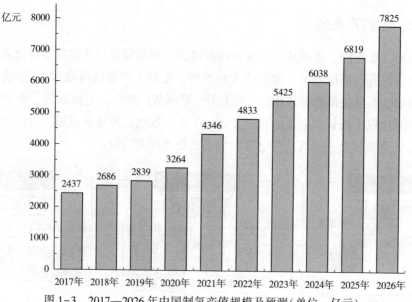

图 1-3 2017—2026 年中国制氢产值规模及预测（单位：亿元）

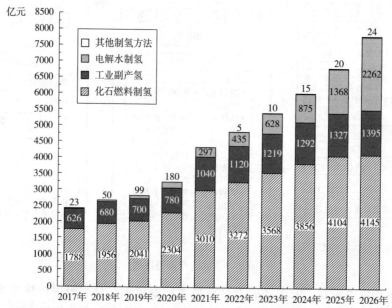

图 1-4 2017—2026 年中国各制氢方式产值规模及预测（单位：亿元）

从市场竞争格局来看，我国制氢规模市场格局分散，国家能源集团和中国石化是国内氢气产量最大的两家企业，合计占比 30%，其他多为中小企业，制氢规模小。企业主要集中在化石能源等灰氢领域，绿色制氢领域企业布局较少，宝丰能源等绿氢制造企业具有先发优势。宝丰能源积极响应国家清洁能源发展战略号召，深入实施清洁能源替代行动，着力构建集"制氢、补氢、储氢、运氢、加氢、用氢"于一体的绿氢全产业链，年产 $6\times10^8\,m^3$ 绿氢，是全球最大的绿氢生产厂。同时，内蒙古宝丰 $300\times10^4\,t$ "绿氢＋"煤制烯烃项目中的 $40\times10^4\,t$ 烯烃是用绿氢替代煤炭进行生产，是全球唯一一个规模化用绿氢替代化石能源生产高端化工产品的项目，示范引领行业绿色低碳变革。公司不断扩大绿氢产能规模，未来将形成年产百亿立方、百万吨绿氢，成为全球最大的绿氢供应商，全方位带动交通、电子工业、储能等全行业深度脱碳。

从制氢技术来看，质子交换膜、电解槽等核心技术尚未突破，高速率制氢设备还处在研发阶段。目前国内电解水制氢路线以碱性电解槽为主，技术路线成熟，成本具有显著优势。PEM电解槽由于成本高，商业推广依然需要时间，且技术优势不明显。固体氧化物电解槽在高温环境下采用水蒸气电解，能效最高，但尚处于实验室研发阶段。目前，电催化剂、质子交换膜、膜电极、双极板等电解水核心组件技术国内外差距较大，大量依赖外国进口。

其中，质子交换膜作为PEM制氢技术的核心材料由国外企业占据主导，对全球市场占有率超过90%。国内的质子交换膜制造企业面临技术、市场、人才和资金的四大壁垒，目前山东东岳集团已研制出接近杜邦Nafion性能的产品，阳光电源与中国科学院大连化学物理研究所合作推出SEP50PEM电解槽，功率为250kW，是目前国内具备量产能力的PEM电解槽。表1-3为中国制氢主要技术及优缺点。

表1-3　中国制氢主要技术及优缺点

制氢方式		制氢成本	优点	缺点	现状
化石燃料制氢(灰氢)	煤制氢	1.08~1.21元/m³	技术成熟，制氢纯度高(>99%)	储备有限；制氢过程碳排放量大(约14kg CO₂/kg H₂)；需提纯及去除杂质	全球和国内大规模市场应用
	天然气制氢	1.81~3.42元/m³	制氢效率高(>80%)；成本较低		
工业副产制氢(蓝氢)	焦炉煤气/氯碱化工/丙烷脱氧	2.46~2.69元/m³	制氢纯度高(>99%)；成本适中	需提纯及去除杂质；建设地点受原材料供应限制；无法作为规模化集中化的氢能源供应	大规模市场应用
电解水制氢(绿氢)	碱性电解制氢	2.77~4.59元/m³	技术成熟；成本低	电流密度低；体积和质量大；碱液有腐蚀性	商业化成熟
	质子交换膜电解制氢	3.30~5.15元/m³	电流密度高；体积小、质量小；无碱液带来腐蚀；产品气体纯度高	设备成本相对高；催化剂成本高且稀缺	小规模应用
	固体氧化物电解制氢	—	效率高；单机容量大；无腐蚀性电解液	装置体积较大；工作温度过高；技术处于试验阶段	试验研发阶段

表1-4为三种氢储运方式比较。高压气态储运氢由于成本低、使用方便、储存条件易满足等优势成为目前储运氢的主流方式。国内由于高端碳纤维技术不够成熟，无法规模化生产且复合材料成本较高，目前主要以35MPa Ⅲ型瓶为主，低成本高压临氢环境用新材料将是研发的重点。

表1-4　三种氢储运方式比较

储运方式		核心技术	经济距离/km	适应场景	优点	缺点	技术成熟度
气态储运	长管拖车	高压压缩	≤150	短途、小规模	成本较低、前期投资少	装卸时间长、储氢容器体积大、储氢密度小	技术成熟，当前应用场景最为广泛
	管道		>500	固定站点式、超大规模	安全性高、大规模、多领域	前期投资大	存在"氢脆"技术难点，处于起步阶段

储运方式		核心技术	经济距离/km	适应场景	优点	缺点	技术成熟度
液态储运	液氢槽罐车	低温绝热	200	中长距离、大规模	能量密度高、加注时间短	成本较高、制冷能耗大	技术成熟，主要在航空航天领域
	槽罐车	有机储氢介质	200	储存成本高	储氢密度大、稳定性高、安全性好、运输便利	成本较高、脱氢温度高、能耗大	尚处于研发阶段
固态储运	长管拖车	物理或化学吸附储氢	≤150	短距离、大规模	安全性好、储氢密度大、规模大、可快速充放氢、应用前景广	成本高、放氢率低、吸放氢有温度要求、储氢材料循环性差	试验研发阶段

欧洲、美国、日本等国家和地区的液氢技术发展已经相对成熟，液氢储运氢环节已进入规模化应用阶段。我国液氢技术主要应用在航天领域，民用领域尚处于起步阶段，氢液化系统的核心设备(氢透平膨胀机与低温阀门等)仍然依赖于进口，液氢储罐制造技术与装备与国外也有一定的差距。因此，如何降低液化与储存成本是低温液态储氢产业化的发展方向。

固态金属氢化物储运氢，由于其安全性、稳定性优点成为我国未来发展的重点。目前，国内金属氢化物储氢应用还较少，正处于研发与示范阶段，提高金属氢化物的储氢量、降低材料成本、提高储氢可循环性等将是未来的研究重点。

在管道储运氢方面，管道储运氢气可以分为纯氢管道运输和利用现有天然气管道掺氢运输两种模式。低压纯氢管道适合大规模、长距离的运氢方式。目前，美国、欧洲已分别建成2400km、1500km的氢管道，而我国氢气管道里程约400km，在用管道仅有百千米左右。济源—洛阳的氢气输送管道全长为25km、巴陵—长岭输氢管道全长42km、乌海—银川焦炉煤气输气管线管道全长为216.4km、金陵—扬子氢气管道全长超过32km。

从关键技术来看，当前中国氢气储运仍处于发展初期，相关技术及产业标准较国外水平落后，固态储运和化学液态储运方式发展亟须技术突破，产业发展空间较大。

图1-5为2017—2024年上半年全球和中国加氢站数量图。中国加氢站数量居全球首位，具有区域集中性特征。2024年全球新增173座加氢站，累计建成1262座；中国新建117座，累计建成519座，占比全球41%，已跃居首位，在营加氢站超过260座。2024年，中国加氢站市场规模达49.4亿元，集成设备(压缩机、氢气储存容器、加氢系统)占据加氢站建设的主要成本，市场规模为24.7亿元。氢燃料电池汽车的需求将带动加氢站保持良好的增长，预计到2026年，中国加氢站市场规模将达到151.2亿元，集成设备市场规模将为71.1亿元。

从市场竞争格局来看，国内加氢站市场集中度较高。从加氢站拥有数量来看，以中国石化、中国石油、厚普股份三家企业为主，中国石化已建成74座，中国石油为8座，厚普股份在建加氢站78座。从加氢站设备制造商来看，国富氢能、液空厚普、舜华新能源、海德利森、上海氢枫等五大设备集成商市场占有率达90%。其中国富氢能市场占有率为28.4%，居全国第一。

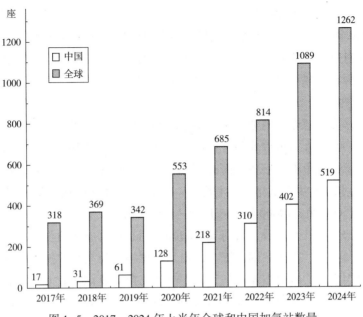

图1-5　2017—2024年上半年全球和中国加氢站数量

从分布区域来看，我国加氢站主要涉及华北、华东和华南地区，呈现出明显的产业集聚效应。其中，广东依托政府的支持，加氢站布局遥遥领先其他省市，数量超过60座，其次为上海，建设数量44座。

在交通领域，以氢燃料为动力，可以实现车辆使用端的零碳排放，应用主要包括汽车、航空和海运等，其中氢燃料电池汽车是交通领域的主要应用场景。图1-6总结了2018—2024年上半年中国燃料电池汽车产销量。

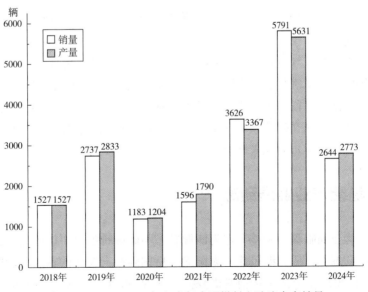

图1-6　2018—2024年上半年中国燃料电池汽车产销量

市场规模整体保持加快增长态势，发展空间大。2024 年上半年全国氢燃料电池汽车产、销量分别为 2773 辆和 2644 辆，同比增长 11.1% 和 9.7%（2023 年上半年产销量为 2495 辆和 2410 辆）。至此，2015 年至 2024 年上半年，全国氢燃料电池汽车累计产量和销量分别为 21267 辆和 20740 辆。目前，国内的氢燃料电池车辆购置成本远高于燃油车和电动车，中短期内需依赖国家补贴。但随着技术进步、生产经验累积与规模扩大，燃料电池系统和储氢系统成本将逐步下降，氢燃料电池汽车将保持增长态势，预计到 2025 年，全国氢燃料汽车保有量将达到 5 万辆。

从区域分布来看，氢燃料电池汽车主要集中在环渤海等东部沿海城市群。2021 年 8 月，京津冀、上海、广东三大城市群成为首批燃料电池汽车示范应用城市群；2021 年 12 月，河北、河南入选第二批城市群，形成目前的"3+2"全国燃料电池汽车示范，并计划为期四年的示范推广目标。到 2025 年，京津冀、上海、广东、河北和河南城市群氢燃料汽车数量预计将达到 5300 辆、5000 辆、10000 辆、7710 辆和 5000 辆。

从氢燃料电池关键技术来看，目前日本和韩国拥有相对成熟的氢燃料电池汽车技术，已应用于乘用车、商业车、叉车、列车等。国内当前燃料电池汽车的技术、成本和规模是限制其市场化的主要因素，购置成本还较高，尚不具备完全商业化的能力，发展仍然依靠政府补贴和政策支持。现阶段国内氢燃料电池车以客车和重卡等商用车为主，乘用车主要用来租赁，占比不及 0.1%。

在工业领域，氢气主要用作化工生产原料。目前全球约 55% 的氢需求用于氨合成、25% 用于炼油厂加氢生产、10% 用于甲醇生产、10% 用于其他行业。钢铁领域用氢气代替焦炭作为还原剂，大幅降低碳排放量，促进清洁型冶金转型。目前全球已有少数国家发布了氢冶金技术案例，国内部分钢铁企业也发布了氢冶金规划，建设示范工程并投产，但有关示范工程尚处于工业性试验阶段，基础设施不完善、相关标准空白、成本较高、安全用氢等问题依然存在。但在"双碳"目标的背景下，利用氢能进行钢铁冶金是钢铁行业实现深度脱碳目标的必由之路。

在建筑领域，氢气可代替或掺入天然气燃烧供热，也可通过氢燃料电池实现热电联供。以北京为例，目前终端居民天然气价格约为 2.63 元/Nm³，提供 1Nm³ 天然气等值热量需要 2.82Nm³ 氢气。因此当氢气价格低于 10 元/kg 时，燃氢供热方能与天然气形成竞争力。小型氢燃料电池热电联供系统目前已在欧美、日本实现商业化应用，而中国小型氢燃料电池热电联供系统仍处于试点阶段，千瓦级系统的度电成本超过 2 元/（kW·h），在经济性方面具有很大的进步空间。氢能在建筑领域尚不具备经济性，但仍是备用电源的良好选择，可选择由氢和天然气混合用氢逐步向纯氢转变。

1.3 氢能产业发展动态

世界能源结构正面临深刻调整，作为能源转型与碳减排的重要措施之一，氢能特别是由可再生能源生产的绿氢，成为继风能、太阳能之后国际社会关注的重点。国际可再生能源署（IRENA）发布的《2022 世界能源转型展望》称，"未来 30 年，全球氢能市场发展将进入爆发期。到 2050 年，氢能相关投资将达每年 1760 亿美元，氢能产量将从当前 $0.8 \times 10^8 t/a$ 急速增长到 2050 年 6.14×10^8 t/a，满足全球 12%的能源需求。氢能行业，尤其是绿氢的飞速发展，将为全球贡献 10%的二氧化碳减排，有力支撑全球实现净零排放目标"。

据国际能源署(IEA)的数据，当前绿氢占全球氢能产量的比例不足 1%，而到 2050 年这个数字有望突破 60%。绿氢产量的提升将优化世界能源结构，减少温室气体排放，成为减缓全球升温速度的关键。在国际能源格局发生深刻变革和快速变化的今天，谁能在氢能等新型能源的转型中夺得先机，无疑将在世界未来能源格局中占据更重要的地位。截至 2023 年底，全球已有包括美国、欧洲、日韩和中国在内的 50 多个国家和地区发布了国家级氢能中长期发展战略规划。

1.3.1 美国氢能产业发展动态

20 世纪 70 年代石油危机爆发，美国开始布局氢能技术研发。1990 年以来，美国政府制定推动了氢能源产业发展的各项政策，始终保持着从政策评估、商业化前景预测，到方案制定、技术研发，再到示范推广的发展思路。表 1-5 展示了美国氢能战略的四个阶段。

表 1-5　美国氢能战略的四个阶段(1990—2030 年)

阶段	时间	标志性政策	主要内容	目标	实施效果
第一阶段：氢能论证和构建形成"制、储、运、用"技术链	1990—2001 年	1990 年的《氢研究、开发及示范法案》和 1996 年的《氢能前景法美元案》，标志着美国政府能确定氢能为未来能源发展的方向之一，开始开展氢能技术研究	• 制订氢能研发 5 年管理计划 • 投入 1.6 亿美元用于氢生产、储运和应用技术研发 • 重点论证氢能技术的可行性	在最短时间内，采用较为经济的方法，突破氢生产、储运和应用过程中的关键技术	通过前沿技术探索、商业应用可行性论证等阶段，美国基本确定氢能产业的发展方向
第二阶段：氢能技术发展方向遴选和重点领域(交通)关键核心技术研发	2002—2012 年	• 2002 年的《国家氢能发展路线图》，标志着美国氢能产业开发进入行动阶段 • 2003 年，发布《总统氢燃料倡议》 • 2004 年，发布《氢立场计划》 • 2005 年，通过《能源政策法案》	• 计划在 5 年内投资 12 亿美元研发氢能生产和储运技术，促进氢燃料电池汽车技术及相关基础设施在 2015 年前实现商业化 • 开展氢能与燃料电池项目 • 明确氢能产业发展要经过研发示范、市场转化、基础建设和市场扩张、建立氢能社会等四个阶段	正式启动氢能与燃料电池研究计划，推动氢能燃料电池充电基础设施建设	在美国境内建成了一批氢能应用基础设施

阶段	时间	标志性政策	主要内容	目标	实施效果
第三阶段：氢能燃料电池及其他配套技术的研发和推广应用	2013—2020年	2014年《全面能源战略》，确定氢能在交通转型中的引领作用	• 2013年政府预算中，有63亿美元拨给美国能源部用于氢能、燃料电池、车用替代燃料等清洁能源研发，并对美国境内氢能基础设施实行30%~50%的税收抵免 • 在2019年实施的氢能计划中，拨4000万美元资助氢能技术研发，旨在通过技术早期应用推进氢能和燃料电池技术突破	通过新材料的研发推动制氢技术的发展，包括面向碱性燃料电池应用的阴离子交换膜设计和制备、新型涂层材料改善固体氧化物电解槽的化学稳定性、开发高氢气通量的薄膜固体氧化物电解槽、用于水裂解产氢电解槽的质子交换膜性能和耐久性研究、开发用于光电化学电池的钙钛矿/钙钛矿串联的光电极、开发复合催化剂材料构建Z-scheme催化体系并进行性能评估、新型高熵钙钛矿氧化物提升热解产氢稳定性、针对低温热解产氢探索和开发新材料、开发能够催化裂解污水产氢的非贵金属催化剂、开发多功能的氧电极用于长寿命的电解水制氢、采用3D/2D复合的疏水性钙钛矿催化剂实现高效的太阳光驱动电解水制氢	加快氢能基础设施的建设及其在交通运输业中的应用，同时重视制氢和储氢领域相关新材料的研发
第四阶段：在碳中和目标下，全面推动氢能发展，重点关注绿氢技术的研发和应用推广	2020—2030年	2020年11月，美国能源部发布《氢能计划发展规划》	提出未来10年及更长时期氢能研究、开发和示范的总体战略框架，明确氢能发展核心技术领域、需求和挑战，提出氢能技术主要经济目标，首次明确氢能在实现碳中和目标中的作用	加快推动成熟氢能技术商业化应用，重点开发可再生能源制氢、核能制氢等清洁制氢技术	2021年6月，美国启动第一批氢能攻关计划，目标是在未来10年使清洁氢能价格降低80%至1美元/kg

2023年6月，美国能源部（DOE）发布了《美国国家清洁氢能战略和路线图》，提出到2030年美国清洁氢产量将从当前几乎为0增至1000×10^4 t/a，到2040年、2050年分别增至2000×10^4 t/a和5000×10^4 t/a。路线图提出了三个关键优先战略以确保清洁氢能的开发和应用：①明确清洁氢能的战略性地位及高影响力用途，确保清洁氢用于价值最高的应用场景，包括工业部门（如化工、钢铁和炼油）、重型卡车和清洁电网的长期储能。②降低清洁氢能成本。2021年推出的"氢能攻关计划"（Hydrogen Shot）将促进氢能技术创新和规模化发展，

刺激私营部门投资，促进整个氢能供应链发展，并大幅降低清洁氢能成本。③专注于区域氢能网络，投资和扩大区域清洁氢中心来确保在重点氢能用户附近进行大规模清洁氢生产，从而共享基础设施，推动实现大规模的氢能生产、分配和储存，以促进市场发展。

2023 年 10 月 13 日，美国能源部宣布投入 70 亿美元设立氢能中心，这是美国历史上对氢能投资最大的财政预算。每个氢能中心根据能源基础和产业优势制定侧重点不同的发展战略，将启动一个由清洁氢生产商、消费者和氢能基础设施配套者组成的全国网络，同时支持清洁氢的生产、储存、运输和最终使用。七个中心预计每年共生产 $300×10^4$t 氢气，达到美国 2030 年产量目标的近 1/3；每年将减少 $2500×10^4$t 二氧化碳排放量，比 550 万辆燃油车的年排放量总和还要多。

当前美国的氢能产业及相关技术已逐渐从专业化应用过渡到商业化应用，在制氢、燃料电池、加氢站等方面均处于全球领先水平。美国每年生产氢超过 $1000×10^4$t(其中 95% 是通过天然气的集中重整制氢)，占全球氢气总供应量的 1/7，氯碱工业和乙烷裂解制乙烯工业副产氢年产能约 $120×10^4$t，拥有 Air Products、Praxair 等世界先进气体公司，同时也拥有 Plug Power、Ohmium、Cummins 等技术领先的电解水制氢设备制造商。据彭博新能源财经(BNEF)数据，2023 年全球电解槽公司产能超 30GW，碱性电解水制氢是主导技术，其中全球排名前 20 的电解槽生产商中美国 3 家入围，技术类型均为 PEM 电解槽，年产能增长至 6.6GW/a，占全球的 21%。美国作为航空航天强国，液氢技术和产业链完善，液氢产能约 90000t/a，占全球液氢产量的 80% 以上，是液氢生产和使用第一大国，在液氢的生产规模、成本方面都具有世界领先优势。

美国氢气应用集中在炼油和合成氨工业中，其他新兴应用领域包括燃料电池汽车、金属精炼、备用能源等。截至 2022 年底，美国燃料电池汽车保有量近 15000 辆，燃料电池叉车超过 5 万辆，超过 60 辆燃料电池巴士提供公共运输服务，并已运营 89 个商业加氢站。美国拥有世界最大的燃料电池叉车企业 Plug Power，大型固定/移动式燃料电池生产商 Fuel Cell Energy、Bloom Energy 等。在发电方面，以掺氢天然气为燃料的大型涡轮机也已经进入商业化运营阶段。

2024 年 5 月 8 日，美国能源部氢能与燃料电池技术办公室(HFTO)发布多年计划(MYPP)。这是一份详细的战略和规划文件，规定了美国氢能与燃料电池产业发展的近期、中期和长期目标，主要包括六个子计划：

(1)氢气生产(2026 年氢气成本降至 2 美元/kg；低温电解槽系统效率提升至 65%，具备 80000h 操作寿命；高温电解槽系统效率达到 76%，40000h 使用耐久性)。

(2)氢能基础设施(2030 年车载储氢系统成本降至 8 美元/(kW·h)，储存容量达到 2.2kW·h/kg 及 1.7kW·h/L；高强度碳纤维储氢罐的大批量生产成本控制在 14 美元/kg 以内。在大规模氢气生产、输送和分配领域，早期市场运输终端的氢气价格目标为 7 美元/kg，对于高价值产品市场拓展的最终阶段，氢气成本则需降至 4 美元/kg)。

(3)燃料电池技术(针对长途运输领域的燃料电池卡车设定了明确的发展里程和成本目标。预期至 2030 年燃料电池系统的成本将降至 80 美元/kW，最终期望至 60 美元/kW，系统耐用性提升至 30000h)。

(4)系统开发与集成(支持跨应用和部门的集成能源系统首个示范，并将特别关注重型运输、化学工业流程，以及储能和发电等关键领域)。

（5）系统分析以及安全(重点关注源自各类清洁和可再生资源的氢气，并通过严格的数据收集、模型建立和深入分析，为美国国家清洁氢战略和路线图提供有力支持，落实研发和开发的战略规划，从而推动清洁氢和燃料电池技术的商业化落地)。

（6）规范和标准(专注于建立和维护氢和燃料电池技术的安全部署和使用所需的法规、规范和标准，例如开发并验证 ppb 级灵敏度的氢检测和定量测量技术)。

对于美国未来的产业发展趋势，《美国国家清洁氢能战略和路线图》预计，到 2030 年底美国氢总需求量将突破 $1700 \times 10^4 t$，燃料电池汽车总量将达到 120 万辆，燃料电池叉车应用达到 30 万辆，全美将有 4300 个加氢站投入运营。随着制氢成本的降低和基础设施的布局，氢经济将进一步吸引投资用于氢能技术的开发和推广，年度投资总额预计达到 80 亿美元。到 2050 年，美国氢能行业的总收入将达到 7500 亿美元，氢需求总量将达 $4100 \times 10^4 t/a$。

1.3.2 欧洲氢能产业发展动态

由于气候问题与地缘安全，欧洲具有调整能源结构的迫切诉求。作为最早探索氢能应用的地区之一，欧洲长期以来积极推动相关科技和产业发展。2020 年 7 月，欧盟委员会发布《欧洲氢能战略》，为欧洲未来 30 年氢能发展指明了方向：第一阶段即 2020—2024 年，欧盟将安装至少 6GW 的可再生氢能电解槽，并生产多达 $100 \times 10^4 t$ 的可再生氢能；第二阶段即 2025—2030 年，欧盟安装至少 40GW 的可再生氢能电解槽，以及生产多达 $1000 \times 10^4 t$ 的可再生氢能；第三阶段即 2030—2050 年，可再生氢能技术应用成熟并大规模部署，可以覆盖所有难以脱碳的领域。该战略提出通过降低可再生能源制氢成本并加速发展相关技术，扩大其在所有难以去碳化领域进行大规模应用，最终实现 2050 年"气候中性"的目标。

2022 年 2 月 28 日，欧盟清洁氢合作伙伴关系发布《2021—2027 年氢能战略研究与创新议程》，提出将可再生能源制氢、储氢与氢气分配、氢能交通应用、氢能供热和供电、交叉领域、氢谷和供应链相关技术，定位为 2027 年以前氢能的重点开发领域，为产业的技术创新活动提供指引。2022 年 5 月，委员会继续发布 REPowerEU 战略进一步提升氢能相关目标，体现欧盟迫切推动能源转型，摆脱对俄罗斯天然气的依赖的强烈诉求。

【延伸阅读】

氢谷是欧洲推崇的氢能生态系统：依托丰富的可再生能源地域建设制氢站，以此为中心，带动周围产业对绿氢的应用，并逐步扩大基础设施的覆盖半径，形成大型的产业集群。氢谷覆盖完整的产业链：生产、储存和运输和多种应用组合，生态系统内集中消耗大量的氢能，带来基础设施投入成本降低的同时改善了当地的能源结构和环境问题；欧洲氢能骨干网的构建：随着规模化的提升，有利于进一步发展经济、吸引投资，对管道、管网进行建设，进而将欧洲的各个氢谷进行连接，形成欧洲氢能架构。

欧盟开展的一系列氢产业规划包括：

（1）强力投资全面完善欧洲氢能基础设施建设。

氢能基础设施的升级改造须贯穿生产、分流、运输、应用等环节，形成一体化融合网络。欧盟计划未来十年内至少投入 4500 亿欧元用于氢能基础设施建设，其中 2200 亿~3400 亿欧元用于增建风力与光伏发电机组，650 亿欧元用于氢运输、储存和加氢站建设，240 亿~420 亿欧元用于电解槽建设。

（2）贯彻"大氢能"理念。

"大氢能"理念：一是发挥氢能的能源属性，通过燃料电池或直接燃烧的方式替代传统能源；二是发挥氢能的载体属性，搭建氢能与可再生能源之间的连接，增加可再生能源消纳能力；三是发挥氢能的原料属性，替代传统化石能源制氢工艺，达到深度减碳的目的。

德国创新提出了"Power to X（电力多元化转换）"模式。德国能源转型步伐很大，已宣布 2022 年前关闭所有核电站，2038 年前关闭所有燃煤电厂，同时大规模发展可再生能源电解制氢。2020 年 6 月德国政府发布首个国家氢战略，目标到 2035—2040 年电解氢能力达 10GW，同时每年消纳 20~40TW·h 的可再生能源（主要来自风电）；目前以德国为主的欧盟国家正将氢气以 5%~20% 的比例混入天然气管网，制成掺氢天然气直接输送至用户。

（3）欧盟各国加紧制订氢能发展计划。

表 1-6 总结了欧洲各国的氢能战略目标。西班牙、英国、德国、荷兰是欧洲大型氢能项目的主要聚集地，作为传统能源巨头，依托深厚的资金、资源和基础设施布局成为承做氢能项目的主要国家。法国政府已将氢能计划纳入 2019—2028 年能源计划中，正式启动氢能产业，加快能源转型；西班牙政府也将氢能列为未来交通运输的可替代燃料，并在"国家能源和气候计划 2021—2030"中表述了氢能在各个行业的潜在用途；葡萄牙内阁在 2020 年 5 月批准了《2030 年国家能源和气候行动计划》，计划投资 70 亿欧元，逐步让氢能成为能源转型中不可或缺的支柱。

表 1-6　欧洲各国氢能战略目标

国家	战略目标	内　　容
西班牙	4GW	2024 年之前达到 300~600MW，2030 年已安装电解槽产能到 4GW，2023 年之前投资 15 亿欧元用于发展绿氢
英国	10GW	（1）双轨制：可再生绿氢+CCUS 蓝氢； （2）推进 10 亿英镑的投资计划，促进低碳氢经济发展，2030 年国内低碳氢产量 10GW； （3）2050 年 20%~35% 的能源消耗以氢为基础，氢能经济产值达到 130 亿英镑
德国	10GW	（1）聚焦绿氢，推进风电、光伏制氢； （2）2030 年，根据国家氢能战略（NHS），氢电解槽达到 10GW； （3）为氢能技术的本土市场推广投资 70 亿欧元，投资 20 亿欧元用于国际合作
荷兰	4GW	2025 年前完成 500MW 绿氢项目，2030 年进一步增至 4GW
法国	6.5GW	2030 年前，氢能领域投入 90 亿欧元，实现 6.5GW 的电解装置装机容量
意大利	5GW	2030 年在该氢能领域的投资约为 100 亿欧元，实现 5GW 电解能力

仅西班牙、英国、德国、荷兰、法国和意大利等六国的战略规划，便足以满足欧盟到 2030 年制氢能力达到 40GW 的目标。从各国的氢能战略路径来看（表 1-7），德国和西班牙，

将绿氢作为首选路径；对于英国和荷兰，两国拥有较多的天然气基础设施布局，短期内倾向于将蓝氢作为过渡路线同步发展，而后逐步扩大绿氢的占比。

表 1-7　欧洲氢能重点示范项目

项目	地点	公司	项目详情	制氢途径	用途	开启	节点
HyDeal Ambition	西班牙	30 个成员，包括：McPhy Energy（法，电解槽）；Enagás（西，气体管道运营）	2030 年，太阳电力发电 95GW，电解发电能力达到 67GW，绿氢产能 360×10^{4}t/a；以 1.5 欧元/kg 的价格提供可再生能源制氢，包括传输和储存	光伏转换制氢	能源、工业和移动用户	2022 年	2030 年
Energy Parks de Cepsa		CEPSA 西班牙皇家石油公司	在西班牙安达卢西亚投产两座新工厂，生产能力达 2GW，绿氢产量 30×10^{4}t/a	风/光转换制氢			
NortH2	荷兰	壳牌、Gasunie（气体管道运营）	2030 年在北部海岸建成 3~4GW 的海上风力发电能力，完全用于绿氢制造，预计在 2027 年实现首次送电，计划 2040 年达成 10GW 海上风电装机、绿氢 80×10^{4}t/a	海上风电转换制氢	工业以及消费市场	2020 年	2030 年 4GW；2040 年 10GW
AquaVentus	德国	氢供应链 40 余家，包括：莱茵集团（RWE）、壳牌等	利用德国北海附近 10GW 的海上风能，电解生产绿氢 100×10^{4}t/a。分三阶段：2025 年 30MW 电解设备建成；2030 年达 5GW；2035 年达 10GW	海上风电转换制氢	TBD	2020 年	2025 年 30MW；2030 年 5GW
Wilhelmshaven hub		英国石油公司 BP	低碳绿氢 13×10^{4}t/a	氨分解制氢			2028 年
Northern Horizons		Aker Horizons、DNV	预计将于 2030 年开始生产，目标实现 5GW 的氢气生产能力	海上风电转换制氢	TBD	2020 年	2030 年
Flotta Hydrogen Hub	苏格兰	道达尔能源、RIDG	奥克尼以西建造 2GW 海上风电场用于 Flotta 岛的工业规模绿氢生产，预计 2030 开始生产，潜在投资规模达 4 亿欧元	海上风电转换制氢	TBD	2021 年	2030 年

项目	地点	公司	项目详情	制氢途径	用途	开启	节点
H2H Saltend	英国	Equinor(挪威)	首先设立 600MW 具有碳捕获功能的蓝氢工厂，目标是将基础设施扩大 5 倍。到 2030 年足以获得 3GW 的蓝/绿氢生产能力	天然气制氢	TBD	2021 年	2030 年
White Dragon	希腊	Advent Technologies	利用可再生太阳能工厂，能力 4.65GW，预计氢气产量 $25×10^4$ t/a	光伏转换制氢	取代燃煤发电厂	2022 年	2029 年

欧洲已规划的氢能项目有望在 2030 年提供超过 $600×10^4$ t/a 的低碳氢产能。由于欧洲大陆的北海、苏格兰等区域蕴含丰富的风能，且海上风电可提供巨大的氢容量和高负载率，因此主要的装机容量、制氢途径，也以海上风电转换电解制氢居多。

2023 年 11 月 24 日，欧盟清洁能源技术观察站（CETO）发布了《欧盟电解水和氢能技术发展、趋势、价值链和市场现状 2023 年度报告》，2022 年欧洲氢能产量约为 $1150×10^4$ t/a，全球氢能总产量约为 $1.24×10^8$ t/a。欧盟的制氢方式可分为以下几种："热"生产方法，约占总产能的 95.8%（主要是重整制氢，占比 90.8%，其他生产方法如部分氧化等）；化工副产物电解制氢，约占总产能的 3.6%；碳捕获重整制氢，约占总产能的 0.5%；电解水制氢，仅占总产能的 0.2%。根据《欧洲绿色协议》以及欧盟"REPowerEU"设定的目标，欧盟计划到 2030 年之前在本土建立 $1000×10^4$ t/a 的绿氢产能，同时每年进口 $1000×10^4$ t 绿氢，并安装 140GW 电解水制氢能力。

2024 年 2 月 29 日，欧洲风能协会发布《欧洲 2023 年风电装机统计和 2024—2030 年展望》，报告显示，2023 年欧洲新增风电装机容量为 18.3GW。其中陆上风电占新增风电装机容量的 79%，海上风电装机容量在不断增长。报告预计，2024—2030 年间欧洲新增风电装机容量将为 260GW，欧盟 27 国将实现安装其中的 200GW——平均每年新增 29GW。

为进一步支持氢能产业发展，助推可再生能源和绿色经济转型，欧盟委员会于 2023 年 3 月 16 日发布了名为"欧洲氢银行"（European Hydrogen Bank）的战略政策文件。该战略拟通过充分挖掘自身市场潜力，为绿氢产业保持全球领先优势提供更好的政策和市场环境，推动欧洲企业在全球氢能市场中发挥主导作用。欧盟委员会预测，到 2030 年，欧盟为建设氢能生产、运输、消费全产业链需追加投资 3350 亿~4710 亿欧元，为提供满足电解氢生产的可再生能源电力需投资 2000 亿~3000 亿欧元，为氢能产业关键基础设施需投资 840 亿~1240 亿欧元。

1.3.3 日韩氢能产业发展动态

1973 年能源危机之后，日本便早早开始发展氢能产业，希望通过氢能永久解决能源问题。2014 年，日本修订《日本再复兴战略》，发出建设"氢能社会"的呼吁，并启动加氢站建设的前期工作，同年发布《第四次能源基本计划》，将氢能定位为与电能和热能并列的核心二次能源，提出从氢能全供应链角度促进氢能技术开发多样性和低成本化，以便建设安全性、便利性、经济性及环境性能较高的"氢能社会"。2017 年，作为首个把氢能框架作为国家战略的国家，日本发布了《氢能基本战略》，主要目标是降低氢能价格，大力推广氢能应用，包括交通、住建、重工和石油冶炼。2020 年 12 月 25 日，日本经济产业省发布了《2050年碳中和绿色增长战略》，计划 2030 年实现国内氢产量达到 $300×10^4$ t/a，2050 年达到 $2000×10^4$ t/a。2023 年 6 月 6 日，日本经济产业省发布修订版《氢能基本战略》，设定了到 2040 年氢（含氨）供应量 $1200×10^4$ t/a 的目标。同时，公共和私营部门也将在未来 15 年共同投资 15 万亿日元推广氢能应用。此外，包括燃料电池、电解水制氢设备在内的 9 项技术被列为"战略领域"，获重点支持。

日本将氢气视为清洁能源的重要替代品，氢能源产业主要涉及氢气生产、运输、储存和利用等方面。氢气生产主要采用水电解技术、天然气蒸汽重整技术和生物质气化技术等。日本已经建立了一系列的氢能源生产基地，如位于福岛县的"风之都"、位于北海道的"氢之岛"等。根据日本政府的目标，到 2030 年日本的氢气需求量预计将达到 300000m³/h。

日本拥有丰富的氢能技术专利，在全球氢能领域的专利数量占比达到了 29.5%，远超过美国、中国和欧盟等其他国家或地区。日本在燃料电池汽车（FCV）领域具有领先的技术水平，丰田和本田等汽车企业都推出了自己的商用 FCV 产品，如 Mirai 和 Clarity，并在性能、安全、耐久性等方面不断改进。日本在家用热电联供系统（ENE-FARM）领域也有较强的技术实力，可以利用燃料电池将天然气转化为电力和热水，提高能源利用效率，节约能源成本。日本的氢能基础设施建设也具有一定优势，建造了全球首艘液化氢运输船，并在全国范围内部署了一定规模的加氢站，为氢能运输和使用提供了便利条件。截至 2023 年，日本已建成 164 座加氢站，并计划在未来几年内进一步扩展。在氢能运输方面，日本采用了高压管道和液态氢运输两种方式。其中高压管道主要用于城市氢能源供应，液态氢则主要用于远距离运输。此外，日本还在积极探索氢能海上运输和航空运输等领域。

作为地理面积相对狭小的岛国，日本的土地资源有限，建设大规模的氢气生产设施和储氢设施可能受到土地不足的限制。日本位于地震和台风频发的区域，增加了氢气基础设施的建设和运营风险，确保氢气系统的抗灾能力和安全性是一个重要的问题。日本政府一直致力于能源转型，将可再生能源和氢能源列为重点发展领域，制定了一系列支持政策和经济激励措施，来鼓励企业和研究机构在氢能源领域进行创新和投资，但政策的有效实施和协调仍然是一个挑战。

与日本类似，韩国 97% 的能源来自进口，同样在能源战略上选择从化石燃料转向氢气。2008 年，韩国开始实施"低碳绿色增长战略"，其中对燃料电池研发项目投资金额达到3180 亿韩元。2019 年，韩国政府发布了《氢能经济发展路线图》，旨在将氢能产业作为未来的战略投资领域，大力发展氢能产业，以引领全球氢燃料电池汽车和燃料电池市场发展，到2030 年将氢能源产值提高至 55 万亿韩元。同年，韩国政府发布了《氢能城市计划》，旨在推广氢能技术，建设具有氢能基础设施的城市，以实现可持续发展。

2020 年，韩国政府通过了《促进氢经济和氢安全管理法》（简称《氢法》），这是世界上第一部氢法，是韩国为了推动氢能产业的发展和安全管理而制定的法律，规定了氢能源的定义、分类、生产、运输、储存、供应、使用等方面的标准和规范；设立了氢经济委员会，负责制定和协调氢能源相关的政策和计划，还明确了氢能事故的预防和应对措施，以及相关的行政处罚和刑事责任。《氢法》是韩国实施《氢能经济发展路线图》的重要法律基础，旨在为氢能产业的发展提供有力的制度保障。

2022年，韩国政府公布氢经济发展战略，计划到2030年普及3万辆氢能商用车。韩国政府将氢能作为"新政"的核心支柱之一，以帮助国家实现脱碳和经济复苏。韩国政府为氢能提供了财税优惠、补贴、研发资金等支持政策，如为氢燃料电池汽车的购买者和加氢站的建设者提供高额补贴，为氢能源相关企业提供低息贷款、税收减免、研发支持等。

韩国政府与工业界和学术界合作，推动氢能技术的创新和应用，包括燃料电池汽车、大型固定式燃料电池、海上风电制氢等领域。韩国在氢能技术研究和发展方面有多个研究机构和企业：韩国能源技术研究院（KETEP）、韩国科学技术研究院（KIST）、韩国电力公社（KEPCO）、韩国研究院（KRICT）、韩国燃料电池研究所（KIER）、韩国现代（Hyundai）、三星（Samsung）、SK、LG等。这些机构和企业在氢能技术的研究、开发和商业化方面发挥着重要的作用，并为韩国在氢能领域的发展做出了贡献。

韩国在氢能技术领域已经取得了一些重要成果。包括：全球领先的燃料电池汽车制造商现代汽车推出的多款商用化燃料电池汽车，如现代NEXO；采用可再生能源（如太阳能和风能、高效电解水技术）生产绿氢取得重要进展；建设氢能基础设施，如已建设了多个加氢站并计划进一步扩大覆盖范围；积极参与国际氢能合作，例如与澳大利亚签署氢能合作谅解备忘录，共同推动绿氢的生产和使用。这些成果表明韩国在氢能技术领域取得了显著进展，并在推动绿氢经济和可持续能源转型方面发挥着重要作用。

1.3.4 我国氢能产业发展动态

氢能正逐步成为全球能源转型发展的重要载体之一，也是推进我国能源生产和消费革命，构建清洁低碳、安全高效的能源体系，实现"碳达峰、碳中和"目标的重要途径。

2014年，国务院发布《能源发展战略行动计划（2014—2020年）》，正式将氢能与燃料电池作为能源科技创新战略方向和重点之一。《能源技术革命创新行动计划（2016—2030年）》《节能与新能源汽车产业发展规划（2012—2020年）》等政策文件的发布均明确了氢能与燃料电池产业的战略性地位。2019年3月，氢能首次被写入我国《政府工作报告》，在公共领域加快充电、加氢等设施建设；2021年10月，中共中央、国务院印发《关于完整准确全面贯彻新发展理念做好碳达峰碳中和工作的意见》，统筹推进氢能"制—储—输—用"全链条发展。

2022年3月23日，国家发展和改革委员会发布《氢能产业发展中长期规划（2021—2035年）》，氢能被确定为未来国家能源体系的重要组成部分和用能终端实现绿色低碳转型的重要载体，氢能产业被确定为战略性新兴产业和未来产业重点发展方向。该规划提出，"十四五"时期，初步建立以工业副产氢和可再生能源制氢就近利用为主的氢能供应体系；燃料电池车辆保有量约5万辆，部署建设一批加氢站，可再生能源制氢量达到$(10 \sim 20) \times 10^4 t/a$，实现二氧化碳减排$(100 \sim 200) \times 10^4 t/a$。到2030年，形成较为完备的氢能产业技术创新体系、清洁能源制氢以及供应体系，产业布局合理有序，有力支撑碳达峰目标实现。到2035年，形成氢能多元应用生态，可再生能源制氢在终端能源消费中的比例明显提升，对能源绿色转型发展起到重要支撑作用。2023年8月，国家标准委与国家发展改革委、工业和信息化部、生态环境部等部门联合印发《氢能产业标准体系建设指南（2023版）》，系统构建了氢能制、储、输、用全产业链标准体系。

我国氢能产业发展迅速，是世界第一产氢大国，2023年氢气产量超过3570×10^4t。目前我国工业领域仍以灰氢为主，煤制氢占比约55%、天然气制氢和工业副产氢占比为43%、电解水制氢仅占1.3%。目前氢能的消费基本用于工业领域，其中生产合成氨用氢占比为37%、甲醇用氢占比为19%、炼油用氢占比为10%、直接燃烧占比为15%、其他领域占比为19%；2060年工业部门氢需求量将达7794×10^4t，接近交通领域的两倍。为了需求侧产业的发展和产业链的完善，从灰氢逐步过渡到绿氢是较好的发展方式。我国西部风光资源丰富，东北地区的西部和东北部、华北北部、内蒙古中东部、西北地区的西北部等地区风能资源较好，西藏大部分、内蒙古西部、青海西北部等地区太阳能资源最丰富，发展绿氢具有天然优势，通过政策支持绿氢绿电与工业耦合，可助力建筑、化工、钢铁等多领域深度脱碳。未来随着可再生能源发电成本持续降低，绿氢占比将逐年上升，预计2050年将达到70%。根据中国氢能联盟的预测，在2030年碳达峰愿景下，我国氢气的年需求量预计达到3715×10^4t，在终端能源消费中占比约为5%；可再生能源制氢约为500×10^4t，部署电解槽装机约80GW。

"十四五"以来，31省市陆续推出可再生能源制取绿氢政策，扩大绿氢生产规模、突破电解水制氢设备关键技术成为政策焦点，国内能源公司纷纷布局风光一体化绿氢耦合项目，例如新疆库车光伏发电制氢（电解水制氢2×10^4t/a、储氢21×10^4m³、输氢2.8×10^4Nm³/h）、内蒙古风电制氢（鄂尔多斯风光融合绿氢示范项目、乌兰察布项目等），为规模化生产清洁低碳氢能奠定了良好产业基础。截至2023年2月，我国规划年产绿氢超过20000t的大规模绿氢示范项目近20个，其中内蒙古具备发展可再生能源大规模制氢的良好条件，潜在制氢产能超过330×10^4t。2024中国国际氢能及燃料电池产业展览会（简称2024中国氢能展）上，世界级绿氢生态创新区"氢洲"项目正式发布，国家能源集团将携手内蒙古鄂尔多斯市打造世界领先的绿色氢能项目标杆与国家西氢东送核心节点，意味着国家能源集团融通产业链供应链价值链，"两横一纵"全国绿色氢能产业链集群化布局再进一步，以氢能产业高质量发展厚植氢能新质生产力，培育绿色发展新动能。

我国目前有高压气态储氢和低温液态储氢两种储能方式，并采用管束车、槽车等交通运输工具实现配送，而有机液态储氢和固体材料储氢尚处于示范阶段。我国的35MPa Ⅲ型瓶处于规模化应用、70MPa Ⅲ型瓶处于示范应用阶段，Ⅳ型瓶尚未得到大规模推广应用。Ⅳ型瓶具备储运效率高、轻量化、成本低等显著优势，未来将成为车载供氢系统的主流规格。目前国内车用储氢瓶领域领先的企业有中材科技、沈阳斯林达和京城股份等。中材科技拥有20种规格35MPa储氢瓶，最大容积达到165L，年产3万只；沈阳斯林达储氢瓶年产量为70万只，70MPa储氢瓶已通过型式试验；京城股份所生产的35MPa Ⅲ型瓶已批量应用于氢燃料电池汽车、无人机及燃料电池备用电源领域。在低温液态储氢领域，国内目前具有产业化能力的企业有富瑞氢能、中科富海等。此外，武汉氢阳开发的常温常压下液态有机储氢技术在世界范围内处于领先地位。国内固体材料储氢仍然处于研发阶段，代表企业主要有开发稀土储氢材料的北京浩云金能、厦门钨业，以及开发镁基储氢材料的镁源动力、镁格氢动等。

加氢站作为氢能源下游应用发展的重要基础设施，也是氢能产业建设布局的重点。中国加氢站建设和运营企业多元，但市场集中度较高，截至 2024 年 3 月加氢站数量已达到 430 座，是全球最大的加氢站保有量国家。国内均为高压储氢加氢站，液氢加氢站正在规划当中。2022 年我国加氢站行业市场规模达到 49.4 亿元，其中集成设备(压缩机、氢气储存容器、加氢系统)占据加氢站建设的主要成本规模达 15.3 亿元；随着氢燃料汽车渗透率的不断提升，投入运营加氢站的数量也将实现高速增长，国家规划提出 2025 年我国加氢站将达到 1000 座，预计到 2026 年我国加氢站市场规模将达到 151.2 亿元，集成设备规模 71.1 亿元。目前我国布局加氢站的上市企业主要有厚普股份、嘉化能源、美锦能源、雪人股份、雄韬股份等。中科富海与空气化工公司签订协议在广东建设中国首座商业运营的液氢储运型加氢站。

我国氢能在交通领域的应用呈现氢燃料电池商用车先发展、乘用车后发展的特点。中国汽车工业协会和香橙会数据显示，2023 年全国燃料电池汽车产销量分别达到 5631 辆和 5791 辆，同比增长 55% 和 72%。当前氢燃料电池汽车的主要示范应用集中在物流、客车等领域。随着质子交换膜燃料电池的技术突破与规模效应带来的成本下降，氢燃料电池重卡、乘用车等车型的市场化进程将加快。

2023 年以来国家层面陆续发布了多项与氢能相关的政策文件，用来引导、鼓励和支持各地的氢能产业发展；其中国家层面相关部门(国家能源局、商务部、国家标准管理委员会、工业和信息化部、发展改革委等)共计发布了 11 个文件。中国石化经济技术研究院于 2023 年 12 月 28 日发布的《中国氢能产业展望报告》显示，2060 年我国氢能消费规模将接近 $8600 \times 10^4 t$，产业规模 4.6 万亿元。供给侧的制氢低碳化和消费侧的应用多元化将成为氢能产业发展的两大特征。预计到 2060 年，我国制氢用能结构和氢能消费结构将发生根本性变化，绿氢成为氢源主体，交通将和工业一道成为氢能消费的主要部门。

就目前而言，中国氢能产业仍处于发展初期，相较于国际先进水平，仍存在产业创新能力不强、技术装备水平不高、支撑产业发展的基础性制度滞后，产业发展形态和发展路径尚需进一步探索等问题和挑战。面对新形势、新机遇、新挑战，需要包括氢能供应链、技术、商业模式在内的整个生态系统联动发展，加强顶层设计和统筹谋划，进一步提升氢能产业创新能力，不断拓展市场应用新空间，引导氢能产业健康有序发展。

参 考 文 献

[1] Wigner E, Huntington H B. On the possibility of a metallic modification of hydrogen[J]. Journal of Chemical Physics. 1935, 3(12)：764.

[2] Crane, L. Metallic hydrogen finally made in lab at mind-boggling pressure[N]. New Scientist. 2017-01-26.

[3] Wei F, Ren X, Gao Lin, et al. Analysis on Transformation and Characteristics of American Hydrogen Energy Strategy under Carbon Neutralization Goal[J]. Bulletin of Chinese Academy of Sciences. 2021, 36(9)：1049.

[4] 张文勤, 等. 有机化学(第五版)[M]. 北京：高等教育出版社, 2014.

[5] 化学工业出版社辞书编辑部. 化学化工大辞典(下)[M]. 北京：化学工业出版社, 2003.

[6] 李星国, 等. 氢与氢能(第二版)[M]. 北京：科学出版社, 2022.

[7] 毕马威中国. 一文读懂氢能产业[R]. 2022.

［8］International Renewable Energy Agency（IRENA）. World Energy Transitions Outlook 2022：1. 5℃ Pathway. Abu Dhabi，2022.

［9］中国人民大学国家发展与战略研究院. 中国氢能产业发展前瞻、政策分析与地方实践［J］. 政策简报，2022（1）.

［10］中国产业发展促进会氢能分会. 国际氢能技术与产业发展研究报告2023［R］. 2023.

［11］中能传媒研究院. 中国能源大数据报告［R］. 2024.

［12］中国石化经济技术研究院. 中国氢能产业展望报告［R］. 2023.

［13］中国氢能联盟. 中国氢能源及燃料电池产业发展报告2022［R］. 2023

［14］中国社会科学院大学（研究生院）国际能源安全研究中心. 世界能源蓝皮书：世界能源发展报告（2023）［R］. 北京：社会科学文献出版社，2023.

第2章 氢能绿色制取

　　制氢技术方法分类从含氢化合物开始，并根据所采用的原材料和制造方法进行分类。全球能源基础设施 (Global Energy Infrastructure，GEI) 机构建立了颜色类方法，并公布了各种制氢技术分类的明确定义。目前国内外讨论较多的是灰氢、蓝氢和绿氢。灰氢是通过化石燃料 (例如石油、天然气、煤炭等) 燃烧产生的氢气，在生产过程中会有二氧化碳等排放。蓝氢是将天然气通过甲烷蒸汽重整或自热蒸汽重整制成。虽然天然气也属于化石燃料，在生产蓝氢时也会产生温室气体，但由于使用了碳捕集、利用与封存 (CCUS) 等先进技术，温室气体被捕获，减轻了对地球环境的影响，实现了低碳制氢。绿氢是通过使用再生能源 (例如太阳能、风能、核能等) 制造的氢气，例如通过可再生能源发电进行电解水制氢，在生产绿氢的过程中，完全没有碳排放。

　　虽然氢能是清洁的可再生能源，在释放能量的过程中没有碳排放，但目前生产氢能的过程却并不是百分之百"零碳"的。从灰氢过渡到蓝氢，再到最终实现绿氢，是氢能未来低碳化、无碳化的趋势。

　　作为全球最大的制氢国，我国氢产能超过 $4000 \times 10^4 t/a$，占全球的 1/3 左右，氢能产业发展具有良好基础。我国氢气产业主要来自化石能源制氢及工业制氢，而绿氢生产量占全国氢气生产量的比重不足 1%。《氢能产业发展中长期规划 (2021—2035 年)》中提出，2025 年我国可再生能源制氢达到 ($10 \sim 20$) $\times 10^4 t$，2030 年实现广泛应用，2035 年在终端能源消费中的比重明显提升。

　　氢能应用于能源、储能和化工产业，应用于交通、建筑领域有宽广的前途，对于风力、光照资源优势的地方，对于研发地区以及可接受风力发电或者绿氢甲醇的地方来说，可促进地区能源变革和产业转型升级。未来，绿氢发展空间非常大，绿氢将是继电池汽车产业链之后的又一条产业突破性发展新赛道。

2.1 化石能源制氢

化石能源制氢具有可大规模化、经济性好等优势，目前成为世界上的主流制氢路线，占总制氢量的96%。化石能源主要包括煤炭、石油和天然气等一次能源，以及由其转化所得的二次能源载体（如甲醇等）。本节主要讨论基于这些化石能源的制氢技术路线。

2.1.1 煤制氢

煤是世界上最重要的能源之一，也是人们很早就熟知的一种能源。煤是由植物残骸经过复杂的生物化学作用和物理化学作用转变而成的。在地表常温、常压下，由堆积在停滞水体中的枯植物经泥炭化作用或腐泥化作用，转变成泥炭或腐泥；泥炭或腐泥被埋藏后，由于盆地基底下降而沉至地下深部，经成岩作用而转变成褐煤；当温度和压力逐渐增高，再经变质作用转变成烟煤至无烟煤。其中泥炭化作用是指堆积在沼泽中的高等枯植物经生物化学变化转变成泥炭的过程；腐泥化作用是指堆积在沼泽中的低等生物残体经生物化学变化转变成腐泥的过程。中国的煤炭资源丰富，是世界上煤产量最高的国家。煤在我国的能源消费结构中的占比很高。

煤制氢技术以煤为原料制取含氢气体，此技术已有200多年的历史。传统的煤制氢过程分为直接制氢和间接制氢两类。煤直接制氢包括煤的焦化和煤的气化。间接制氢指的是利用煤发电后再电解水制氢，或将煤先转化为甲醇、氨气等化工产品后，再将其制氢。

2.1.1.1 煤焦化制氢

$$煤 \longrightarrow H_2 + CH_4 + CO + 其他气体$$

煤的焦化（高温干馏），即煤在隔绝空气的条件下，在900~1000℃下制取焦炭，副产品为焦炉煤气。其产率和组成因炼焦煤质和焦化过程条件不同而有所差别，一般每吨干煤可产焦炉煤气300~350m³（标准状态），其中氢含量可达50%以上。焦炉煤气后续可通过变压吸附技术（PSA）等分离工艺制取高纯氢气。

炼焦过程包括以下几个步骤：

（1）干燥和预热。湿煤装炉后，炭化室中煤料温度升到100℃以上所需的时间为结焦时间的一半左右，这是因为水的汽化潜热大而煤的导温系数小。又因在结焦过程中湿煤层始终被夹在两个塑性层之间，水汽不可能透过塑性层向两侧炭化室墙的外层流出，导致大部分水汽窜入内层湿煤中，由于内层温度低而冷凝下来，使得内层湿煤水分加大，炭化室中煤料长时间停留在约110℃以下。煤料的水分越高，结焦时间越长，炼焦所耗热量也越大。将温度保持在100℃左右，使煤料干燥，然后温度持续上升，在100~200℃析出煤中吸附的二氧化碳和甲烷等气体。

（2）温度升至200~350℃，煤开始分解。此刻，煤结构中的侧链开始断裂和分解，主要产生热解水、二氧化碳、一氧化碳和甲烷等气体，并有焦油物产生。

（3）温度升至350~480℃，煤大分子中的侧链继续分解，生成大量黏稠液体。此种液体里还有煤气等构成的气泡及没有完全分解的煤粒残留物。这个以液相为主的包括气、液、固三相的胶体系统即胶质体，它具有黏结性。煤粉能变成大块焦炭正是胶质体作用的结果。由于胶质体缺乏透气性而产生膨胀压力，此时，有大量气态和液态产物——焦油产生。所以，能生成胶质体的煤都有黏结性。

（4）胶质体固化。当煤温升高到 480～550℃ 时，胶质体中的液体继续分解，有的以气态析出，有的固化生成半焦。这一阶段继续产生大量气态产物，焦油溢出量却逐渐减少。

（5）半焦收缩，形成焦炭。当温度升到 550℃ 后，焦油停止溢出，半焦收缩，产生裂纹。当温度升至 800℃ 以上时，气态产物的逸出也很少了。当温度达到 1000℃ 左右，半焦继续析出气体，这时碳原子网格周围的氢析出，半焦继续收缩变紧，直至生成焦炭。

2.1.1.2 煤气化制氢

煤的气化指煤在高温常压或加压下，与气化剂反应，转化成富含氢气的气体产物，气化剂为氧气（空气）或者水蒸气。煤气化制氢主要流程是先将煤炭气化得到以氢气和一氧化碳为主要成分的气态产品。煤气化制氢技术的工艺过程一般包括煤的气化、煤气净化、CO 的变换以及 H_2 提纯等主要生产过程。其主要反应如下：

$$C(s) + H_2O(g) \longrightarrow CO(g) + H_2(g)$$
$$CO(g) + H_2O(g) \longrightarrow CO_2(g) + H_2(g)$$

图 2-1 所示是典型的煤气化制氢工艺流程。煤气化是一个吸热反应。首先是煤气化过程。煤在气化炉中与经过空分分离制备的氧气及水蒸气反应，经气化制取煤气，煤气中含有 H_2、CO、CO_2 以及其他含硫气体等。其次是煤气净化过程，脱硫。然后是 CO 变换过程。煤气经过脱硫净化之后，进入 CO 变换器与水蒸气发生反应，产生氢气和二氧化碳。最后是氢气提纯过程。采用湿法（低温甲醇洗、氨水或者乙醇胺等）或者干法（碱性氧化物、纳米碳吸附、变压吸附等）将 CO_2 脱除后，采用变压吸附技术将氢气纯度提高到 99.9% 以上。

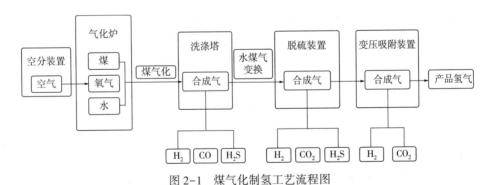

图 2-1　煤气化制氢工艺流程图

煤气化技术的形式多种多样，但按煤料与气化剂在气化炉内流动过程中的不同接触方式，通常分为固定床气化、流化床气化、气流床气化等。

（1）固定床气化是以块煤、焦炭块或型煤（球）作入炉原料，床层与气化剂（H_2O、空气或 OD）进行逆流接触，并发生热化学转化生成 H_2、CO、CO_2 的过程。通常按照压力等级可分为常压和加压。其中常压固体床煤气化技术是目前我国氮肥产业主要采用的煤气化技术之一。

（2）流化床气化技术是煤颗粒床层在入炉气化剂的作用下，呈现流态状态，并完成气化反应的过程。

（3）气流床气化是用气化剂将煤粉高速夹带喷入气化炉，并完成气化反应的过程。主要有壳牌粉煤气化技术、航天炉技术、清华炉技术、德士古水煤浆气化技术、四喷嘴煤气化技术等。

2.1.1.3　煤炭地下气化制氢

煤炭地下气化制氢技术就是将处于地下的煤炭直接进行有控制的燃烧，通过对煤的热作用及化学作用而产生可燃气体的过程。现在一般采用"长通道，大断面，两阶段"的"煤炭气化"新工艺。第一阶段，鼓入空气助燃，煤层蓄热，产生鼓风煤气。第二阶段，鼓入水蒸气，水蒸气与炽热的煤层相遇，发生分解反应，形成地下水煤气。这样排出的是"中热值"的煤气，其中含有大量的"氢""一氧化碳"。这里所指的"大断面"可以使燃煤量增大，蓄热量增多，为第二阶段提供足够的反应热；这里所指的"长通道"可以使得水和煤的反应时间变长，增加有效产出。该技术集建井、采煤和煤气化工艺于一体，变传统的物理采煤为化学采煤，省去了庞大的煤炭开采、运输、洗选以及气化等工艺的设备，具有安全性好、投资小、经济效益高、污染少等优点，受到世界各国的重视，被誉为第二代采煤方法，在技术研究上可分为三个方向：

（1）地下气化方法类型。苏联早期使用"有井式"，后逐渐过渡至"无井式"。"有井式"气化利用老的竖井和巷道，减少建气化炉的投资，可回采旧矿井残留在地下的煤柱（废物利用），气化通道大，容易形成规模生产，气化成本低。但其缺点是：老巷道气体易泄漏，影响气压气量以及安全生产，避免不了井下作业，劳动量大，不够安全。而"无井式"气化，建炉工艺简单，建设周期短（一般1~2年），可用于深部及水下煤层气化，但由于气化通道窄小（因钻孔直径一般为200~300mm，钻孔间距一般为15~50m，最大为150m），影响出气量，钻探成本高，煤气生产成本高。

（2）气化剂的选择。气化剂的选择取决于煤气的用途和煤气的技术经济指标，从技术上，煤炭地面气化所用的气化剂（空气、氧气与蒸汽、富氧与蒸汽等）都可以用于煤炭地下气化。

（3）地下气化的控制方法。影响地下气化工艺的因素很多（包括煤层的地质构造、围岩变化、气化范围位置不断变化等），因而要采取一定的控制措施。简单的做法是在每个进风管和出气管上都安装压力表、温度计、流量计。根据上述测量参数综合分析地下气化炉状况用阀门来控制压风量、煤气产量，以达到控制气化炉温度和煤气热值的目的。

随着成品油质量升级的推进，国内新建炼油厂大多选择了全加氢工艺路线，以满足轻质油收率、产品质量、综合商品率等关键技术经济指标要求，这极大增加了氢气需求和制氢技术的市场。在高油价时期，具备成本优势的煤/石油焦气化制氢成为中国炼油厂制氢的发展趋势。随着原油和天然气价格持续走低，油制氢、天然气制氢和煤制氢的成本差距在缩小。煤/石油焦制氢仍然是中国炼油厂制氢的主流工艺路线，已确定采用煤制氢的项目有11个，如中海油惠州炼油厂二期 $2200×10^4$ t/a 炼油改建工程，配套 $27.8×10^4$ Nm^3/h 煤制氢装置；恒力石化 $2000×10^4$ t/a 炼化一体化项目，配套 $50×10^4$ Nm^3/h 煤制氢装置；浙江石油化工 $4000×10^4$ t/a 炼化一体化项目，配套 $49.4×10^4$ Nm^3/h 煤制氢装置；等等。石化行业配套煤制氢装置制氢量虽然很大，但这些煤制氢装置所产氢气均为石化行业炼化加氢自身所用，另外，大部分涉及煤制氢的石化企业均未布局氢燃料电池产业。

煤制氢成本主要由煤炭、氧气、燃料动力能耗和制造成本构成，但煤炭费用的比例远小于天然气费用的比例，仅占36.9%。一般煤制氢气采用部分氧化工艺，按照配套空气分离装置氧气成本测算，占氢气生产的25.9%。由于煤制氢气投入大，制造及财务费用成为重要的成本影响因素，占比达到22.5%。燃料动力费用占7.9%，其他占6.7%。当煤炭价格为450元/t时，煤制氢成本为0.87元/m³；煤炭价格上升到850元/t时，煤制氢生产的氢气成本为1.15元/m³。目前，煤制氢工艺在工业化大规模生产中得到应用，原料来源是影响氢气成本的主要因素，也成为企业选择技术的关键因素之一。

2.1.2 石油制氢

通常不直接用石油制氢，而用石油初步裂解后的产品，如石脑油、重油、石油焦以及炼厂干气制氢。在石油化工生产过程中，常用石油分馏产品（包括石油气）作原料，采用比裂化更高的温度（700~800℃，有时甚至达1000℃以上），使具有长链分子的烃断裂成各种短链的气态烃和少量液态烃，其中就含有氢气。

2.1.2.1 石脑油制氢

石脑油是蒸馏石油的产品之一，是以原油或其他原料加工生产的用于化工原料的轻质油，又称粗汽油。石脑油制氢主要工艺过程有石脑油脱硫转化、CO变换、PSA，其工艺流程与天然气制氢极为相似，工艺流程如图2-2所示。

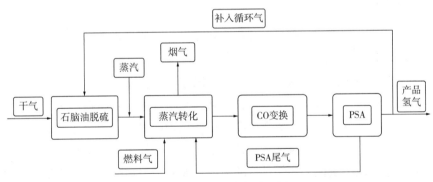

图 2-2　石脑油制氢流程图

2.1.2.2 石油焦制氢

石油焦（petroleum coke）是重油再经热裂解而成的产品。石油焦为形状、尺寸都不规则的黑色多孔颗粒或块状。其中80%（质量）以上为碳，其余的为氢、氧、氮、硫和金属元素。石油焦可用于制石墨、冶炼和化工等工业。水泥工业是世界上石油焦最大用户，其消耗量约占石油焦市场份额的40%，其次大约22%的石油焦用来生产炼铝用预焙阳极或炼钢用石墨电极。近年来，石油焦作为制氢原料在炼油厂制氢越来越受到重视。

石油焦制氢与煤制氢非常相似。由于原油重，含硫量高，所以高硫石油焦很常见。高硫石油焦制氢主要工艺装置有空分、石油焦气化、CO变换、低温甲醇洗、PSA，工艺流程如图2-3所示。

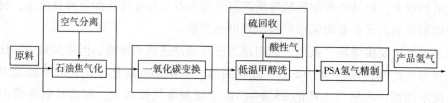

图 2-3 高硫石油焦制氢工艺流程

2.1.2.3 炼厂干气制氢

炼厂干气制氢主要是轻烃水蒸气重整加上变压吸附分离法，目前国内已有多家公司采用这种方法来制取氢气。干气制氢工艺流程包括干气压缩加氢脱硫、干气蒸汽转化、CO 变换、PSA，干气制氢工艺流程与天然气制氢非常相似，如图 2-4 所示。

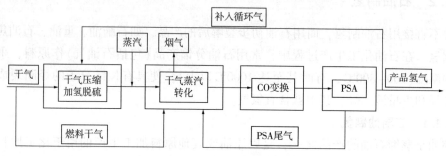

图 2-4 炼厂干气制氢流程图

2.1.3 天然气制氢

天然气的主要成分是甲烷。它是一种化合物，其中氢原子占质量的比例最大，储氢量为 25%。天然气是地球三大化石能源之一，储量巨大。因此，氢气制备技术早期就得到了广泛发展，并成为工业中最主流的技术之一，在许多国家中占据着压倒性的优势地位。天然气与其他烃类相比组分简单、不饱和烃少、硫含量低，是很好的制氢原料，同时天然气制氢工艺投资成本较低，对环境友好，技术成熟可靠，操作维护简单，生产运行平稳，与其他制氢工艺相比具有一定优势。天然气制氢由于在整道工艺过程中利用清洁能源进行加工，并采取极具规模的工艺制造手段，实现了环保科技的标准，能够进一步提升生产效益，从而推动制氢工艺不断进步和成长。天然气制氢方法主要有热裂解法、部分氧化法和重整法等。

热裂解法是将天然气在高温下分解为 H_2 和 C，常用反应温度在 800～1000℃。热裂解反应的主要反应为

$$CH_4 \longrightarrow H_2 + C$$

这个反应式说明，1mol 的 CH_4 经过热裂解得到 1mol 的 H_2 和 1mol 的 C。这种方法是简单、易行的，但同时生成大量的 C，这种 C 加工困难，处理成本高，而且会加大环境污染，所以具有局限性。

天然气部分氧化制氢就是 CH_4 与 O_2 的不完全燃烧生成 CO 和 H_2，其化学反应式为

$$CH_4 + 1/2O_2 \longrightarrow H_2 + CO$$

这个反应是轻放热反应，无须外界供热。为了提高 CH_4 的转化率以及防止颗粒状的炭

烟尘的形成，通常反应温度达 1300~1500℃。过高的工作温度容易出现局部高温热点、产生固体炭而形成积炭等问题，因此通常需要添加催化剂来降低反应温度。天然气部分氧化制氢的反应器采用的是高温无机陶瓷透氧膜，与传统的蒸汽重整制氢的方式相比较来说，天然气部分氧化制氢工艺所消耗的能量更加少，因为它采用的是一些价格低廉的耐火材料组成的反应器。这种天然气制氢工艺比一般的生产工艺在设备投资方面的成本降低了 25%左右，生产的成本降低了 40%左右，可以在一定程度上降低投资成本。但是，甲烷的转化效率较低，其转化率为 55%~65%。此外，由于需要向反应中输入纯氧，所以需要为装置配备空分系统。

重整法是利用天然气进行催化重整反应，其原理是将天然气与水蒸气加热至高温，经过反应后得到大量的 H_2 和一定量的 CO_2。天然气重整制氢是建立在蒸馏技术的基础上实现的工艺手法，是通过对天然气进行热加工，在变换炉中使一氧化碳变换成 H_2 和 CO_2 的过程。其一系列加工过程为常温减压蒸馏—天然气催化—分子裂化—再次催化重整—芳烃生产。现阶段天然气制氢工艺过程已经逐步扩建到与天然气集中开采、集中运输和集中净化等工艺手段合为一体，实现了真正意义上的规模化天然气制氢。天然气制氢工艺原理的化学反应方程式为：

$$CH_4+H_2O \longrightarrow CO+3H_2O$$
$$CO+H_2O \longrightarrow CO_2+H_2$$

该反应是强吸热反应，要求提供额外的热源(天然气作为燃料)。通常在高温 800℃以上进行。反应除了生成 H_2 之外，还有 CO，H_2 和 CO 的物质的量之比为 3。蒸汽重整是制氢的主要途径，需要大量催化剂。CH_4 在催化剂上的活化，主要是指在过渡金属催化剂与贵金属催化剂上的活化。在常用的铁钴镍催化剂中，镍基催化剂活性最高，钴基次之，铁基催化剂最差。由于贵金属及钴等成本高，工业上主流催化剂是镍基催化剂。天然气重整制氢工艺流程与煤气化制氢类似，在天然气制氢的初始阶段，天然气首先经过预处理，以去除其中的杂质和有害物质。这一步骤包括去除天然气中的水分、二氧化碳、硫化物等，确保后续的催化反应能够顺利进行。通常，这一步骤采用物理或化学方法，如吸附、吸收或化学反应等。预处理后的天然气进入转化催化反应器，其中在催化剂的作用下，天然气与水蒸气发生反应，生成 CO 和 H_2。这一反应是天然气制氢的关键步骤，催化剂的选择和反应条件的控制直接影响到氢气的产量和质量。由于转化催化反应产生的气体中含有一定量的 CO，需要进行 CO变换反应，将其转化为 CO_2 和额外的 H_2。这一步骤通常采用催化剂加速反应速率，提高 H_2的产率。经过 CO 变换后，气体中仍然可能含有少量的硫化物、二氧化碳和水分等杂质。因此，需要对气体进行进一步的净化和干燥，以确保 H_2 的纯度。净化通常采用吸附或吸收法，而干燥则可以通过冷凝或干燥剂等方法实现。

蒸汽重整制氢从 1926 年开始应用至今，是目前技术较为成熟、工业应用最广的天然气制氢方法。CH_4 的转化率可达 85%，是天然气重整制氢方法中转化率最高的。其缺点是耗能高，生产成本高，设备昂贵，制氢过程中产生大量 CO，需要先经过变换反应，然后脱除二氧化碳等多个后续步骤才能得到高纯度的氢气。

2.1.4　化石能源制氢的产业化现状

我国是世界最大的制氢国家，能源结构为"富煤少气"，化石能源制氢成本要远远低于可再生能源电解水制氢，根据我国 2023 年氢气来源结构占比情况来看，煤制氢的氢气达 2126.9×10⁴t，占总氢气来源的 57.7%；天然气制氢的氢气产量为 825.7×10⁴t，占比为 22.4%；工业副产氢 682.0×10⁴t，占比 18.5%。可再生能源电力电解水制氢等其他技术制氢小幅提升至 51.6×10⁴t，占比 1.4%。虽然电解水制氢(绿氢)是未来公认的方向，但可以看出，化石能源制氢在目前和未来一段时间内仍将是主流制氢方式，利用 CCUS (Carbon Capture, Utilization and Storage，碳捕集、利用与封存)技术降低化石能源制氢的碳排放成为重点议题，在行业发展中起到重要的过渡作用。煤气化制氢和天然气蒸汽重整制氢是我国目前两种主流化石燃料制氢的技术路线。我国天然气中含硫量高，预处理工艺复杂烦琐，价格不稳定。经过测算，煤炭价格在 450~950 元/t 时，煤制氢价格介于 9.73~13.70 元/kg；天然气价格在 1.67~2.74 元/m³ 时，天然气制氢价格介于 9.81~13.65 元/kg。化石燃料制氢技术路线成熟、成本低，但碳排放量高，且化石燃料不可再生，产能扩张空间有限。

2.1.4.1 煤制氢产业化

目前，煤制氢产业在中国的发展呈现出持续增长的态势，得益于丰富的煤炭资源储量和成熟的技术发展。中国是全球最大的氢气生产国，其中煤制氢占据重要地位。根据相关数据，中国的煤制氢产能和产量均位居世界前列，国家能源集团在煤化工板块的年产氢气超过 400×10⁴t，位居世界第一。此外，中国的氢能产业规模进一步扩大，已步入实质性发展阶段，显示出煤制氢产业在中国能源结构中的重要地位。在技术经济性方面，煤制氢相比其他制氢技术具有成本优势，尤其是在煤气化制氢方面，其成本优势明显。随着成品油升级和加氢工艺的广泛应用，煤制氢的需求持续增长。2023 年，中国煤制氢行业的产量及需求量分别约 2587×10⁴t 和 2573×10⁴t，市场规模达到 5069 亿元。这表明煤制氢产业不仅在产能上有所增长，同时在市场需求和经济效益方面也呈现出积极的发展态势。国内采用煤制氢的企业主要有恒力石化、浙江石化、盛虹石化、中国石油、中国海油、中国石化等。2021 年 11 月，中石化宁波工程公司 EPC 总承包的镇海基地项目煤制氢(POX)装置顺利产出合格氢气并成功并网。镇海基地煤制氢装置采用中国石化自有水煤浆气化技术，建成投产后可达 16×10⁴Nm³/h 产氢规模及 12.6×10⁴Nm³/h 燃料气规模。2022 年 9 月，全球最大煤制氢变压吸附装置项目在陕西榆林正式投入运行。该煤制氢装置采用了中国中化旗下西南化工研究设计院有限公司自主研发的大型化变压吸附(PSA)专利技术，以煤炭为原料，每年产氢总能力达 35×10⁴t。近几年国内大型煤炭能源企业也在积极布局氢能产业链，2018 年 2 月，由国家能源集团牵头，联合 17 家国内大型企业、高校、研究机构共同发起，成立了"中国氢能源及燃料电池产业创新战略联盟"，现有 54 家加入，将整合各方资源，吸纳社会资本，共同推动以煤制氢为龙头的产业技术创新。

但是，煤炭制氢产业依然存在诸多的问题，包括：①环境污染。煤炭制氢过程中产生大量废气和废水，其中含有二氧化硫、氮氧化物等有害物质，对空气和水质造成负面影响。②温室气体排放。煤炭燃烧是主要的温室气体排放源之一，在煤炭制氢过程中也会产生大量二氧化碳，加剧全球气候变化问题。③能源资源消耗。煤炭作为非可再生能源，其资源储量有限，而煤炭制氢需要大量的煤炭资源，加速了煤炭资源的消耗。④技术难题。目前煤炭制氢技术仍处于发展初期，关键技术尚不成熟，包括高效氢气提取、废弃物处理和氢气储存等方面的问题，限制了行业的进一步发展。

2.1.4.2 天然气蒸汽重整制氢产业化

与煤制氢装置相比，天然气制氢投资低、CO_2排放量和耗水量小、H_2产率高，是化石原料制氢路线中绝佳的制氢方式。全球范围内氢气产量有 50%左右来自天然气制氢，我国非常规天然气资源(页岩气、煤层气、可燃冰等)十分丰富，随着未来非常规天然气开采技术进步、开采成本降低，必将迎来天然气大发展的时期。从未来 10 年内制氢的发展趋势来看，伴随氢能产业的加速发展，产业上下游同步发力，天然气制氢将进入大规模发展阶段，尤其是在我国逐步建成天然气管网后，天然气制氢将更加迅猛发展。

目前，国内天然气制氢领域也在不断发展。项目方面，2023 年 6 月 26 日，山西丰圣能源科技有限公司年产 $48×10^4$ t LNG 液化天然气提氦制氢项目开工。该项目总投资 22.3 亿元，计划建成年产 $48.2×10^4$ t 的 LNG 液化天然气及配套基础设施和提氦装置，并实现年产 $5.6×10^4$ t 氢气。2023 年 4 月，兴县天然气(煤层气)液化提氦制氢项目一期建设进入后期收尾阶段。该项目总投资 20.8 亿元，一期主要建设 1 套年产 $24×10^4$ t LNG 天然气液化装置及 1 套年产 $19.8×10^4$ m^3 的提氦装置，项目 2023 年 8 月投产运营。二期主要建设 1 套年产 $5.6×10^4$ t 制氢生产装置，2024 年 11 月建成投产。天然气装置方面，2022 年 8 月，我国首套自主研发的橇装天然气制氢装置在佛燃能源明城综合能源站正式投用。该套装置满负荷条件下 4.8m^3 天然气可制取 11m^3 H_2，制氢纯度达到 99.999%。该套自主研发的橇装天然气制氢装置采用天然气和水蒸气重整工艺制氢，可从城市天然气管道就地取气，无须从集中制氢厂取气；使用长管拖车运氢到站可降低氢气终端成本 20%~30%，不仅能有效解决用氢难、用氢贵的问题，对减少城市道路运氢风险也具有积极作用。2023 年 6 月底，浙江石化 $10×10^4$ m^3/h 天然气制氢装置投料开车。其是国内单系列最大规模天然气制氢装置，采用的 CN−14R 型预转化催化剂结构稳定、抗积炭性强，能有效缩短装置开车时间，节省了大量开车费用。天然气制氢技术方面，中国科学院工程热物理研究所首次实现了 400℃温和条件下"净零排放"的天然气制氢原理突破。该技术通过有序分离氢气和 CO_2 产物，将天然气制氢反应温度由传统的 800~1000℃降至 400℃以下，做到了 99%以上甲烷直接转化为高纯氢与高纯 CO_2，制氢与脱碳能耗下降幅度达 20%~40%，实现了基于化石能源的制氢与脱碳的完全协同。

2.1.4.3 化石能源制氢成本分析

2023 年我国原油对外依存度由 2022 年的 71.2%再次升高到 72.9%。国际形势复杂，能源供应也存在不确定性。采用炼油副产品石脑油、重质油、石油焦和炼厂干气制氢，在制氢成本上并不具有优势。如果将这些原料用于炼油深加工可以发挥更大的经济效益。我国煤炭资源丰富，从成本和潜在收益来看，煤制氢虽然在原料成本上较高，但通过 CCUS 技术和碳排放交易，可以获得更高的收益。而天然气制氢虽然原料成本低，但其 CCUS 成本和碳排放交易收益相对较低，此外，预计到 2030 年，CCUS 技术的成本将降低，这可能会进一步影响两种制氢方式的成本结构。煤制氢和天然气制氢成本分析对比如下：

(1)原料成本：煤制氢的原料成本为 700 元/t，而天然气制氢的原料成本为 3 元/Nm^3，天然气制氢的原料成本明显低于煤制氢。

(2)其他成本构成：包括原料(煤炭/天然气)、氧气、辅助材料、燃料动力能耗、直接工资制造费用、财务及管理费、体积成本和质量成本。煤制氢在氧气、燃料动力能耗、制造费用和财务及管理费方面的成本都高于天然气制氢。

（3）CCUS 成本：CCUS（碳捕集、利用与封存）技术在煤制氢和天然气制氢中都有应用，煤制氢的 CCUS 合计成本为 9.79 元/kg，而天然气制氢为 4.706 元/kg，结合 CCUS 后，煤制氢的成本为 20.64 元/kg，天然气制氢为 19.36 元/kg。

（4）碳排放交易和碳排放价值：如果捕集的 CO_2 可以交易，煤制氢的碳排放价值为 1.37 元/kg，天然气制氢为 0.66 元/kg。这意味着通过碳排放交易，煤制氢可以获得更高的收益。

（5）潜在收益：如果捕集的 CO_2 可以出售，煤制氢的潜在收益为 8.44 元/kg，天然气制氢为 4.06 元/kg。结合碳交易和碳出售，煤制氢的总收益为 9.81 元/kg，天然气制氢为 4.72 元/kg。

（6）2030 年 CCUS 规划价格：预计到 2030 年，CCUS 的成本将降低，煤制氢的 CCUS 成本将降至 5.14 元/kg，天然气制氢降至 2.47 元/kg。结合 CCUS 的制氢成本将分别降至 15.99 元/kg 和 17.12 元/kg。

短期来看，化石能源制氢依然是我国氢气来源的主流。尽管如此，化石能源制氢过程中依然存在碳排放的问题。我国政府在 2020 年 9 月明确提出了到 2030 年前实现碳达峰的目标，即二氧化碳排放达到峰值后不再增加；到 2060 年前实现碳中和的目标，即通过各种手段消除自身产生的二氧化碳排放对大气圈外的影响。党的二十大报告明确提出，中国式现代化是人与自然和谐共生的现代化，深刻指明推动经济社会发展绿色化、低碳化是实现高质量发展的关键环节。习近平总书记在全国生态环境保护大会上强调："要加快推动发展方式绿色低碳转型，坚持把绿色低碳发展作为解决生态环境问题的治本之策，加快形成绿色生产方式和生活方式，厚植高质量发展的绿色底色。"因此，未来 10 年内，在绿氢普及前，利用 CCUS 技术降低化石能源制氢的碳排放，由灰氢向蓝氢大规模过渡，实现化石能源的碳减排，是现阶段氢能行业最可行的办法，从短期到中期来看也是最大的产业机会之一。

2.2　太阳能制氢

2.2.1　光热分解法制氢

早在 1971 年，Ford 等便率先报道了直接光热分解制氢（STWS）工艺，其主要原理为：在光照下使系统温度达到 2000K 以上，一步到位直接获取 H_2 和 O_2，最后再利用分离装置获取纯氢。因此，光热分解制氢的核心在于良好的抗温材料和有效的气体分离设施。STWS 通过多种方式配置集中阳光［如图 2-5(a)和图 2-5(b)所示］，然后将收集到的太阳能集中在一个反应器上，将其加热到高温，促使 H_2O 吸热分解为 H_2 和 O_2。

STWS 又包括太阳能直接热分解水制氢、太阳能热化学多步循环制氢两种。直接热分解水制氢也即一步分解水制氢。虽然这一过程很简单，但由于即使是最小的反应也需要最低 2200℃ 的反应温度，因此不切实际。此外，由于热分解水同时产生 H_2 和 O_2，需要高温的 H_2/O_2 分离步骤，以防止产物 H_2 和 O_2 重新反应生成水和爆炸性混合物。

太阳能热化学多步循环制氢法可以将水的分解分为两个或两个以上的步骤，分别产生H_2和O_2，从而避免了高温气体分离的问题[如图2-5(c)所示]。一般来说，两步分解水的循环依赖于金属氧化物的还原和随后的再氧化，并需要还原温度为1000℃，但也远低于一步法直接分解水所需要的2200℃。

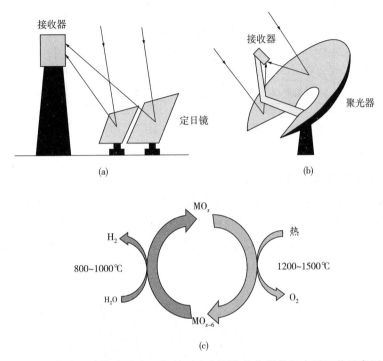

图2-5　集中阳光的方法和一般的两步太阳能热化学分解水循环的示意图

在两步STWS中，金属氧化物在低O_2分压下通过集中阳光加热到高温进行还原并生成O_2，如化学方程式(2-1)所示，其中M_xO_y是氧化态，M是可以驱动STWS的金属氧化物的还原态(对于多价态金属而言，视还原条件而定，还原态也可能是低价氧化物)。在第二步中，被还原的金属M暴露在蒸汽中，蒸汽对材料进行再氧化并形成H_2，具体化学方程式如下所示。

$$2M_xO_y \longrightarrow 2xM + yO_2 \tag{2-1}$$

$$2xM + 2yH_2O \longrightarrow 2M_xO_y + 2yH_2 \tag{2-2}$$

虽然STWS在概念上很简单，但实施这个过程是复杂的。STWS的三个主要相关方面需要进一步考虑和发展：首先，筛选确定进行氧化还原反应的最佳活性物质；其次，优化系统操作条件以实现效率最大化；最后，设计高效的STWS反应器，包括向活性物质提供太阳能热能，对活性物质以及反应进行控制。

2.2.2　光催化分解水制氢

1972年，日本科学家A. Fujishima和K. Honda首次采用光电化学法利用TiO_2吸收太阳能把水分解为氢气和氧气(图2-6)，提出了光分解水制氢的概念，从此吸引了众多研究者开展广泛而深入的研究。

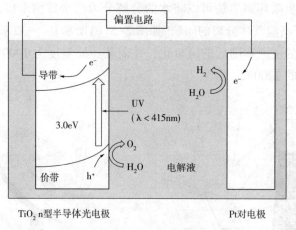

图 2-6 Fujishima-Honda 效应

2.2.2.1 光催化制氢工作原理

半导体光催化制氢反应的基本过程：半导体吸收能量等于或大于禁带宽度的光子，将发生电子由价带向导带的跃迁，这种光吸收称为本征吸收。本征吸收在价带生成空穴，在导带生成电子，这种光生电子-空穴对具有很强的还原和氧化活性，由其驱动的还原氧化反应称为光催化反应(图 2-7)。

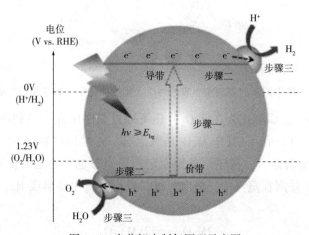

图 2-7 光分解水制氢原理示意图

光分解水制氢主要包括 3 个过程(图 2-8)，即光吸收、光生电荷迁移和表面氧化还原反应。

(1)光吸收。对太阳光谱的吸收范围取决于半导体材料的能带大小：Band gap(eV) = $1240/\lambda$(nm)，即带隙越小，吸收范围越宽。根据激发态的电子转移反应的热力学限制，光催化还原反应要求导带电位比受体的电位(H^+/H_2)偏负，光催化氧化反应要求价带电位比给体的电位(D/D^-)偏正；换句话说，导带底能级要比受体的电位(H^+/H_2)能级高，价带顶能级要比给体的电位(D/D^-)能级低。在实际反应过程中，由于半导体能带弯曲及表面过电位等因素的影响，对禁带宽度的要求往往要比理论值大。也就是说，能够实现完全分解水得到氢气和氧气光催化材料的带隙必须大于 1.23eV，并且导带和价带的位置相对氢标准电极电位的位置合适。

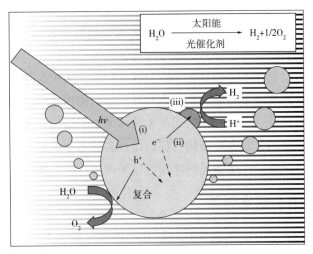

图 2-8　光分解水制氢的主要过程示意图

（2）光生电荷迁移。材料的晶体结构、结晶度、颗粒大小等因素对光生电荷的分离和迁移有重要影响。缺陷会成为光生电荷的捕获和复合中心，因此结晶度越好，缺陷越少，催化活性越高。颗粒越小，光生电荷的迁移路径越短，复合概率越小。

（3）表面氧化还原反应。表面反应活性位点和比表面积的大小对这一过程有重要影响。通常会选用 Pt、Au 等贵金属纳米粒子或 NiO 和 RuO_2 等氧化物纳米粒子负载在催化剂表面作为表面反应活性位点，只要负载少量此类助催化材料就能大大提高催化剂的制氢效率。

2.2.2.2　光催化制氢的光催化剂

光催化剂是光催化制氢过程中的重要材料，其中常见的光催化剂研究主要围绕二氧化钛（TiO_2）、硫化镉（CdS）以及石墨化氮化碳（g-C_3N_4）展开，采取一系列改进方法提高光催化剂的稳定性以及制氢性能。金属氧化物光催化材料 TiO_2 的 E_g 较宽，且对光的利用率较低。经过改进后的光催化材料 Cu-His-P25，大大提高了光催化剂的制氢速率和量子效率。过渡金属硫化物 CdS 的 E_g 较窄，不过 CdS 在光催化反应过程中易发生光腐蚀，降低了其光催化活性和稳定性。改进后的二元复合光催化剂 α-NiS-β-NiS/CdS 极大改善了光催化活性。金属-有机框架（metal-organic frameworks，MOFs）衍生物 $FeO_{3.3}C_{0.2}H_{1.0}$ 相比 MOFs 基复合材料 TiO_2@ZIF-8，E_g 较窄，制氢速率大大提高。在非金属光催化剂方面，聚合物半导体 g-C_3N_4 因类似石墨的层状结构，具有优异的热稳定性及化学稳定性，成为光催化制氢的研究热点，但由于光生电子与空穴的高复合率，其应用受到较大限制。

2.2.2.3　光催化制氢的优势和挑战

光催化分解水制氢技术具有三大优势：清洁、可再生和高效。相比燃烧石油等传统能源，氢能源不会产生二氧化碳等有害气体，对环境没有污染。无机半导体是一类具有半导体性质的无机材料，其电子结构和能带结构决定了其在光解水制氢中的光催化性能。常见的无机半导体材料包括 TiO_2、ZnO、Fe_2O_3 等。这些材料能够吸收太阳光的能量，促使水分子发生氧化还原反应，产生氢气和氧气。通过调控无机半导体的结构和性质，可以提高其光催化活性和稳定性。近年来，一些新型催化剂，如 C_3N_4、MOFs 和 COFs 等材料在光催化制氢领域也受到了广泛研究。科研人员通过表面修饰、纳米结构设计、掺杂等手段，改善了无机半导体的光催化性能，取得了许多进展。例如，通过调控 TiO_2 的纳米结构，可以增强其光吸收能力和光生电子、空穴的分离效率，从而提高光解水制氢的效率。此外，引入金属离子、复合半导体等措施也被广泛应用于提升无机半导体的光催化活性。

目前光催化分解水制氢技术仍然存在一些挑战。例如，无机半导体材料的光电转化效率仍然较低，光照条件下制氢速率有限，光催化剂在长时间使用过程中稳定性不足等问题。为了克服这些挑战，有必要进一步深入探讨无机半导体的电子结构和光物理性质，深入研究新型光催化材料和机制，包括合成多孔结构材料、设计多功能合成复合体系、构建光催化界面等策略提高材料的光催化性能，增强光解水制氢技术的可持续性和经济性。

2.2.3 光电催化分解水制氢

光电催化技术（PEC）结合了光催化和电催化的优势，能够大大提高产氢的效率。1998年，Khaselev 和 Turner 展示了 12.4% 的 PEC 太阳能-氢转换效率，突出了 PEC 技术的巨大潜力，该技术将太阳能收集和电解水结合到一个单一的设备中。基本上，当一个具有适宜属性的 PEC 半导体器件浸没在水电解质中并受到阳光照射时，光子能被转换成电化学能，它可以直接将水分解为氢和氧（化学能）。相比于光催化体系，光电催化反应体系的光转化效率大大提高，同时可以引入外加电场来促进光生电子和空穴的分离。同时由于有电能的引入，因此对半导体材料的导带价带位置没有特别严格的要求，例如如果材料导带位置没有达到产氢的氧化还原电位，可以利用一部分的电能将两者之间的差距补足，所以该体系可选的半导体材料种类较多。与此同时，反应之后电极上的薄膜材料易于回收利用。同时，由于是在两个不同的电极上发生氧化反应和还原反应，因此可以利用粒子交换膜将两电极隔开，从而有利于氢气和氧气的分离，极大提升了反应装置的安全性。基于以上几点，光电催化体系被认为是未来光能转化为化学能的重要方向，越来越受到研究学者们的重视。目前，光电催化体系涉及的重要反应，除水分解制氢外，还包括二氧化碳（CO_2）还原、氮还原合成氨（NH_3）等重要的化学反应。

2.2.3.1 太阳能光电化学分解水制氢的原理

太阳能光电化学法制氢的原理是利用太阳光照射到光电极上，激发光电极上的半导体材料的电子，形成可导电的电子空穴对。然后，通过电解水的方式，利用外部电源施加的电势驱使电子和空穴在电解池中流动，发生氧化还原反应。具体的反应过程如下：

阳极：$\qquad\qquad\qquad 2H_2O \longrightarrow O_2 + 4H^+ + 4e^-$

阴极：$\qquad\qquad\qquad 4H^+ + 4e^- \longrightarrow 2H_2$

通过上述反应，可将水分解为氢气和氧气，氢气可以作为可再生的清洁能源进行储存和利用。

标准的 PEC 反应池包括两个被浸没在电解液里的用导线相连的电极，至少有一个电极是用来吸收利用可见光的半导体，其中用 n 型的半导体作为光电阳极，用 p 型的半导体作为光电阴极。以 $BiVO_4$ 光阳极为例，PEC 水分解包括四个基本步骤（图2-9）。首先，在可见光的照射下光敏的光电极中会产生空穴-电子对。其次，光生空穴倾向迁移到光阳极表面进而转移到电解质溶液中与水发生氧化反应（OER）。再次，光阳极产生的电子通过外部导线从光阳极转移到光阴极表面。最后，光阴极表面的电子还原 H^+ 产生氢(HER)。

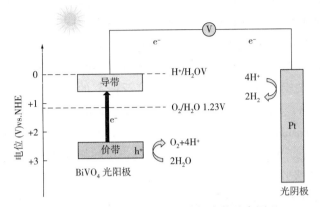

图 2-9　$BiVO_4$ 光阳极 PEC 分解水的基本原理

若要在单一半导体上实现驱动完整的光电解水制氢反应，需要满足以下五点要求：

（1）半导体的导带位置要低于 0V 标准氢电极电势（NHE），与此同时价带位置要高于 1.23V vs. NHE，从而确保半导体仅依固液结便能产生足够的光生电压；

（2）半导体禁带宽度要尽可能小以充分扩展对太阳光谱的光利用范围；

（3）半导体在溶液中能维持长时间稳定性；

（4）半导体材料缺陷少以保证光生载流子传输距离和寿命；

（5）半导体表面反应过电位低，反应选择性高。

对单一半导体而言满足这五点要求是非常困难的。对此，研究学者提出可以通过采用双半导体串联的形式，两个半导体分别作为光电阴极和光电阳极驱动单一的氧化（还原）反应。如此一来，采用两个半导体产生的光生电压的总和更有助于实现完整的光电解水制氢反应的驱动，同时扩展半导体材料的选择范围。通常情况下，光阳极选用 n 型半导体，而光阴极则多采用 p 型半导体，两电极之间通过导线相连。为提高该串联系统对光谱的利用率，光从禁带宽度较大的半导体一侧入射，再由禁带宽度较小的半导体吸收未被吸收的低能光子。

2.2.3.2　太阳能光电化学分解水制氢的组成设备

太阳能光电化学制氢的设备主要包括光电极和电解池两部分。光电极是太阳光电化学制氢设备中的重要组成部分，它主要负责太阳光的吸收和电子的激发。常用的光电极材料包括二氧化钛（TiO_2）、锑化铋（Bi_2S_3）、硫化镉（CdS）等。这些材料具有良好的光吸收性能和光电转换性能，能够将太阳能转化为电能。电解池是太阳能光电化学制氢设备中的另一个重要组成部分，它主要负责水的电解反应。电解池通常由两个电极（阳极和阴极）和一个电解质组成。阳极和阴极可以采用惰性电极（如铂电极），也可以使用廉价的非贵金属电极。电解质可以选择一些酸性或碱性的溶液，以提供离子传递的媒介。电解质溶液在光电催化反应池中起连通电路的作用，需要具有良好的离子电导率。根据光电催化反应中光电极材料性质的不同，电解质溶液的 pH 值和构成电解质溶液的离子类型也不尽相同。

2.2.4　太阳能光生物化学制氢

Hans Gaffron 在 19 世纪 40 年代初对绿藻进行研究时首次发现了光合微生物制氢方法。

光合微生物制氢只需以水为原料，利用太阳能，借助微生物强大的光合机制，在细胞核中编码酶(氢化酶和固氮酶)的存在下产生氢。由于光合微生物制氢方法只利用太阳光和水，因此受到了能源科学界研究人员的关注，并逐渐成为能源科学技术领域的一个研究热点。

光合生物制氢主要原理是指微生物在光照条件下，利用发酵液中小分子有机物通过自身代谢产氢的过程。由于光合生物制氢可以利用太阳能，因此许多国内外的专家都进行了深入的研究，主要集中在光合细菌菌种的筛选，被广泛研究的光合细菌主要包括深红红螺菌（Rhodospirillum rubrum）、沼泽红假单胞菌（Rhodopseudomonas palustris），荚膜红假单胞菌（Rhodopseudomonas capsulate）。此外，光合生物制氢发酵底物的选择及相关工艺优化等也是国内外学者的研究重点。有机物在光合细菌内通过三羧酸循环产生质子，电子和二氧化碳。同时，光合中心 PS I 吸收光能后产生高能电子，部分电子转移到铁氧还原蛋白中，铁氧还原蛋白将这些高能电子转移到固氮酶中，另一部分参与到三磷酸腺苷的生成，固氮酶利用高能电子，三羧酸循环产生的质子和三磷酸腺苷产生氢气。整个光合生物制氢过程中，没有氧气生成，因此避免了氧气对固氮酶的影响。

光合生物制氢的影响因素主要有以下几个方面：①光合生物制氢过程中光合细菌在光照条件下进行产氢，因此光照是影响光合生物制氢的一个重要因素。光照是由光照强度、光的分布和光的波长等因素决定的。②碳源是光合细菌生长和代谢的基础，因此碳源对光合生物制氢的影响至关重要，不同的碳源可能影响光合细菌的代谢途径从而导致代谢产物的不同。③光合生物制氢是一种由光驱动的吸热反应，因此温度是影响光合生物制氢的一个重要因素。温度对光合生物制氢的影响主要是通过影响酶活性来实现的，因此合适的温度对光发酵生物制氢而言至关重要。大量实验研究表明，生物制氢的最佳产氢温度范围在 $30 \sim 40^{\circ}C$。④光合生物制氢过程多在液体环境中进行，因此发酵液发酵环境可以直接影响到光合细菌生长和代谢，而光合细菌的生长和代谢的产物也会对发酵环境产生影响。pH 值可以表示溶液酸碱度，可以在一定程度上反映发酵液中环境的变化，因此 pH 值是判断光合生物制氢发酵液环境的一个重要指标。大量的研究表明，合适且稳定的 pH 值是光合细菌进行生长、产氢和维持细菌活性必要条件之一。

2.2.5 太阳能光伏发电电解水制氢

随着新能源利用，尤其是太阳能发电的蓬勃发展，新能源的储存也变得尤为重要。氢能作为新型电力系统的长时间储能手段，可以缓解电力生产和使用的时空不平衡、提高电网的灵活性。光伏发电电解水制氢技术原理是将光伏组件产生的电能供给电解槽系统，进而电解水制氢。其中，光伏发电原理是基于半导体的光电效应，光伏发电系统的核心元件是太阳能光伏电池。构建脱离电网束缚的绿氢生产系统，可以加快新能源开发建设进程，将风光资源直接转换成氢能进行进一步的储存和使用，具备重要的战略与现实意义。

近年来，太阳能光伏发电和电解水制氢进行耦合，协同控制、优化管理策略能够显著提高电解水制氢系统的性能。根据制氢系统与电网的互动情况，可以分为离网型光伏制氢系统和并网型光伏制氢系统。

2.2.5.1 离网型光伏制氢系统

离网型光伏制氢系统分为直接耦合和间接耦合两种。离网型直接耦合光伏氢系统，由于不含 DC/DC 变换器，电解槽的 $I-V$ 特性与光伏最大功率点之间存在不匹配现象，已逐渐被淘汰。离网型间接耦合光伏制氢系统使用 DC/DC 变换器。DC/DC 变换器可以用于耦合光伏和电解槽，实现最大功率跟踪和变负荷控制，及时根据收集的实时信息对发电功率、制氢功率进行决策，是保证系统安全稳定运行的基础。

2.2.5.2 并网型光伏制氢系统

并网型光伏制氢系统在构建光/储/氢直流微电网的同时，需要通过 AC/DC 转换装置与电网互动。使用光伏系统为直流负载提供电力，当光伏电源功率不足时，电网补偿能量；当光伏电源功率富余时，多余的能量将通过电解水制氢。近两年，我国在西北等光伏资源丰富的地区建设的光伏制氢项目大多采用此方式。例如，三峡集团在内蒙古自治区准格尔旗纳日松建设的光伏制氢产业示范项目，每年可产氢气约 10000t；中国石化的新疆库车绿氢示范项目预计年制氢能力达 20000t。这种方式不仅可以借助大电网的稳定性支持光伏制氢系统运行，还可以利用低价的谷电提升设备利用率以及项目总体的经济性。

2.2.6 太阳能制氢的产业化现状

随着光伏装机规模的不断扩大，光伏发电将面临消纳、调度及稳定性的问题，利用清洁能源电力电解技术得到氢气，将氢气储存于高效储氢装置中，再对氢气进行利用日益受到关注，其产业化也得到快速发展。我国光伏历经十余年的快速发展，0.1 元/（kW·h）电价已经成为现实。据初步计算，在光照好的地方，光伏制氢的电力成本约 0.15 元，大幅低于现在制氢的电力成本，光伏制氢的竞争力也将逐渐增强，市场空间也将全面打开。目前，太阳能制氢在产业化中应用的还是以太阳能光伏发电电解水制氢为主，少部分开展了太阳能热分解水或者热循环化学制氢。其他技术路线，如光催化分解水制氢、光电化学过程制氢等还处于实验室研发阶段。

2.2.6.1 太阳能热分解水制氢产业化现状

与传统的催化水解技术相比，太阳能热分解水制氢技术具有能耗小、可控性强等优势，但仍存在一些技术问题，有待解决。首先，太阳能热分解水制氢技术需要实现 2000℃ 以上的高温，对设备要求非常高，这类设备的造价往往很高，效率较低，尚不具备普遍的实用意义。此外，反应中间产物或最终产物的分离也存在技术难题。虽然基于热化学循环分解水的热效率有了极大提高，但是催化剂的损耗带来的价格和污染的问题依然比较严峻。

因此，目前产业化上采用太阳能热分解水的项目比较少。2023 年，陕西榆林中未智氢新能源有限公司规划设计了首个太阳能裂解水制氢项目。项目采用太阳能碟式光热裂解水制氢生产工艺，规划光热制氢碟片 80 台，年氢产量达 365t，另配套建设橇装式加氢站及相应设施。

2.2.6.2 太阳能光伏发电电解水制氢产业化现状

光伏电解水制氢是将太阳能发电和电解水制氢组合成系统的技术，并且有着 40 年的发展历史，被看作最有前景的制氢方法之一。尤其是最近几年，随着光伏技术大规模应用，以及逐渐低廉的电价，现如今多数地区维持在 0.29 元/（kW·h）左右，这也使得"光伏+氢"这一技术路线受到广泛关注。我国对光伏制氢行业的支持政策丰富且具体。在《中华人民共和国国民经济和社会发展第十四个五年规划和 2035 年远景目标纲要》中，明确提出大力发展可再生能源，鼓励发展分布式光伏发电，有序推动抽水蓄能电站和海上风电布局建设，加快储能、氢能发展。为了确保行业标准的制定和实施，国家标准化管理委员会、国家发展改革委等六部门联合印发了《氢能产业标准体系建设指南（2023 版）》。该指南为我国氢能制储输用全产业链的标准体系提供了明确的方向。此外，《氢能产业发展中长期规划（2021—2035年）》还提出了氢能产业发展的具体目标：到 2025 年，基本掌握核心技术和制造工艺，燃料电池车辆保有量约 5 万辆，部署建设一批加氢站，可再生能源制氢量达到 $(10 \sim 20) \times 10^4 t/a$，实现二氧化碳减排 $(100 \sim 200) \times 10^4 t/a$。这些措施无疑将进一步推动我国光伏制氢行业的发展。部分政策见表 2-1。

表 2-1　2024 年国家和地方氢能相关政策

时间	国家制定部门或地方	政策名称
1 月 8 日	海南	《海南省氢能产业发展中长期规划（2023—2035 年）》
1 月 10 日	安徽	《安徽省氢能产业高质量发展三年行动计划》
2 月 4 日	工信部	《工业领域碳达峰碳中和标准体系建设指南》
2 月 18 日	生态环境部等六部门	《国家重点低碳技术征集推广实施方案》
2 月 22 日	国家能源局	《2024 年能源行业标准计划立项指南》
2 月 22 日	山西	《山西省氢能产业链 2024 年行动方案》
3 月 26 日	新疆维吾尔自治区	《关于加快推进氢能产业发展的通知》
6 月 11 日	内蒙古自治区	《关于进一步加快推进氢能产业发展的通知》

目前国内光伏企业隆基、阳光电源、晶科、正泰、天合、协鑫等一线企业纷纷布局氢能领域，其中隆基早在 2018 年，就开始对氢能产业链进行战略研究，并布局碱性电解水制氢设备。数据显示，2023 年国内电解水制氢总产能 11.5GW，预计 2025 年将超 40GW。其中，隆基氢能电解水制氢产能达 2.5GW，占国内总产能的 21.7%。未来隆基仍有扩产规划，预计到 2025 年产能达 5~10GW，继续稳列行业首位。作为光伏逆变器及储能系统的龙头企业阳光电源也发布了国内首款、最大功率 SEP50 PEM 制氢电解槽，将光伏发电与电解水结合。2023 年 6 月，中国石化新疆库车绿氢示范项目，同时也是全球在建的最大光伏绿氢生产项目顺利产氢。该项目充分利用西部地区丰富的太阳能资源，采用光伏发电直接制氢，建设产、储、输、用氢一体化的绿氢炼化项目。项目电解水制氢能力 $2 \times 10^4 t/a$、储氢能力 $21 \times 10^4 Nm^3$。截至 2024 年 3 月，该项目已平稳运行超 250 天，超 6000h，累计参与交易电量超 $1 \times 10^8 kW \cdot h$，相当于减少二氧化碳排放 $8.17 \times 10^4 t$；购买绿证 1.8 万张，相当于购买新能源电量 $1800 \times 10^4 kW \cdot h$，实现生产、使用全绿电。目前项目正逐渐增加绿氢输送量，稳步向满负荷生产迈进。2023 年 1 月至 9 月，我国绿氢项目投产、在建和申报的项目达到 57 个，投资额达到 3000 亿元。2023 年中国部分建成的光伏电解水绿氢项目见表 2-2。

表 2-2　2023 年中国部分建成或投运的光伏电解水绿氢项目

项目名称	制氢规模/MW	项目状态
中国石化新疆库车绿氢示范项目	260	投运
准格尔旗纳日松光伏制氢产业示范项目	75	投运
白城分布式发电制氢加氯一体化示范项目	6	投运

项目名称	制氢规模/MW	项目状态
四川成都华能彭州水电解制氢科技创新示范项目	13	投运
吐哈油田 120MW 源网荷储一体化项目	6	投运
深圳能源库尔勒绿氢制储加用一体化示范项目	5	投运
中能绿电张掖氢能综合应用示范项目(一期)	5	建成
中国石化胜利油田石化总厂光伏发电电解水制氢示范工程项目	2.5	投运

【延伸阅读：氢农场】

光催化分解水制氢因其工艺简单、易操作，以及理论投资成本低等优点，被认为是未来实现规模化太阳能制氢有前景的途径之一。但是，目前的光催化分解水体系中存在着氢气与氧气分离成本高、分离不彻底等问题，仍然存在着很大的安全隐患，且太阳能到氢能转化效率仍不足 1.0%。受自然光合作用原理的启发，中国科学院大连化学物理研究所研究团队提出了基于粉末光催化剂的规模化太阳能分解水制氢的"氢农场策略"。

氢农场策略将水氧化反应与质子还原反应在空间上进行分离，避免了氢气和氧气的逆反应和氢氧分离等问题，且反应器无须密封，原理上突破了大规模应用的技术瓶颈。由于该策略类似于在农场中大规模种植庄稼，待庄稼成熟后集中收割粮食，故称之为氢农场策略。该策略中以 $BiVO_4$(一种化合物，钒酸铋)作为产氧光催化剂，太阳能到氢能转化效率可达 1.8%，相比之前报道的大多数粉末纳米颗粒光催化剂有了数量级的提升，让人们对未来太阳能光催化分解水制氢的规模化应用看到了希望。

2.3 电解水制氢

电解水制氢现象最早发现于 18 世纪 80 年代，随着法拉第定律的提出，电解水装置在 19 世纪 30 年代得到不断发展，并在 20 世纪 20 年代开始工业化应用，碱性水电解制氢技术在 20 世纪中期发展得较为成熟。近年来，随着对环境污染、能源短缺和温室效应等问题的关注以及对新能源的需求，电解水制氢技术也得到了快速发展。与传统的化石能源制氢(比如煤炭制氢和甲烷制氢)相比，电解水制氢具有纯度高、绿色零污染(燃烧产物为水)、高效、资源丰富、用途广泛、环境友好等优点，被认为是最有前途的制氢方法。电解水反应是一种清洁高效、安全可持续的制氢途径。进行电解水反应的电解槽主要由阴极、阳极和隔膜等组成。当对电解槽施加一定外部电压时，H_2O 分子被解离为 H_2 和 O_2，分别从电解槽的阴极和阳极析出。因此，电解水反应涉及两个半反应，即在阴极发生的析氢反应和在阳极发生的析氧反应。这两个半反应，可以在碱性、中性和酸性介质中进行。中性介质没有腐蚀性，这可以使电解槽的使用年限更长。然而，由于催化剂表面吸附的反应物浓度低，中性电解质中的反应动力学非常缓慢。在碱性介质中，由于催化剂的低成本和良好稳定性，使得碱性电解水具有更广泛的应用。但是，目前面临高欧姆电阻、缓慢动力学和低电流密度等问题。与中性和碱性介质相比，基于酸性介质的质子交换膜（PEM）水电解槽具有多种优势，例如更低的欧姆电阻、更高的电流密度以及响应速度快和副反应少等。因此，在酸性介质中的电解水技术也是一种有前途的产氢方法。

2.3.1 电解水的原理

电解水的反应装置如图 2-10 所示。一个电解池主要由正极、负极、电解液（比如水）和隔膜四部分组成。电解水是指在闭合回路中，在外部电压的作用下电极表面的水分子会发生氢氧键断裂的现象，并分解为氧气和氢气，氧气会释放到空气中，氢气可以储存起来用作燃料，其本质是将电能转化为化学能。阳极和阴极的催化剂可以加速水的分解。一般而言，电解水反应过程主要由两个半反应组成，分别为析氧反应（Oxygen evolution reaction，OER）和析氢反应（Hydrogen evolution reaction，HER）。

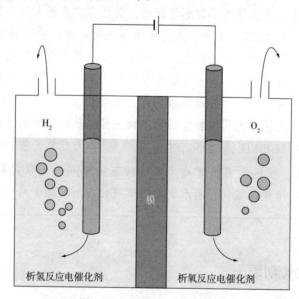

图 2-10　电解水反应示意图

总反应：
$$2H_2O \longrightarrow 2H_2 + O_2, \quad E^{\ominus} = 1.23V$$

根据电解液酸碱性的不同，水分解反应方程式也不同。

在酸性介质中：

阳极（OER）：
$$2H_2O \longrightarrow 4H^+ + O_2 + 4e^-, \quad E^{\ominus} = 1.23V$$

阴极（HER）：
$$2H^+ + 2e^- \longrightarrow H_2, \quad E^{\ominus} = 0.00V$$

在中性介质中：

阳极（OER）：
$$2H_2O \longrightarrow 4H^+ + O_2 + 4e^-, \quad E^{\ominus} = 1.23V$$

阴极（HER）：
$$4H_2O + 4e^- \longrightarrow 2H_2 + 4OH^-, \quad E^{\ominus} = 0.00V$$

在碱性介质中：

阳极（OER）：
$$4OH^- \longrightarrow 2H_2O + O_2 + 4e^-, \quad E^{\ominus} = -0.40V$$

阴极（HER）：
$$4H_2O + 4e^- \longrightarrow 2H_2 + 4OH^-, \quad E^{\ominus} = 0.83V$$

理论上，在标准条件(25℃，1atm)下驱动水分解的热力学电压为1.23V vs. RHE。然而，实际上需要施加比理论值更高的电压才能够实现水分解过程，实际电压(E_p)可用下列公式表示：

$$E_p = 1.23V + \eta_a + \eta_c + \eta_{other}$$

其中，实际电压(E_p)与理论电压(1.23V)之间的差值为过电位，用η表示，它主要是由阳极(η_a)和阴极(η_c)的活化能垒以及溶液电阻(η_{other})引起的。提高电解水反应效率、减少电能消耗的关键在于降低反应过电位(η)。目前，可以通过优化电解槽的设计适当降低η_{other}，而降低η_a和η_c则必须通过开发高活性的HER和OER催化剂来实现。

2.3.2　电解水制氢催化剂分类及概况

为了减少水分解过程的能源损耗和提高氢气制取效率，使用高效且稳定的催化剂十分重要。目前所研究的HER催化剂主要有贵金属基催化剂、过渡金属氮化物催化剂、过渡金属硫化物催化剂、过渡金属单原子催化剂等。

贵金属基催化剂研究最为广泛的是铂、钌和铱以及其化合物，良好的化学稳定性和独特的催化性能使得贵金属基催化剂一直以来被认为是催化效率最高的析氢催化电极。但是贵金属的稀缺性注定其价格昂贵，不适合大规模工业生产。因此，目前贵金属基催化剂的主要研究方向是在充分利用贵金属原子催化特性的基础上尽可能降低贵金属的负载量。

过渡金属氮化物因为N原子较强的电负性，在氮化物中N的p轨道价电子与金属d轨道结合产生强的电子耦合，在提高金属d带中心同时调节了催化位点的电子分布，从而提高了催化中间体的转化效率。因此，过渡金属氮化物被广泛应用于电催化反应。

过渡金属硫化物和硫族化物是研究较早的用于电催化分解水析氢催化剂。研究最为广泛的是MoS_2及其调控的材料。MoS_2活性位点与活性氢原子的结合能与铂吸附氢结合能接近，因此，理论上MoS_2具有接近贵金属Pt的催化性能。但是研究者发现大多数所制备的过渡金属硫化物电极电催化析氢性能并不理想，远低于Pt电极。这是因为MoS_2的催化活性位点位于结构边缘或者缺陷位点处，因此催化活性位点少。此外MoS_2的低电导率还严重阻碍了催化过程中电子转移。因此，大量研究围绕如何增加硫化物的活性位点和增强其电导率展开。

单原子催化剂因为其理论上100%的原子利用率和高分散性使其在电催化研究中备受关注。但是当粒子分散度达到单原子维度时会导致催化剂表面自由能急剧增加，这极易导致催化剂在制备和催化过程中因表面能过大而发生耦合团聚形成纳米簇或者更大尺寸的纳米颗粒，从而导致催化位点失活。因此，需要构建稳定且具有大比表面积的载体去锚定高度分散的单原子。

2.3.3　电解水制氢技术路线

当前阶段，电解水制氢技术路线主要有碱性电解水制氢(ALK)、质子交换膜电解水制氢(PEM)、固态氧化物电解水制氢(SOEC)和固体聚合物阴离子交换膜电解水制氢(AEM)四种(图2-11)。

2.3.3.1　碱性电解水制氢系统

碱性电解水制氢系统主要包括碱性电解槽和BOP辅助系统两大部分。

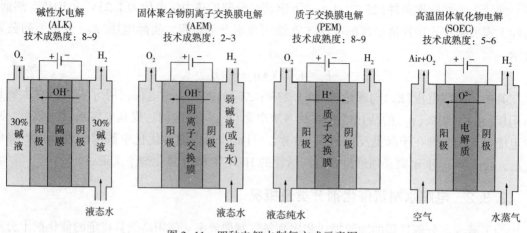

图2-11　四种电解水制氢方式示意图

（1）碱性电解槽结构组成。碱性电解槽主要由端压板、密封垫、极板、电极、隔膜、拉紧螺栓等组装而成（图2-12）。电解小室是基本组成单元，一个电解槽由数十甚至上百个电解小室组成，拉紧螺栓组件和端压板把电解小室牢固装配在一起，形成圆柱状或长方体状碱性电解槽。电解小室以相邻的两个极板为分界，每个电解小室由正（负）双极板、阳极电极、隔膜、密封垫圈、阴极电极共六个部分组成。极板是碱性电解槽的支撑组件，作为骨架，用以支撑电极和隔膜，同时发挥其导电作用。隔膜可防止电解产生的氢气和氧气混合，同时也是造成电解槽内阻与额外能量损失的重要组成部位。目前主流的隔膜是聚苯硫醚（PPS）隔膜，其占据了95%以上的市场份额，具有提供物理支撑，耐热性能优异、机械强度高、电性能优良等特点。电极是电化学反应的场所，也是决定制氢效率的关键。国内大型碱槽使用的电极多为镍基电极，如纯镍网、泡沫镍以及喷涂高活性催化剂的纯镍网（或泡沫镍）。拉紧螺栓组件和端压板起压紧和密封作用，拉紧螺栓组件由拉紧螺栓、法兰板、碟簧、大螺母、锁紧螺母、导向套、连接片等组成。拉紧螺栓组件与端压板配合实现电解槽压紧装配功能，防止气体和电解液渗漏，保证装置安全运行。拉紧螺栓一般沿端压板的圆周或周长方向布置，使得应力分布均匀，载荷分配合理。

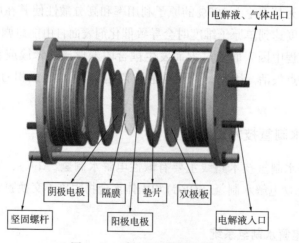

图2-12　碱性电解槽结构组成

（2）BOP 辅助系统组成。BOP 辅助系统分为八个子系统，包括电源供应系统、控制系统、气液分离系统、纯化系统、碱液系统、补水系统、冷却干燥系统及附属系统等。这些辅助系统共同作用实现高效制氢。

碱性电解水制氢是已充分产业化的成熟技术，工作温度适中（70~90℃），但启停的响应时间较长，电流密度较低，存在渗碱污染环境问题，且需要对碱性流体进行复杂的维护。此外，生产氢气的输出压力较低，储运时需要额外加压，在一定程度上削弱了初期投资成本较低的优势。近几年碱性电解槽在两方面取得进步，一是改进的电解槽效率提高，降低了用电有关的运营成本；二是电解槽电流密度增加，投资成本降低。

2.3.3.2 质子交换膜电解水制氢系统

质子交换膜电解水技术简称 PEM（Proton Exchange Membrane）。PEM 电解槽常采用双极结构，其原理如图 2-13 所示。阳极侧加入纯水作为反应物，阳极发生氧化反应生成 O_2 和大量 H^+，H^+ 在直流电场作用下通过质子交换膜传导至阴极并发生还原反应生成 H_2，H_2 和 O_2 通过双极板收集并输送至后处理流程。

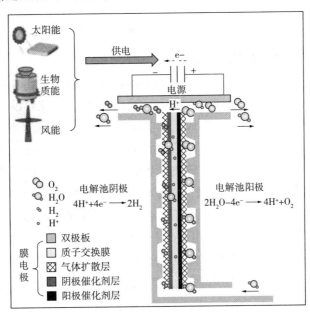

图 2-13　质子交换膜电解池原理图

质子交换膜电解水制氢技术近年来发展迅速，被认为是现阶段最具有应用前景的电解水制氢技术之一。其以质子交换膜作为固体电解质，替代碱性电解水中的隔膜和液态电解质，能避免碱液污染和腐蚀问题。电解制氢效率可达 85% 以上，电流密度大，功率调节范围宽、响应速度快，与波动性的风电和光伏有很好的适配性，装置集成化程度高，可实现长期稳定运行，启闭操作简单。但由于使用了贵金属，其装置成本为碱性电解槽的 3~5 倍，这成为限制其大规模应用的关键因素之一。

2.3.3.3 固体氧化物电解水制氢系统

固体氧化物（SOEC）电解水制氢技术又称为高温电解水制氢技术，其利用高温水蒸气电解制氢，效率高于碱性电解水制氢技术和 PEM 电解水制氢技术。其温度范围在 600~1000℃（一般为 700~800℃），在高温下具有更快的电化学反应动力学效应，能源转化效率更高，高温下 SOEC 电解装置对电能的需求量逐渐减小，对热能的需求量逐渐增大。SOEC 的工作原理如图 2-14 所示，可分为氧离子传导型 SOEC(O-SOEC)和质子传导型 SOEC(H-SOEC)两类。H-SOEC 与 O-SOEC 相比，H-SOEC 电解质的离子电导率在中低温下比 O-SOEC 电解质的离子电导率高，且质子的迁移的活化能比氧负离子迁移的活化能更低。相比于 O-SO-EC，H-SOEC 有相当多的优点，但是其实际发展步伐却远远落后于 O-SOEC，H-SOEC 在技术上存在更多的挑战和难题。如极化损失问题、烧结问题以及低温下的长期稳定性问题。

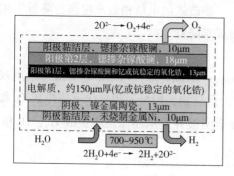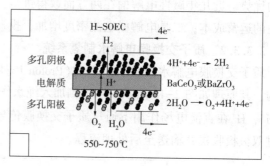

图 2-14 O-SOEC 和 H-SOEC 的工作原理

2.3.3.4 阴离子交换膜电解水制氢系统

固体聚合物阴离子交换膜水电解(Anion Exchange Membrane)简称 AEM，是目前较为前沿的电解水技术之一(图 2-15)。AEM 设备运行时，原料水从 AEM 设备的阴极侧进入，水分子在阴极参与还原反应得到电子，生成氢氧根离子和氢气，氢氧根离子通过聚合物阴离子交换膜到达阳极后，参与氧化反应失去电子，生成水和氧气。原料水中有时会加入一定量的氢氧化钾或者碳酸氢钠溶液作为辅助电解质，从而提高 AEM 电解设备的工作效率。阴离子交换膜(AEM)水电解制氢技术结合了碱性电解水技术和 PEM 电解水技术的优点，具有更高的电流密度和响应速度，能量转化效率更高，电解液为纯水或低浓度碱液，缓解了强碱性溶液对设备的腐蚀，另外 AEM 技术可采用 Fe、Ni 等非贵金属作为电极催化剂，相对 PEM 电解水技术，其装置制造成本显著降低。该技术总体上优于碱性水电解制氢技术，但是目前仍处于试验研究、发展阶段，并未大规模商业化应用，存在亟须解决的关键问题。

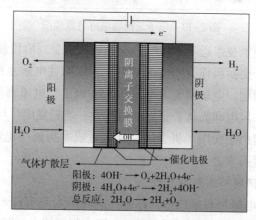

图 2-15 AEM 工作原理示意图

2.3.4 电解水制氢的产业化现状

绿氢制取技术包括利用风电、水电、太阳能等可再生能源电解水制氢、太阳能光解水制氢及生物质制氢，其中可再生能源电解水制氢是应用最广、技术最成熟的方式。电解水制氢通过电能将水分解为氢气与氧气，该技术可以采用可再生能源电力，不会产生二氧化碳和其他有毒有害物质的排放，从而获得真正意义上的"绿氢"。

2.3.4.1 电解水制氢产业发展

2020 年"双碳"目标提出后，电力结构转型为绿氢发展创造了良好契机。尽管电解水制氢占氢总产量的比重仅为 0.1%，但电解槽装机量快速扩大以及电解水制氢总产值快速提升。中国布局电解水制氢的企业数量在快速增加，呈逐年上升趋势，电解槽装备企业数量从 2020 年约 10 家迅速上升到超过百家，氢能产业链相关的企业更是超过了 200 家。表 2-3 列出了 2020 年以来部分新增电解槽装备企业及零部件企业。

表 2-3 2020 年以来部分新增电解槽装备企业及零部件企业

产业类型	企业简称	产品	单槽制氢规模/(Nm³/h)
电解槽	隆基氢能	碱性电解槽	3000
	苏氢制氢	碱性电解槽	2000
	中电丰业	碱性电解槽	1200
	希倍优氢	碱性电解槽	1400
	上海电气	碱性电解槽	2000
	派瑞氢能	碱性、PEM 电解槽	2000
	国富氢能	碱性、PEM 电解槽	1000
	国电投氢能科技	PEM 电解槽	50
	氢晨科技	PEM 电解槽	250
	国氢科技	PEM 电解槽	400
	氢辉能源	PEM 电解槽	200
其他相关零部件	龙幡氢能源	PEM 电解槽催化剂	
	西安菲尔特	PEM 电解槽气体扩散层	
	金泉益	PEM 电解槽双极板	

2022 年，我国电解水制氢产值为 14.32 亿元，同期国内电解水制氢设备规模为 17.65 亿元；电解水制氢产业规模从 2018 年的 4.87 亿元增长至 2022 年的 31.97 亿元。截至 2024 年 1 月，国内公开在建及规划电解水制氢示范项目制氢装机总规模超过 41GW，从电力来源来看，98% 为可再生能源制氢项目，绿氢项目投建呈现爆发式增长态势。我国已规划超过 300 个可再生能源制氢项目，建成运营项目 36 个，累计可再生能源制氢年产能约 5.6×10^4t。其中，2022 年我国新增建成运营可再生氢能源项目 23 个，新增年产能约 3.3×10^4t，同比增长超过 140%。2022 年全球电解槽市场出货量达到 1GW，其中中国电解槽总出货量超过 800MW，同比增长 129%，全球占比超过 80%。2023 年中国电解槽出货量将保持高增，出货量达到 1.2GW，电解槽总出货量(MW)同比 2021 年大幅增长 61%。

碱性电解槽系统中电堆组件成本占比为 45%，其中膜片/电极组件成本占比达 57%。尽管碱性电解槽的系统降本空间不大，目前电解系统的成本在 1500 元/kW，未来在系统成本在 1400 元/kW，但在系统电解效率、产氢纯度、与可再生能源适配等方面，碱性电解槽仍具有较大提升空间，当前的重点研究方向集中在电极、催化剂、隔膜等环节上。PEM 电解电堆系统主要由多孔传输层、小组件、双极板、电堆组和端板、膜电极构成，其中双极板和膜电极的成本占比分别约为 53%、24%。PEM 电解槽需要在强酸性和高氧化性的工作环境下运行，依赖于价格昂贵的贵金属材料如铂、铱等，导致成本过高。降低催化剂用量，或寻求替代方案，提高电解槽的效率和寿命是 PEM 水电解制氢技术发展的研究重点，尤其是低载量贵金属或非贵金属高效催化剂的开发和应用可能会极大降低 PEM 电解槽的成本。目前 PEM 的技术迭代路径主要包括增加电流密度、提高电极板面积、降低膜厚度、优化设计催化剂等。技术进步叠加规模化量产 PEM 电解槽的最低投资成本有望由 400 美元/kW 降至低于 100 美元/kW，降幅达到 75% 以上。目前 1000Nm³/h PEM 电解槽约 3000 万元，而随着关键零部件国产化及电解槽生产降本未来有望实现 700 万元。

在电解水制氢的成本构成中，电力成本占总成本的 60%~70%。绿氢降低成本一方面要依靠规模化生产、制取技术突破及装备成本下降，另一方面也要依靠可再生电力价格的进一步下降。三北地区、西南地区可再生资源丰富，可再生氢与传统制氢路径成本差异相对较小。随着可再生能源的飞速发展，电解水制氢成本有望在中长期实现大幅下跌，推动绿氢规模化应用全面升级。

2.3.4.2 电解水制氢成本分析

电解水的主要生产设备是电解槽，按照电解质不同，可将电解槽分为四种，即碱性电解槽（AWE）、质子交换膜电解槽（PEM）、固体氧化物电解槽（SOEC）和阴离子交换膜电解槽（AEM）。根据电解槽的不同，分为四种电解水制氢技术，表 2-4 为四种电解水制氢技术对比。

表 2-4　四种电解水制氢技术对比

技术特性	碱性电解水（AWE）	质子交换膜电解水（PEM）	固体氧化物电解水（SOEC）	阴离子交换膜电解水（AEM）
电流密度/(A/cm²)	<1.0	1.0~4.0	1.0~2.0	0.2~0.4
电解能耗/[kW·h/m³(H₂)]	4.5~5.5	4.0~5.0	—	4.2~4.8
工作温度/℃	≤90	≤80	≥800	≤60
产氢纯度/%	≥99.80	99.99	99.99	—
能源效率/%	62~82	67~82	81~92	—
产业化程度	充分产业化	商业化初期	实验室研发	实验室研发
单机规模	1000m³(H₂)/h	200m³(H₂)/h	—	—
特点	强碱腐蚀性强，技术成熟、成本低、单机功率高、规模大	贵金属催化剂和全氟膜成本偏高；无腐蚀性介质，可大幅提高新能源消纳水平	高温工作，材料要求高；非贵金属催化剂成本低，电化学性能好	热稳定性与化学稳定性较差；使用非贵金属催化剂，设备成本低

目前，碱性电解槽和质子交换膜电解槽已经工业化，而固体氧化物电解槽和阴离子交换膜电解槽尚处于实验室阶段，还未商业化。电解水制氢的成本主要由电能消耗、设备成本和运营成本等构成。与化石能源制氢和工业副产氢相比，电解水制氢技术在电力成本与设备投资成本上均较高。以目前的电解水平，当可再生能源电价降至 0.2 元/(kW·h)时，电解水制氢成本将接近于化石能源制氢成本。同时，随着制氢项目的规模化发展、关键核心技术的国产化突破、电解槽能耗和投资成本的下降以及碳税等政策的引导下，电解制氢技术在降低成本方面极具发展潜力。

在电能消耗成本方面，电价对电解水制氢的成本影响尤为显著。随着电价的上升，电价占制氢成本的比例是不断增加的。在电价大于 0.20 元/(kW·h)时，电价占制氢成本的比例超过 50%，且随着电价的增加，电价占制氢成本的比例将快速增长；在电价低于 0.20 元/(kW·h)时，制氢过程的经营成本、固定资产折旧及相关财务费用占比较大；当电价为 0 时，经营成本与固定资产折旧/利息接近，制氢成本也达到了 11.88 元/kg H_2。以 0.2 元/(kW·h)为基准，当电价下浮 50% 时，制氢成本下降 24.4%。图 2-16 反映出碱性电解水制氢以及 PEM 电解水制氢成本随电价变动走势。

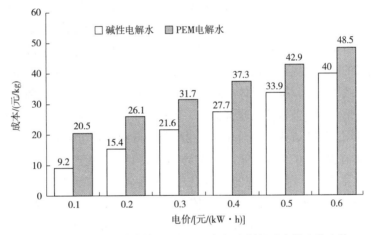

图 2-16　碱性电解水制氢以及 PEM 电解水制氢成本随电价走势

在电解水制氢设备成本方面，以碱性电解槽系统为例，碱性电解槽主体的成本占比约为 57%，分离纯化系统的成本占比约为 12%，电源系统的成本占比约为 20%。其中，碱性电解槽单体的成本主要来自极板和电极，占比分别约为 44% 和 28%。PEM 制氢系统中，槽体(膜电极+双极板+多孔传输层)成本占比高达 76%。

电解水制氢降低成本的路径主要有三条：

一是大型化，包括单体水电解制氢设备的大型化和模块化。增加单槽和工厂生产的规模来提升应用经济性，通过执行高通量、自动化的制造工艺，降低每个组件的成本。提升单槽规模可以带来规模经济效益，尽管由于泄漏、大型组件制造限制、大型组件机械不稳定、电池最大面积限制等问题，单槽规模的提升范围有限，但仍旧可产生强大的经济效应。规模化之后能够极大地降低设备成本。

二是提高电解槽效率，通过技术创新和材料科学的进步，提高电解槽的能效和寿命，减少能源消耗。例如，通过使用 PEM(质子交换膜)电解槽，虽然初期成本较高，但随着技术的成熟和规模的扩大，预计 PEM 电解槽的成本将降低，从而在长期内降低制氢成本。重新设计电解槽以实现更高的效率(更低的电力成本)、更高的耐久性(更长的寿命)以及更高的电流密度，可通过优化膜厚度来降低欧姆电阻(同时还需兼顾气体渗透问题)，以提升电解效率，对多孔层传输层(PTL)、双极板流道等关键部件的结构优化，如优化孔隙率、孔径、厚度等 PTL 结构参数，采用三维网格结构流场等，以提升电解槽性能与寿命。

三是与可再生能源的结合。可再生能源具有间歇性、波动性、季节性(特别是水电、风电、光电)三种特性，在双碳背景下，风光氢储一体化发展思路下，氢气作为储能调峰的主要手段，大型水电解制氢能够适应可再生能源三性的能力越强。技术越先进、制备绿氢的效率越高，关键系统对可再生能源波动的响应越快速。

2.3.4.3 电解水制氢行业发展前景

在双碳背景下清洁能源加快发展，电解水制氢将逐步占主导地位，未来全球氢气将逐步转化为利用可再生能源电解水制氢的方式进行供给。绿氢替代趋势正在逐渐显现。绿氢制取技术包括利用风电、水电、太阳能等可再生能源电解水制氢、太阳能光电化学分解水制氢及生物制氢，其中可再生能源电解水制氢是应用最广、技术最成熟的方式。电解水制氢即通过电能将水分解为氢气与氧气的过程，该技术可以采用可再生能源电力，不会产生二氧化碳和其他有毒有害物质的排放，从而获得真正意义上的绿氢。电解水制氢技术主要包括碱性电解水、质子交换膜电解水、固体氧化物电解水以及其他电解水技术。然而从产氢结构来看，可再生能源电解水制氢的绿氢规模依然偏小，煤制氢和天然气制氢合计占比约八成。近日多地政府出台氢能产业利好政策，不仅提出具体的发展目标，而且"真金白银"支持氢能产业发展。国家发展改革委、商务部、市场监管总局联合提出，创建广州南沙粤港融合绿色低碳示范区，推进氢能等清洁能源利用；四川省成都市对绿电制氢项目市区两级联动给予 $0.15 \sim 0.2$ 元$/(kW \cdot h)$的电费支持；吉林省提出 2025 年氢能产业布局初步成型，氢能产业产值达到 100 亿元。受益于氢能占能源比重提升、绿氢占氢能比重提升双重逻辑，电解水制氢行业将高速增长。在电解水制氢系统中，电解槽作为电解水制氢核心单元，是电解水制氢系统价值量中心。

各地绿氢制取政策持续推出，扩大绿氢生产规模、突破电解水制氢设备关键技术成为政策焦点。光伏电解水制氢技术是将太阳能发电和电解水制氢组合成系统的技术，并且有着40 年的发展历史，被看作最有前景的制氢方法之一。国家氢能产业发展中长期规划明确指出，将发展重点放在可再生能源制氢，严格控制化石能源制氢。根据规划设定的 2025 年中国绿氢产量达到$(10 \sim 20) \times 10^4 t/a$的基础目标，预计 2022—2025 年中国电解水制氢设备市场将步入"快车道"。为抢占市场先机，众多国内电解水制氢设备企业开始各显神通。行业不完全统计显示，截至目前，全国处于筹备或建设中的绿氢项目已达 30 个。其中，超过 20 个项目选择"光伏+氢"这一技术路线。

2.4 其他制氢方式

2.4.1 生物制氢

生物制氢，即利用生物自身的代谢作用将水、有机废物或生物质等转化为氢气，该概念由 Lewis 于 1966 年正式提出，但早在 20 世纪 30 年代，就有科学家观察到不同细菌在光照和黑暗条件下分别放氢的现象；70 年代爆发的能源危机则引发了生物制氢领域的研究热潮，并逐渐形成了四种制氢技术路线：光水解、光发酵、暗发酵和光-暗联合发酵产氢，这些制氢过程涉及的微生物类群包括绿藻和蓝细菌等光解微生物、光发酵细菌和暗发酵细菌等。

2.4.1.1 生物制氢技术路线

（1）光解水制氢技术：以太阳能为能源，以水为原料，由微藻、蓝细菌等利用其特有的产氢酶系在光合作用下从水中分解出氢气和氧气。蓝细菌和绿藻对于生长过程中的营养需求较低，只需空气、水、简单的无机盐和光，可以直接光解水产生氢气，但两种微生物的产氢机制却不完全相同，绿藻是由氢酶催化，然后在光照和厌氧条件下产氢；而蓝细菌则需要固氮酶和氢酶共同发挥催化作用。

（2）光发酵制氢技术：与光解水制氢技术相同的是，光发酵生物制氢同样需要光能（即是在厌氧光照条件下），不同的是，这种机制是光发酵细菌利用小分子有机物、还原态无机硫化物做供氢体，在光的驱动作用下产氢，并且全程不用释放出氧气，这也是其与绿藻、蓝细菌产氢方式的最大不同。

（3）暗发酵制氢技术：暗发酵生物制氢是利用异养型厌氧细菌在厌氧条件下将碳水化合物等有机物分解转化为氢气，过程中不需要光能。截至目前，能够进行暗发酵产氢的微生物包括兼性厌氧细菌、专性厌氧细菌及少量好氧细菌，例如梭菌属（Clostridium）、类芽孢菌属（Paenibacillus）、肠杆菌科（Enteroboaeriaceae）等。

这种技术利用的有机物包括造纸及发酵等工业排放的废水、秸秆、牲畜粪便等农业废料、食品工业废液等，这些工农业废弃物中含有大量的葡萄糖、淀粉、纤维素等碳水化合物，可作为细菌的养分来源，助推其产生大量氢气。这种制氢方式不仅产生了清洁能源，减少了对其他能源的大量消耗，同时还帮助减少了工业生产造成的环境污染，可谓是"一举三得"。

（4）光发酵和暗发酵耦合制氢技术：光发酵和暗发酵耦合制氢技术是把两种产氢技术结合在一起，两者相互利用，彼此协同，互为补充，从而产生"1+1>2"的效果，实现氢产量的大幅提高，该技术主要由暗—光发酵细菌两步法和混合培养产氢法两种方法构成。

（5）其他突破性制氢技术：除上述技术外，科研人员还在探索其他生物制氢方式。例如，中国科学院天津工业生物技术研究所张以恒团队在 2015 年利用无细胞合成生物学方法，把超过 15 种酶组成一个人工生物反应系统，该系统可在 50~60℃ 和 1atm 的条件下，将玉米秸秆中的葡萄糖和木糖转化成氢气。该技术的优势在于，不再局限于微生物产氢的常规思路，而是使用酶混合物，成功将产氢效率提升了 3 倍；该系统可直接利用葡萄糖等碳源，不再需要像微生物制氢一样进行复杂的碳通量调节；通过数学建模实现酶的比例优化，制氢速率达到 54mmol/h，相较此前至少提升了 67 倍，更具有工业生产潜力。

各国政府不断加大在生物制氢领域的科研投入。据统计，截至目前，全球共有 25 个国家进行了生物制氢方面的研究。按照领域的论文发表数量进行排序，中美两国处于绝对领先地位，发文数量分别为 25700 篇和 24450 篇，占全球总发文数量的 22.36% 和 21.28%。日本位居第三，发文量占全球发文量的 9.05%。

据统计，全球涉足生物制氢研发的机构有 5000 余家，发表论文数量最多的 TOP10 研究机构中：美、德两国分别有两大机构上榜；中国论文被引用的频次、篇数均遥遥领先，发文数量最高的机构是中国科学院，说明中国在生物制氢研究领域有较高水平，且科研能力在近年来不断提升，获得了国际学界的广泛认可。

需要指出的是，这些研究主体基本是科研单位和大学，企业较少出现，甚至在发文量TOP100 的榜单中，也没有企业入选。这一数据在某种程度上表明，关于生物制氢的研究基本处于实验室阶段，尚未完全成熟，并且距离大规模商业化应用还有较远的距离。

2.4.1.2 制约生物制氢技术应用的因素

（1）现有的主流技术尚未成熟，大多存在多种缺陷，这就导致产氢规模与效率均处于较低水平，无法达到商业化应用要求。例如，以产氢速率快著称的暗发酵生物制氢技术，在制氢过程中会不断积累挥发酸，从而限制产氢量；光发酵产氢技术则一直受困于光能转化效率低下的问题。

（2）生产成本较高是制约生物制氢技术实现商业化应用的关键问题。国内外学者通过对光环境、气候、占用的土地空间等关键参数进行分析测算得出，当前生物制氢的生产成本为10~20 美元/吉焦；而汽油的价格约为 2.5 美元/GJ。造成生物制氢成本居高不下的原因是多方面的，例如，目前尚无法获得廉价的底物，没有更先进且完善的生产工艺来完成原材料的加工，优良产氢菌种还需进一步筛选与改造等。

（3）生物制氢的设备及储运设施不完善也是一大限制因素。例如，低成本且高效的生物反应器仍处于开发阶段，无法实现较高的光能转化效率和微藻产量；另外，虽然加压压缩储氢、液化储氢等氢能储运技术近年来取得了较大进步，但依然未能处理好储氢密度、安全性以及储氢成本之间的关系，这些问题制约了氢能的商业化应用。

（4）关于生物制氢的基础性研究尚未完全明确。例如，对某些细菌的产氢机制不清晰，制氢的化学反应难以在热力学范畴内维持稳定，造成系统的氢分压较低，都会给氢产量带来极大的影响。

2.4.1.3 提升生物制氢产量，降低制氢成本

（1）利用合成生物学手段改造产氢细菌。目前，应用最为广泛的两大生物技术分别是微生物基因工程和代谢工程。例如，通过基因工程改进光发酵过程中光合细菌的色素蛋白，改善光生物反应器中的光分布情况，提升光能吸收效率；或者通过基因改进大肠杆菌宿主系统，提高产氢率；微生物代谢工程指的是在某些真核细胞上进行遗传操作，通过调控运输通道等来提升氢产量，或通过掌握其代谢途径和功能对制氢过程进行精准控制。但现阶段的转基因微生物存在质粒不稳定，且可能发生水平基因转移，这些生物安全问题在很大程度上阻碍了该技术的推广应用。

（2）选用廉价原料从源头降低制氢成本。通常，选择培养基时需要考量众多因素，包括原料的糖含量、可得性、成本及生物可降解性等。其中，成本是当前的研究重点。有专家建议，将微藻光解水生物产氢与污染物治理（如废水）相结合，对产氢后的微藻生物质回收再利用，从而进一步提高微藻产氢的经济可行性。

（3）开发更高性能的生物反应器。在生产氢气的过程中，生物反应器是最重要的设备之一，整个系统的效率、稳定性均会对氢产量产生影响。有专家指出，实验室中利用基因工程突变株进行光解水产氢，能量利用效率可达到 15%~20%，而转移到户外大规模培养，效率

最高只能达到约5%。造成这一现象的关键原因之一就是大规模培养条件下的光生物反应器效率较低。破解这一问题就需要开发更加高效的光生物反应器系统，缩短光—暗循环周期，解决光限制问题，从而可能提高微藻制氢效率。

2.4.2 核能制氢

核能，或称原子能，是指通过核反应从原子核释放的能量。核能是一次能源，经过半个多世纪的发展，已经成为全球清洁能源的重要构成。有人提出，将核能与制氢工艺耦合，既能实现制氢过程的无碳排放，还可有效拓展核能的利用方式，是未来氢气大规模供应的重要解决方案。核能制氢即将核反应堆与制氢工艺相结合，利用核反应堆有大量多余的热能进行氢气的大规模生产。核能作为清洁能源，不仅可以提供大规模制氢所需的电力，还可以提供热化学循环制氢所需的热能。一般情况下，根据氢气来源，我们将其分为灰氢(化石能源制取的氢气，高碳排放)、蓝氢(在灰氢的基础上捕获温室气体，低碳排放)、绿氢(可再生能源电解水制取的氢气，无碳排放)。虽然核能制氢无碳排放，但由于核能不属于可再生能源，因此核能制取的氢气被称为粉氢。

提升核能利用率：核电站开启后关停成本极高，用电端的波峰波谷使得在波谷无法消纳和储存。核能弃电制氢能够为核产业提供额外产出，利于维持正在老化的反应堆的服役状态，避免核设施的废弃，实现核电生产与需求曲线匹配，提高核能利用率和竞争力。

提高制氢效率：现阶段，绿氢通常是使用风、光能进行发电，然后再进行电解水制氢，整体效果低于30%。若利用核反应堆的热能和电能，对水进行高温电解制氢或热化学制氢，制氢效率将超过50%，甚至更高，而且整个过程零碳排放。

2.4.2.1 核能制氢技术路线

(1) 核电制氢：核电制氢即一般的电解水制氢，核反应堆为电解水制氢装置提供稳定的清洁电力。由于核电站的热电转换效率仅为35%左右，若电解水制氢效率以80%来计算，最终核能电解水制氢的总效率还不到30%。在目前成熟的制氢工艺中，电解水制氢的成本最高，因此核电制氢尚未具备竞争优势，很难规模化推广应用。

(2) 核热制氢：核热制氢即热化学制氢，是将核反应堆与热化学循环制氢装置耦合，使水在800~1000℃下催化热分解，从而制取氢和氧，热氢的转换率可达60%甚至更高。目前的主要工艺是碘硫循环制氢，但该技术成熟度较差，且需要高温下耐腐蚀的材料和反应器。

(3) 电热混合制氢：电热混合制氢是利用先进核反应堆提供的工艺热(约30%)和电能(约70%)，在800~1000℃的高温下，将液态水转化水蒸气，然后电解为氢气和氧气。目前主要工艺就是高温蒸汽电解制氢，由于核反应堆提供大量反应需要的热量，高温蒸汽电解的效率高于常规电解水，其制氢效率超过50%，但技术成熟度差，需要发展耐用大尺寸高温电解制氢设备。

三种不同的核能制氢路径来看，虽然核电制氢技术最为成熟，但还不具备竞争优势。核热制氢和电热混合制氢工艺，需要核反应堆提供高温工艺热，但这类反应堆全部属于第四代核能反应堆，目前最佳方案是高温气冷堆，但距商业化推广仍有较长时间，且面临很大不确定性。

2.4.2.2 核能制氢发展现状

放眼全球，随着新一代核堆型的成熟与氢能产业的发展，美日英中等核电大国均已启动本国的核能制氢工程。

（1）美国

早在 2004 年，美国能源部（DOE）就启动了核能制氢研究工作。通过与电力企业合作，对在九英里峰核电厂在内的四个核电厂生产清洁氢的示范项目提供支持。其中，九英里角核电站中的一座 1250kW 低温电解制氢设施（质子交换膜电解槽）已于 2023 年 3 月启动运行，每天可生产 560kg H_2。

（2）日本

日本原子力研究机构自 1998 年建成运行热功率 30MWe 的高温气冷试验堆，成功实现在 850℃下稳定运行。2004 年冷却剂出口温度达到 950℃并成功完成了连续一周制氢试验运行。2019 年，该试验堆连续运行 150h，示范了热化学碘硫循环制氢工艺。

（3）英国

在短期内先在役核电机组上进行制氢示范和应用，中长期则优选高温气冷堆制氢，并将高温气冷堆作为其先进模块化反应堆的首选堆型。2021 年英国政府颁布的"绿色工业革命 10 项计划"（Ten Point Plan）中，规划到 2030 年实现绿氢等效装机容量达到 500×10⁴kW，核能被视为生产绿氢的主要来源之一。

（4）中国

在大力开展核电站的建设的同时，也非常重视核氢技术的发展。高温气冷堆能够提供高温工艺热，是最适合用于制氢的反应堆堆型。清华大学核能与新能源技术研究院（INET）在国家"863"计划支持下，于 2001 年建成了 10MW 高温气冷实验反应堆（HTR-10），2003 年达到满功率运行。2008 年高温气冷堆示范电站列入国家科技重大专项，核能制氢技术研究作为专项的前瞻性研究课题得到支持。2023 年 12 月国家科技重大专项高温气冷堆示范电站已投入商运，核能制氢技术完成了工艺、耦合安全以及关键设备的研究，已具备开展中试关键技术研究和示范的条件。

高温堆热化学循环技术研究的关键进展：

① 2009 年建成碘硫循环原理验证性台架；

② 2014 年建成碘硫循环集成实验室规模台架，实现循环闭合与连续运行；

③ 2016 年完成全流程模拟软件开发；

④ 2022 年完成核能制氢安全特性研究；

⑤ 2023 年完成关键设备样机（硫酸分解器、氢碘酸分解器、SO_2 去极化电解器）研制。

2024 年起启动高温堆热化学循环制氢中试研发与示范，预计 2027 年前后启动商业规模示范工作。

2.4.2.3 核能制氢面临的挑战

虽然核能制氢具有广阔的发展前景，但要实现商业化还需克服诸多挑战。

（1）核能制氢的经济性尚待验证，成本高低是核能制氢能否实现大规模商业利用的关键因素。

（2）能高效率制氢的高温气冷堆技术还不成熟，其工艺系统、关键设备、核心材料等技术都还需要进一步试验和改进。

（3）安全性是制约核能制氢的一大因素。考虑到核电站安全的高度敏感性，如何保证核能制氢过程中氢的安全生产、运输和储存，也是需要考虑的关键问题。

2.4.3 风能制氢

风电制氢，就是将风力发出的电直接通过水电解制氢设备将电能转化为氢气，通过电解水产生的氢气便于长期储存。据了解，用风力发电来电解水制备氢气，每生产 $1m^3\ H_2$ 需要消耗电 $5.1\sim5.2kW\cdot h$。其循环过程为：风力发电—电解水—制氢制氧—氢气能源—发电、制热、炊事、取暖、交通工具使用等。风电制氢不仅可以减少化石能源消耗，降低污染物排放，提升电网消纳能力，也可以实现风电与煤化工、石油化工的多联产。

风电制氢技术主要涉及电氢转换和氢气运输两大关键技术，产业瓶颈也主要与这两个关键技术相关。电氢转换技术能够实现电能与氢能之间的相互转换，提高了可再生能源的利用率，为能源消纳提供了新的途径，减少了化石燃料的消耗。在氢气运输方面，主要有四种主流大规模氢气运输技术：输送气态氢气的管道、以氨形式运输的氢气、低温液化（ LH_2 ）、将氢储存在液态有机载体（LOHC）中。而后三种非管道技术常被称为氢载体。通常管道是输送大量氢气的低成本选择，在未来绿氢供应中发挥着重要作用。然而即使有专用的氢气管道，由于其路线固定，而大规模氢气需求在不同地区的高度分散，导致管道难以满足市场需求。更重要的是，当前全球跨国贸易大部分基于海路运输，很多场景不具备建设管道的条件。氢载体的灵活性和对长距离运输的适应性，使其更适合氢的跨国贸易。

从发展历程来看，我国的风电制氢起步相对较晚，整体可分为四个阶段：初期阶段、技术突破阶段、应用示范阶段、规模扩大阶段。2009—2014 年属于初期阶段，这一时期主要集中在风电制氢技术的探索和研究，但由于技术和经济等方面的限制，风电制氢的发展较为缓慢。2015—2018 年属于技术突破阶段，这一时期，随着技术的进步和经验的积累，中国风电制氢取得重大突破。2015 年成功建设了首个海上风电制氢项目，利用海上风电场的电能进行电解水制氢，标志着技术突破的实现。2019—2022 年属于应用示范阶段，我国风电制氢技术得到更广泛的应用和实践，多个风电制氢项目在全国范围内启动，涵盖了从风电场建设到氢能应用的完整链条。2023 年至今属于规模扩大阶段，这一时期随着技术的进步和成本的降低，风电制氢项目开始实现商业化运营，氢能产量和应用规模不断扩大。同时我国出台了一系列政策和措施，鼓励和支持风电制氢技术的发展，推动其在能源、交通、化工等领域的广泛应用。

电制氢行业产业链的上游主要包括风电设备、制氢设备以及氢气储运设备等。风电设备是风电制氢的基础，提供稳定的电力供应，包括风力发电机组、塔筒、叶片等；制氢设备是风电制氢的核心，通过电解水等方式将风电转化为氢气，包括电解槽、气水分离器、压力调节器等；氢气储运设备则负责将制得的氢气进行安全、高效的储存和运输，包括高压气瓶、低温储存设备、氢气管道等。中游是风电制氢行业，包括利用上游提供的风电和制氢设备进行制氢的过程。此环节涉及的技术和设备复杂多样，对技术和设备的性能和质量要求较高。下游是指风电制氢行业的应用领域，包括交通运输、化工、冶金等行业，这些行业对氢能的需求量较高，是风电制氢产品主要消费市场。随着技术的进步和成本的降低，风电制氢行业有望得到广泛的应用。

参 考 文 献

[1] 葛书强，白洁，丁永春，等. 可再生能源制氢技术及其主要设备发展现状及展望[J]. 太原理工大学学报，2023，1-39.

[2] 赵玉晴，蒋文明，刘杨. 氢能产业发展现状及未来展望[J]. 安全、健康和环境，2023，23(1)：1-12.

[3] 杜晓宇，张文敬，赵晓明. 我国绿氢产业发展现状分析[J]. 天津化工，2024，38(3)：5-8.

[4] 祝星. 化学链蒸汽重整制氢与合成气的基础研究[D]. 昆明：昆明理工大学，2012.

[5] 瞿国华. 石油焦气化制氢技术[M]. 北京：中国石化出版社，2014.

[6] 吴素芳. 氢能与制氢技术[M]. 杭州：浙江大学出版社，2014.

[7] 邵乐，张益，唐燕飞，等. 煤制氢、天然气制氢及绿电制氢经济性分析[J]. 炼油与化工，2024，35(2)：10-14.

[8] 刘坚，钟财富. 我国氢能发展现状与前景展望[J]. 中国能源，2019，41(2)：32-36.

[9] 张彩丽. 煤制氢与天然气制氢成本分析及发展建议[J]. 石油炼制与化工，2018，49(1)：94-98.

[10] 毛宗强. 制氢工艺与技术[M]. 北京：化学工业出版社，2018.

[11] 伊布拉希·丁瑟，哈里斯·伊沙壳，郑德温，等，译. 可再生能源制氢[M]. 北京：冶金工业出版社，2023.

[12] 隋升. 水电解制氢技术新进展及应用[M]. 上海：上海交通大学出版社，2023.

[13] 李建林，梁忠豪，李光辉，等. 太阳能制氢关键技术研究[J]. 太阳能学报，2022，43(3)：2-11.

[14] 郭博文，罗聃，周红军. 可再生能源电解制氢技术及催化剂的研究进展[J]. 化工进展，2021，40(6)：2933-2951.

[15] 郭可玟，续永杰，史瑞静. 3种制氢技术路线的经济性分析[J]. 电工技术，2024(7)：40-43.

第3章 氢能安全储运

　　储氢，是一种新型储能类型。狭义的储氢是基于"电氢电"（Power-to-Power，P2P）的转换过程，主要包括电解槽、储氢罐和燃料电池等装置。利用低谷期富余的新能源电能进行电解水制氢，储存起来或供下游产业使用；而当电力需求达到高峰时，这些储存的氢能则通过燃料电池转化为电能，并接入公共电网，从而平衡电力供需，提高能源利用效率。广义的储氢技术则更为宽泛，它强调"电氢"的单向转换，并涵盖多种氢气储存形式。无论是气态、液态还是固态，氢气都可以被安全有效地储存。此外，还可以将氢气转化为甲醇、氨气等化学衍生物（即 Power-to-X，P2X），以进一步提高储存的安全性和灵活性。

　　2060年"碳中和"的目标下，氢能源燃料电池汽车获得大力支持。特别是在能量密度要求较高的中型和重型卡车领域，氢燃料电池汽车或将成为继锂电之后中国新能源汽车产业发展中的另一大重要发展方向。作为氢气从生产到利用过程中的桥梁，储氢技术贯穿产业链氢能端至燃料电池端，是控制氢气成本的重要环节。

3.1 氢能的储存

储氢技术作为氢气从生产到利用过程中的桥梁，是指将氢气以稳定形式的能量储存起来，以方便使用。目前，氢气储运主要有四种路径：高压气态储氢、低温液态储氢、固态储氢(物理吸附和化学氢化物)以及有机液体储氢，见表3-1。此外，还有化合物(甲醇、氨)储氢等新型储氢方式，常见的储氢技术是高压气态储氢技术以及低温液态储氢技术。

表3-1 主要储氢方式的对比

项目	高压气态储氢	低温液态储氢	固态储氢	有机液态储氢
单位质量储氢密度/%	1.0~5.7	5.7~10	1.0~4.5	5.0~7.2
优点	充放氢速率快，结构相对简单，能耗低，成本低	储氢密度高，液态纯度高，安全性能好	体积储氢密度较大，能耗低，安全性能好	储氢密度高，可用管道运输，安全性能好
缺点	体积储氢密度较低，存在泄漏、爆炸等安全隐患	容易蒸发，液化过程能耗较高，成本偏高，对保温材料要求较高	充放速率较低，质量储氢密度低，储氢成本偏高	加/脱氢装置配置较高；脱氢反应在高温下进行，导致催化剂易失活；贵金属催化剂成本高，非贵金属催化剂效率低
应用场景	技术成熟，主要应用于交通运输、工业、发电、储能等领域	技术较为成熟，主要应用于航空航天领域、电子行业	技术尚未成熟，目前仍处于技术攻关阶段	技术尚未成熟，目前仍处于技术攻关阶段

3.1.1 高压气态储氢

高压气态储氢技术是指在高压条件下，将氢气压缩并注入储氢瓶中，让氢气以高密度气态形式储存的一种技术，广泛应用于加氢站及车载储氢领域。研究表明，氢气质量密度随压力增加而增加，在30~40MPa时，氢气质量密度增加较快，而压力达70MPa以上时，氢气质量密度变化很小。因此大多储氢瓶的工作压力在35~70MPa范围内，这类储氢瓶属于高压气态储氢瓶，并根据不同应用场景分为车载高压储氢、运输高压储氢罐、固定式高压气态储氢。高压气态储氢瓶分为四个类型：全金属气瓶(Ⅰ型瓶)、金属内胆纤维环向缠绕气瓶(Ⅱ型瓶)、金属内胆碳纤维全缠绕气瓶(Ⅲ型瓶)和非金属内胆碳纤维全缠绕气瓶(Ⅳ型瓶)。其中，Ⅰ型、Ⅱ型重容比大，难以满足氢燃料电池汽车的储氢密度要求。Ⅲ型、Ⅳ型瓶因采用了纤维全缠绕结构，具有重容比小、单位质量储氢密度高等优点，目前已广泛应用于氢燃料电池汽车。不同类型的高压储氢瓶性能对比见表3-2。

表 3-2　不同类型的高压储氢瓶性能对比

类型	Ⅰ型	Ⅱ型	Ⅲ型	Ⅳ型	Ⅴ型
材质	纯钢质金属瓶	金属内胆(钢质)纤维环向缠绕	金属内胆(钢/铝质)纤维全缠绕	塑料内胆纤维全缠绕	无内胆纤维全缠绕
工作压力/MPa	17.5~20	26~30	30~70	30~70	国内外研发中
介质相容性	有氢脆、有腐蚀性	有氢脆、有腐蚀性	有氢脆、有腐蚀性	有氢脆、有腐蚀性	
质量体积/(kg/L)	0.9~1.3	0.6~1.0	0.35~1.0	0.3~0.8	
使用寿命/年	15	15	20	20	
成本	低	中等	最高	高	
可否车载	否	否	是	是	
市场应用	加氢站等固定式储氢		燃料电池汽车		

（1）全金属气瓶

金属压力容器的发展是由 19 世纪末的工业需求带动的，特别是储存二氧化碳以用于生产碳酸饮料。早在 1880 年，锻铁容器就被报道用于氢气的储存并用于军事用途，储氢压力可达 12MPa。19 世纪 80 年代后期随着英国和德国发明了通过拉伸和成形制造的无缝钢管制成的压力容器，金属压力容器的储气压力大大提升。到 20 世纪 60 年代，金属储氢气瓶的工作压力已经从 15MPa 增加到 30MPa。全金属储氢气瓶，即Ⅰ型瓶，其制作材料一般为 Cr-Mo 钢、6061 铝合金、316L 不锈钢等。由于氢气的分子渗透作用，钢制气瓶很容易被氢气腐蚀出现氢脆现象，导致气瓶在高压下失效，出现爆裂等风险。同时由于钢瓶质量较大，储氢密度低，质量储氢密度在 1%~1.5%，一般用作固定式、小储量的氢气储存。

（2）纤维复合材料缠绕气瓶

纤维复合材料缠绕气瓶包括金属内胆纤维环向缠绕气瓶(Ⅰ型瓶)、金属内胆碳纤维全缠绕气瓶(亚型瓶)和非金属内胆碳纤维全缠绕气瓶(Ⅴ型)。最早于 20 世纪 60 年代在美国推出，主要用于军事和太空领域。1963 年，Brunswick 公司研制了塑料内胆玻璃纤维全缠绕复合高压气瓶，用于美国军用的喷气式飞机的引擎重启系统。复合材料增强压力容器具有破裂前先泄漏的疲劳失效模式，可大大提升高压气瓶的安全性。

在Ⅰ型金属瓶基础上，Ⅱ型瓶采用箍圈对瓶身进行纤维-树脂复合材料环向包裹，金属容器和复合材料共享结构载荷，工作压力为 25~30MPa。Ⅱ型瓶将是制氢站、加氢站等固定式能源应用场景的主流供氢方式。Ⅲ型瓶内衬仍然采用钢或铝金属材质，并多采用两极铺设或螺旋、环箍方式对全瓶身进行纤维树脂复合材料包裹，以增加内胆结构强度。Ⅲ型瓶可以满足标准状态下 35MPa 和 70MPa 两种压力需求，氢气理论密度分别达到 22.9kg/m³ 和 39.6kg/m³，是目前国内燃料电池车用氢瓶的通常选择，典型结构为铝合金（6061 或 7060）内胆+纤维复合材料全缠绕外层包裹。目前国内Ⅲ型瓶制备厂家主要有中材科技、佛吉亚斯林达、天海工业等。

Ⅳ型瓶在Ⅲ型瓶的基础上进行了轻量化改进，将内衬由金属升级为聚酰胺（PA）、PET 聚酯塑料或高密度聚乙烯（HDPE）等特种高分子聚合物材料，内衬外采用纤维树脂复合材料全包裹，以提高服役强度。Ⅳ型瓶在保持相同耐压等级的同时，减小储罐壁厚，提高容量和氢储存效率，并且不存在Ⅰ~Ⅲ型气瓶的氢脆问题，可有效降低长途运输的能耗成本。Ⅳ型瓶是目前氢燃料电池汽车用储氢瓶中技术最先进的产品类型，在美国、日本等发达国家已广泛应用。而我国仍以Ⅲ型瓶为主，未来Ⅳ型高压储氢瓶在我国更具发展前景。Ⅳ型瓶亟须攻克的主要技术为：①聚酰胺（PA）或高密度聚乙烯（HDPE）等高分子聚合物及高强度内胆制备技术，使储氢罐质量更轻、强度更高，具有更高的储氢质量比。②高性能复合纤维及其缠绕技术，通过对高性能纤维的含量、张力、缠绕轨迹等进行设计和控制，确保压力容器性能均一稳定。研制轻质、高压、耐腐蚀性强、稳定性好的储氢容器，将成为高压储氢技术应用领域的研发热点。

高压储氢瓶是车载氢系统中的核心部分，目前我国使用的主流产品为Ⅲ型瓶（压力35MPa）。《车用压缩氢气铝内胆碳纤维全缠绕气瓶》（GB/T 35544—2017）是我国进行车载储氢瓶产品认证的主要标准，包括拉伸试验、气密性试验、水压试验和火烧试验等。2020年10月，国内首次制定的团体标准《车用压缩氢气塑料内胆碳纤维全缠绕气瓶》（T/CATSI 02007—2020）正式发布并开始实施，该标准除对气瓶性能提出要求外，还对气瓶制造过程提出了技术要求，如气瓶塑料内胆与氢气相容性评定方法、气瓶塑料内胆焊接工艺评定和无损检测方法、气瓶气密性和泄漏检测方法、气瓶用密封件性能试验方法等。

在运输用高压储氢罐方面，目前常用的是长管拖车（鱼雷车）的高压储氢罐，大部分运输压力为20MPa，1kg氢气从常压升到20MPa大约需要用电2kW·h。当前每个长管拖车一般由6~8个高压钢瓶组成，每车载260~460kg的氢气。这种运输方式在300km以内经济性相对较好（150km时经济性最好），是目前最常用的运氢方式，卸气一般需要2~6h。

在固定式储氢方面，高压气态储氢主要有45MPa大直径储氢长管、45MPa/98MPa钢带缠绕式储氢罐、储氢球罐等。固定式高压气态储氢罐主要应用于加氢站和制氢场内的储氢需求，以及电厂内储存高压氢气的储氢需求。

高压气态储氢是目前最为常用的储氢技术，充装时无须对氢气进行降温处理，在常温下可以直接进行压缩，同时具有设备结构简单、成本相对低廉、充装和排放速度较快、操作方便快捷等优点，在储氢技术中占据主导地位；但在高压的作用下，一般氢气储运材料易出现氢脆现象，存在泄漏和爆炸风险，而且由于储运过程中需要高压，在压缩过程会有较大的能耗。

3.1.2 低温液态储氢

低温液态储氢是一种深冷氢气储存技术。氢气经过压缩后，深冷到-253℃以下，使之变为液氢，然后储存到特制的绝热真空容器中。该方式具有能量密度大、体积密度大、加注时间短等优点，是连接液氢工厂和液氢用户的纽带，直接影响氢源的地域配置优化。低温液态储氢可实现液氢的大规模储存、运输。氢液化之后体积储运效力是目前高压储氢效力的8倍左右。以液氢槽罐车为例，其容量大约为65m³，每次可净运输约4000kg氢气，储重比（储氢量与储氢系统质量之比）一般可超过10%，远超目前实际有效氢气运输量仅为300多千克的20MPa商用氢气运输车。同时，可使氢气的运输距离在目前高压储氢运送200km左右的基础上，扩展到700~800km的运输范围。目前，德国林德集团、美国Gardner Cryogenics公司、美国Chart公司、日本川崎重工业株式会社和俄罗斯深冷机械公司Cryogenmesh等企业代表了低温液态储氢产业前沿。随着国内氢能产业的发展，中集安瑞科旗下中集圣达因、国富氢能、中科富海、航天六院 101 所、蜀道装备、厚普股份和致远新能等公司开始涉足液氢储罐研发生产。典型应用案例是海南文昌卫星发射基地的 300m³ 高真空多层缠绕绝热液氢储罐，占地面积小、安装方便、结构紧凑、运行平稳、操作简单、绝热性能优异。2023 年 3 月，中集安瑞科旗下中集圣达因正式开工建造国内首台民用液氢罐车；6 月，中集安瑞科首台 40 英尺液氢罐箱成功下线。国富氢能目前已针对液氢工厂和液氢加氢站推出了相应的液氢容器系列产品。其中用于齐鲁氢能(山东)氢能一体化项目中的液氢储存容器，已于 2022 年 3 月开始建造。该液氢储存容器设计尺寸为 200m³ 以上，储氢量超过 14t；在液氢移动运输方面，国富推出了多式联运的 ISO 液氢罐式集装箱，已完成建造并通过了低温性能试验，液氢的静态蒸发率不超过每天 0.7%，可以确保 15 天以上的储存和不排放维持时间。在航天工业发展的推动下，我国在低温液态储氢领域的制造技术取得了一定的成绩，成功地研制出各类大、中、小型液氢储罐，并在大量工业实践的基础上，出台了 GB/T 40060—2021《液氢贮存和运输技术要求》、GB/T 40061—2021《液氢生产系统技术规范》等相关的液氢行业标准，已经完全具备了生产液氢储罐的生产能力。对比国外技术，我国现有生产技术完全可以保证液氢的蒸发率，但储罐质量过大。在今后的研究中应进一步提高绝热效果，改进绝热层制作工艺，采用新材料、复合材料制造储罐，将储罐的体积和质量大大减小。

表 3-3 为储存相同质量(90g，体积为 1Nm³)氢气的气态、液态和固态三种储氢系统的性能比较，由表 3-3 可以看出，储存相同质量的氢时，液氢所需的储气容积和总质量远低于气态储氢系统，且液氢具有明显高于储氢合金和汽油的质量储能密度。因此，在成本合适的情况下液态储氢是一种较为理想的储氢技术。

表 3-3 储氢系统比较(储存 90g 氢气)

项目	储器容积/L	总质量/kg	工作压力/MPa
压力容器	10	17	0~10
Fe-Ti 固态储氢	1.0	6.5	0.5~3
液氢	1.3	4.0	0.1

正仲氢转化技术和液氢储存容器是目前液态储氢的重要环节。

(1) 正仲氢转化

正仲氢转化是氢气液化过程中需要解决的一项关键技术。氢通常是正氢和仲氢的混合物，且平衡氢中正/仲氢的浓度比是温度的函数。在常温下，平衡氢是含 75% 的正氢和 25% 的仲氢的混合物，称为正常氢(或标准氢)，用符号 $n-H_2$ 表示。

当温度降低时，具有高能态的正氢会自发地转化为低能态的仲氢，使得仲氢浓度不断上升，并释放转化热。液态氢在没有催化剂的情况下也会发生正-仲氢转化，但速率极为缓慢，如果将氢气直接液化，转化过程将在储氢储存容器中进行。由于正氢向仲氢的自发转化是一个放热过程，释放的热量高于液氢的汽化潜热，因此这一过程会造成储氢容器中液氢的蒸发。液氢蒸发产生的气态氢不仅会导致储氢容器内的压力升高，对储氢容器产生损伤，还会降低液氢无损储存的时间，增加氢再液化的能耗。因此，正仲氢转化过程必须在氢液化过程中完成，由于自发转化过程极为缓慢，需采用催化剂加快转化过程，目前我国采用的正仲氢转化催化剂主要依赖进口。

（2）液氢储存

液氢储运是液氢产业链的关键环节，是连接液氢工厂和液氢用户的纽带，直接影响氢源的地域配置优化。液氢的储存需使用具有良好绝热性能的低温液体储存容器，也称液氢储罐。液氢储罐有多种类型，根据其使用形式可分为固定式、移动式、罐式集装箱等，按绝热方式可分为普通堆积绝热和真空绝热两大类。

① 固定式储氢

固定式液氢储罐一般用于大容积的液氢储存（>330m³），固定式液氢储罐可采用多种形状，常用的包括球形储罐和圆柱形储罐。研究表明，液氢储罐的漏热蒸发损失与储罐的表面积与容积的比值（S/V）成正比，而球形储罐具有最小的表面积容积比，同时具有机械强度高、应力分布均匀等优点，因此球形储罐是较为理想的固定式液氢储罐，但球形液氢储罐加工难度大、造价高昂。美国国家航空航天局（NASA）常使用的大型液氢球形储罐直径为25m，容积可达3800m³，日蒸发率<0.03%，而NASA最大的液氢球形储罐的储氢体积达到12000L，用于火箭燃料储存。我国自行研制的大型固定式液氢储罐多为圆柱形。

② 移动式储氢

由于移动式运输工具的尺寸限制，移动式液氢储罐常采用卧式圆柱形，通常公路运输的液氢储罐最大宽度限制为2.44m。移动式液氢储罐采用的运输方式包括公路运输、铁路运输及船运等。移动液氢储罐的容积越大，蒸发率越低，船运移动式储罐容积较大，910m³的船运移动式液氢储罐其日蒸发率可低至0.15%；铁路运输107m³容积储罐日蒸发率约为0.3%；公路运输的液氢槽车日蒸发率较高，30m³的液氢槽罐日蒸发率约为0.5%。移动式液氢储罐的结构、功能与固定式液氢储罐并无明显差别，但移动式液氢储罐需要具有一定的抗冲击强度，能够满足运输过程中的加速度要求。

③ 罐式集装箱

液氢储存的罐式集装箱与液化天然气（LNG）罐式集装箱类似，空气产品（Air Products）、林德（Linde）和法国液化空气（Air Liquide）等公司均有成熟产品，长度40ft（1ft=0.3048m）罐式集装箱的日蒸发率可低至0.5%。罐式集装箱可实现从液氢工厂到液氢用户的直接储供，减少了液氢转注过程的蒸发损失，且运输方式灵活，既能采用陆运，也可进行海运，是一种应用前景较好的液氢储存方式。

3.1.3 固态储氢

固态储氢方式的工作原理是利用某些特殊材料具有吸附氢气的特性实现对氢气的储存和运输。储氢时使氢气与材料反应或吸附于材料中，需要用氢时再将材料加热或减压释放氢气，能够很好地解决传统储氢技术储氢密度低和安全系数差的问题，具有高储存容量、运输安全和经济性良好的重要特征。

这种储氢方式的发展和应用需要依赖储氢材料的开发和利用，高性能储氢材料的开发是促进氢能源推广应用的关键途径之一。根据吸氢机理的差异，储氢材料可以分为物理吸附储氢材料和化学储氢材料两大类。

3.1.3.1 物理吸附储氢材料

在储氢材料中，氢的吸附主要通过两种不同的途径进行：氢气分子的弱物理吸附与解离氢原子的强化学吸附。一般来说，物理吸附中氢分子的结合能小于0.1eV。目前，基于物理吸附，广泛开发了一系列储氢材料，比如金属有机框架（MOFs）、共价有机框架（COFs）、超交联聚合物、凝结水合物、碳纳米管（CNTs）、富勒烯、石墨烯和石墨烯氧化物，氢气在材料中的物理储存得到了深入的研究。以其中一些材料为例，如富勒烯、石墨烯和COFs等，储氢能力分别为~9.0%、~7.0%和5%~7%（质量），高于能源部的目标值5.5%（质量）。尽管有如此高的容量，这些材料由于其可操作性和循环性问题而没有被商业化。一般来说，物理吸附的主要问题是氢分子和宿主材料之间的结合能力（或能量）低。MOF和石墨材料中的物理吸附显示出4~10kJ/mol的弱结合能，这对于实际应用是不可行的。理论研究表明，用金属（如过渡金属、碱和碱土）修饰可以增加氢原子在吸附基材料上的结合能，使得结合能介于弱物理吸附和强化学吸附之间，实现Kubas-type型相互作用，以增加氢和基底材料之间的结合能。通常，Kubas-type相互作用的结合能在$0.2~0.8eV/H_2$的范围内，这仅需要在300~400K、环境压力下即可进行可逆储氢。Kubas-type结合作用对储氢很重要，因为它可以提供位于化学吸附和物理吸附之间结合能。Kubas-type相互作用仅仅会使H—H键被拉长，并不会产生失去电子断裂的现象。然而，金属在吸附基材料上的修饰往往会形成团聚，这可能会降低储氢性能，使得体系最终的储氢效果不尽如人意。因此，开发利用Kubas-type相互作用进行储氢的材料，仍然是一个挑战。除了通过金属修饰构建Kubas-type相互作用以外，研究人员还发现，基于物理吸附的储氢材料，也可以通过优化材料特性（如孔径大小、体积和表面积）来提高。但是，在实际使用中还有更多的问题需要考虑，如系统效率、质量和体积、循环性/操作性、充氢/放氢和储存成本。

（1）碳基储氢材料

碳基储氢材料因种类繁多、结构多变、来源广泛而较早受到关注。鉴于碳基材料与氢气之间的相互作用较弱，材料储氢性能主要依靠适宜的微观形状和孔结构。因此，提高碳基材料的储氢性一般需要通过调节材料的比表面积、孔道尺寸和孔体积来实现。碳基储氢材料主要包括活性炭、碳纳米纤维和碳纳米管。

（2）无机多孔材料

无机多孔材料主要是具有微孔或介孔孔道结构的多孔材料，包括有序多孔材料（沸石分子筛或介孔分子筛）和具有无序多孔结构的天然矿石。沸石分子筛材料和介孔分子筛材料具有规整的孔道结构和固定的孔道尺寸，结构上的差异会影响到材料的比表面积和孔体积，进而影响到材料的储氢性能。

沸石分子筛的氢吸附等温线与脱附等温线基本重合，表明氢在沸石分子筛微孔中的吸附为物理吸附。因此，沸石分子筛吸附的氢可以全部释放，储氢材料可循环利用。与沸石分子筛相比，介孔分子筛的孔道尺寸较大、比表面积和孔体积较大，更利于氢气的吸附。因此从原理上说，介孔分子筛材料的储氢性能会稍优于沸石分子筛材料。

（3）MOF材料

MOF材料是由金属氧化物与有机基团相互连接组成的一种规则多孔材料。因为MOF材料具有低密度、高比表面积、孔道结构多样等优点而受到了广泛关注。MOF家族中储氢能力最强的是 MOF-177，该材料在 77K、7MPa 条件下的储氢量可达 7.5%（质量），但常压储氢量仅为 1.25%（质量）。

改善 MOF 材料储氢性能的途径主要包括：调整骨架结构，掺杂低价态金属组分，掺杂贵金属，在有机骨架中引入特殊官能团。经改性处理，MOF 材料的储氢性能有所改善，但仍无法达到碳基储氢材料的水平。

3.1.3.2　化学储氢材料

化学储氢材料的主要工作原理是氢以原子或离子形式与其他元素结合而实现储氢，其结合能一般 $\geqslant 0.8eV$。

（1）镁系储氢材料

镁在地球上的资源丰富，原料来源广阔，全球大概 90% 的镁都是生产于中国，不存在材料被"卡脖子"的问题。且镁合金的储氢量大，将它作为储氢材料成本低，质量分数小，质量小，其体积储氢密度可达 $106kg/m^3$，为标准状态下氢气密度的 1191 倍，70MPa 高压储氢的 2.7 倍，液氢的 1.5 倍，可以实现长循环寿命，便于运输，并且对环境非常友好，且材料可回收。

镁合金材料除了储运氢量非常大之外，还有一个显著的特点，就是可以把氢进行净化，特别是氢气中的一些杂质，比如说一氧化碳和硫化物，这个材料可以把氢气中的一氧化碳和硫化物净化掉，比如氢气中含 100ppm 浓度的一氧化碳，吸氢后再进行释放，一氧化碳的浓度可以降低到 1ppm 之下，大约降低了三个数量级。

以镁基储氢材料为核心，采用两种使用方式，一种是循环的使用方式，通过吸氢得到氢化镁，再放氢得到镁的循环来制造大型的储运氢的系统，可以用在加氢站，也可以用于分布式发电和车载储氢方面。另一种是采用水解的方式，制备氢化镁的高纯粉末，与水反应把水中的氢也置换出来，可用于备用电源、无人机等方面。因为镁相对来说比较活泼的，表面容易生成氧化物，氢很难进入和脱出，这也是之前困扰镁基材料开发和应用的核心问题。通过在表面生成催化剂，可以使氢更容易地进入和脱出，更可控地进行氢的进入和释放。

但它的弊端也很明显，镁合金吸收和释放氢气的速度较慢，释放氢气时需要较高的温度，这直接导致成本的上升。而且，镁或镁合金的表面极易形成一层致密的氧化膜，使其与氢气的反应变得十分缓慢。这些缺点严重阻碍了镁系储氢材料的发展，对促使镁合金与氢气反应的催化剂的研究是镁系储氢材料发展的突破口。

（2）稀土系储氢材料

这一类储氢材料是人们发现最早的储氢材料之一。稀土储氢合金是一种可在通常条件下能可逆地大量吸收和放出氢气的合金材料，具有吸氢和放氢温度温和、速率快易活化、稳定性好和成本适中等特点。最重要的是，中国的稀土产量占世界的 80% 以上，具有重要的原料优势。稀土在储氢材料中的比例大于 30%，而且大量使用高丰度稀土镧和铈。

但是这类储氢材料的缺点也很多，它成本很高，而且吸收氢气后，质量变得很大，循环使用寿命退化也很严重。人们将稀土系储氢材料和镁系储氢材料结合起来使用，以便克服镁系储氢材料与氢气反应慢、氢化物分解温度高等缺点。另外，用稀土合金代替纯稀土元素，可以有效降低成本，达到实际应用的目的。

稀土储氢材料除了具有固态储氢性能外，还具有电化学储氢性能，其另一个重要用途便是作为镍氢电池的负极材料。镍氢电池又称金属氢化物镍(MH/Ni)电池，使用氢氧化钾水溶液作为电解液，属于水系碱性电池。其具有安全性高、耐低温、可快速充电、大功率放电、绿色环保易于回收等特点，而这些恰好属于锂电池的薄弱环节，因此可在一定程度上弥补市场需求。目前，镍氢电池在油电混合动力节能汽车、轨道交通、轮船、潜艇坦克、风电光伏储能、电动叉车、智能家电、消费电子、医疗设备、物联网、特种仪器仪表以及民用消费电池等行业领域得到了广泛应用。

3.1.4 有机液态储氢

有机液体储氢(LOHC)技术的基本原理是以含有不饱和碳键的液态有机物作为储氢载体，通过与氢气发生加氢-脱氢反应，实现氢气可逆储存及载体循环利用的过程。

加氢前的不饱和液态有机物通常被称为液态储氢载体，加氢后的产物被称为储氢有机液体。典型的液态储氢载体材料包括苯、甲苯、二甲苯、咔唑、氮乙基咔唑等。

与其他储氢技术相比，有机液体储氢具有以下特点：

(1)储氢量大、储氢密度高

以新型稠杂环有机分子作为储氢载体的液体有机储氢材料目前的体积储氢密可高达60g/L，其可逆储氢量约为5.6%(质量)，大幅高于传统的合金储氢和高压储氢的储氢量。

(2)储存、运输安全方便

储氢载体及储氢有机液体材料在常温常压下呈液态，储存安全，可利用普通管道、罐车等设备快速完成物料补给，在整个运输、补给过程中，不会产生氢气或能量损失。

(3)脱氢(供氢)响应速度快，适宜和燃料电池匹配

储氢有机液体的脱氢反应具有较快的响应速度，氢气可以实现即制即用，与燃料电池系统的匹配性好。

(4)氢气纯度高、无尾气排放

储氢有机液体材料脱氢所得到的氢气具有较高的纯度，满足燃料电池系统的用氢品质需求，且脱氢过程中无尾气等污染物排放问题。

(5)液态储氢载体可重复使用

储氢有机液体的加氢、脱氢反应转化率高，反应过程在一定条件下高度可逆，液态储氢载体可循环利用。

目前，德国 HT 公司基于二苄基甲苯(材料储氢密度6.23%)为储氢载体的氢储存系统(Storage Box)和氢释放系统(Release Box)示范装置已在德国运行，并在美国开展项目调试；2022年2月8日，日本 Chiyoda 公司官方宣布已实现了"世界上第一个"以甲基环己烷(MCH)为储氢有机液体的海上规模氢气储运示范运行。近年来，中国船舶集团第七一二研究所针对绿色船舶、燃料电池电站、国防装备等领域的供氢需求，开展了有机液体储氢技术的工程化设计开发工作。2020年7月，该单位氢源技术团队完成国内首套40kW级催化燃烧供热的有机液体脱氢装置样机试制，解决了有机液体脱氢能耗较大的技术难题，形成相关自主知识产权成果11项。2022年3月，七一二所自主研制的国内首套120千瓦级氢气催化燃烧供热的有机液体供氢装置完成安装调试，并实现与燃料电池系统匹配供氢，进一步提高了有机液体储氢的技术成熟度。

但另一方面，有机液态储氢技术存在如下不足：操作条件较为苛刻，催化加氢和脱氢的装置配置较高，导致成本较高；贵金属催化剂成本较高，且容易中毒失活；非贵金属催化剂成本低，但反应效率较低；反应过程容易发生副反应，导致释放的氢气纯度下降等。

3.2 氢能的运输

当前氢能产业已经进入快速发展阶段。由于氢气体积能量密度极低且液化困难，其运输成本远超过石油及天然气等传统燃料的运输成本。我国氢能资源和需求呈逆向分布，且氢储运在氢能总成本中占比较高。目前我国氢能资源呈现出"西富东贫、北多南少"的特征，而氢能需求则主要分布在南方和沿海地区。且考虑到未来绿氢占比提升，而风光资源多集中于我国三北地区，这将进一步加剧氢能生产与需求的矛盾，因此氢储运的重要性不断凸显。与此同时，氢能运输成本占氢能终端售价的比例高达 40%~50%，对氢的规模化应用至关重要。

氢气的运输包括集装格/箱、长管拖车、管道输氢、液氢槽车、液氢轮船等方法。集装格主要运输氢气钢瓶，单个工业氢气钢瓶的容积为 40L，压力为 15MPa，储氢为 0.5kg。通常一个集装格由 9~20 个氢气钢瓶组成，储氢 3~10kg，主要用于小规模场景，如实验室的氢气运输。100kg 以上的氢气运输方法主要是长管拖车、管道输氢和液氢运输。氢气的运输又可以分为高压气态运输、低温液态运输、管道运输三类，其中，集装格/箱、长管拖车属于高压气瓶运输，液氢槽车、液氢轮船属于液氢运输，管道输氢属于管道运输。

3.2.1 高压气态运输

（1）运输方式分类

高压气态运输，是指采用压缩机将氢气在常温下压缩至较高要求和密度，采用密封容器或管道运输至目的地再进行调压的技术方案。具体输送工具有集装格、集装管束及管道运输等三种。集装格是采用钢结构框架将 10~16 只容积 40L 的单瓶集装在一起采用常规车辆进行运输，钢瓶压强可以达到 15~20MPa。由于钢瓶自重较大，运输氢气的质量仅占钢瓶质量的 0.067%，运输效率低下，成本高。但集装格操作简单，运输方式灵活，适合于短距离、少量需求的供应。集装管束运输车（tube trailer）也称为管状集装箱，是将多只（通常 6~10 只左右）大容积无缝高压钢瓶通过瓶身两端的支撑板固定在框架中构成，采用大型拖车运输。集装管束前端配备安全仓，其中设置爆破片安全泄放装置，后端为操作仓中配置测温、测压仪表及控制阀门和存放气管路系统。国内主要生产商中集安瑞科生产的集装管束承受压力 20MPa，每次可装载氢气约 4000Nm³，重约 460kg。管道运输通过在地下埋设无缝钢管系统进行氢气输送，管道内氢气压力一般为 4MPa，输送速度可达到 20m/s。管道运输具有速度快、效率高的优点，但初始投资较高。

（2）高压氢储运容器应用特点

根据国内要求，公路运输长管拖车上装部分加半挂车等走行机构，总质量不超过 35t，如采用三轴半挂车等走行机构，总质量不超过 40t。管束式集装箱框架长度不超过 12192mm，宽度不超过 2438mm，集装箱体积是有限的。因此，若要提高高压氢储运容器单次氢气储运量，需提高气瓶压力等级或采用Ⅱ型、Ⅲ型、Ⅳ型等复合材料气瓶减轻自身质量。

高压氢储运容器长期承受高压、临氢、充放氢疲劳等工况，在道路运输中要承受不同路况的振动载荷，以及交通事故、物体碰撞等外力冲击载荷造成的损伤等，复合材料气瓶还受到紫外线损伤、化学侵蚀等。作为移动式容器，需要在不同的公共道路、市区、厂区等穿行使用。因此，高压氢储运容器工作环境复杂多变，风险等级难以控制。

相对于压缩天然气（CNG）、NF等其他气体，氢气分子较小，更容易泄漏，因此氢气储运装备密封性能要求高于其他气体储运装备。氢气爆炸极限为4.0%~75.6%（体积），爆炸极限较宽，且引爆能量低，爆炸能量高。单台高压氢储运容器容积最大可达37.8m³，如发生氢泄漏引发氢燃爆，失效后果远大于CNG、NF、He等气体储运容器。

根据《气瓶安全技术规程》（TSG 23—2021），大容积钢质无缝气瓶的设计使用年限为20年，复合材料气瓶设计使用年限为15年。而根据《机动车强制报废标准规定》，危险品运输半挂车报废年限为10年，半挂车达到10年使用年限后，交通运输部门要求长管拖车上装部分同走行机构一同报废，而管束式集装箱、气瓶集装箱可只报废走行机构，更换走行机构后，其上装部分可继续使用，造成上装部分与走行机构使用寿命不匹配。

（3）智能化发展趋势

安全和效率是高压氢储运容器技术发展重要的两方面。高压氢储运容器通常穿行于公共安全重点区域，服务于公交等公共设施，一旦发生泄漏、火灾、爆炸等安全事故，将严重影响公共安全。

目前，以先进传感器、物联网、人工智能、大数据、云计算等技术为代表的新一代科学技术正在飞速发展，并将引领相关产业的变革。2015年国务院办公厅印发《国务院办公厅关于加快推进重要产品追溯体系建设的意见》（国办发〔2015〕95号），要求各地开展气瓶、电梯等产品安全追溯体系建设，推动产品制造过程信息化，这也将在高压氢储运容器上得到推广和应用。

中国特种设备检测研究院总结梳理了近20年长管拖车、管束式集装箱检验和事故案例，提出监测氢气储运容器温度、压力、速度、振动、应变、氢气泄漏量等参数，可以有效实现对高压氢储运容器日常运行中可能发生的泄漏、气瓶疲劳、火灾、交通事故、超压充装等实时监测和预警。目前我国已有相关企业开发了可动态监测压力、温度、定位、泄漏的传感器和相关软件，并开发了移动式压力容器动态监管平台，初步实现了高压氢储运容器动态风险评估、预警和应急处置功能。全国已有200余台高压氢储运容器使用了智能网联技术。随着氢能行业发展以及安全要求提升，将会有更多高压氢储运容器实现智能管理。

3.2.2　低温液态运输

液氢槽罐车输运储存容量高，适用于中等距离运输，但对储氢容器的绝热要求很高；液氢的体积能量密度为8.5MJ/L，是15MPa压力下氢气的6.5倍。液氢槽罐车运输是将氢气深度冷冻至21K液化，再装入隔温的槽罐车中运输，目前商用的槽罐车容量约为65m³，可容纳4000kg氢气。国外加氢站使用该类运输略多于高压气态长管拖车运输。

氢气在铁路和轮船上的运输，需依托液氢技术，目前仅国外少量应用。其中深冷铁路槽车长距离运输液氢输气量大又相对经济，储气装置常采用水平放置的圆筒形杜瓦槽罐，存储液氢容量可达100m³，部分特殊的扩容铁路槽车容量可达120~200m³，目前仅在国外有非常少量的氢气铁路运输路线。

液氢运输安装泄压阀调节内部压力，无明火状态不构成危险。由于液氢运输的储氢装置不能完全地隔热，会造成液氢蒸发使装置内压力增大，但可在装置上安装泄压阀，调节装置内部压力，且氢气排出后扩散迅速，在户外无明火状态不会构成危险。

3.2.3　管道运输

3.2.3.1　管道是可行的输氢方案

随着氢能发展利用技术的不断成熟和完善，大规模集中制氢和长距离输氢是未来趋势，而管道运输是大规模输氢最经济的方式。虽然管道能够大规模、有效地运输高压氢气，但管线建设的初期投资和时间成本很高。目前，由于天然气管网已相对完善，并且天然气管道对于中、低压氢气的运输相对安全，因而采用天然气和氢气混输被普遍认为是一种可行的氢气运输方案。

掺氢天然气相比纯天然气，是一种更清洁低碳燃料。在天然气当中掺入20%（体积）的氢气，燃烧后氮氧化物、一氧化碳等都可降低20%以上，达到降低用能碳排放的目的。如果把氢掺入城镇燃气来进行使用，按照目前每年全国城镇燃气的用气量在$4000×10^8 m^3$左右，在天然气当中掺入20%（体积）的氢气，每年全国减少碳排放量可达$3000×10^4 t$左右。

此外，掺氢天然气技术是解决弃风、弃光的有效途径之一。该技术将风/光能转化的部分电能用于水电解制氢，并将氢气以一定比例掺入天然气，形成掺氢天然气。由于氢气管道的造价约为天然气管道的2倍，因此可利用新建天然气管网或在役天然气管网将掺氢天然气输送至用户终端、加气站和储气库等，起到储能和电力负荷削峰填谷的作用，同时避免了新建输氢管道所需的高昂成本。此外，国际能源署研究了各种储能方式的电力成本（指平均化度电成本，英文缩写LCOE，是对储能电站全生命周期内的成本和储电量进行平准化后计算得到的储能成本，即储能电站总投资/储能电站总储电量），研究表明，掺氢天然气技术的储能电力成本最低。可见，向在役天然气管道掺入氢气能取得较好的经济效益，且大规模水电解制氢成本的降低将人人提高该技术的经济性。

3.2.3.2　面临的挑战

我国天然气管网比较完善，管道规模大，分布范围广，向已有的天然气管道掺氢，有利于实现氢能的大规模运输。目前我国对掺氢天然气管道输送技术的研究多集中于科研院校，相关示范应用项目经验较少，整体来说，与发达国家还有较大差距。结合我国掺氢天然气管道输送技术发展现状，下面从基础设施、管材与装备、安全保障与标准体系、产业化与市场形成四个方面介绍国内发展掺氢天然气管道输送面临的挑战及应对策略。

（1）掺氢天然气基础设施规划与建设

2022年，我国发布的《氢能产业发展中长期规划（2021—2035年）》中明确了氢能的能源属性，确立了氢能的三大战略定位，并提出了"开展掺氢天然气管道、纯氢管道等试点示范"，这意味掺氢天然气的发展将迈出重要的一步。然而，目前我国掺氢天然气发展尚缺少国家层面的战略性统筹规划，相应的法律法规和产业政策等配套支撑也未完善。因此，应针对我国掺氢天然气产业发展现状及趋势，整合氢能、天然气、电力等产业链资源，规划部署掺氢天然气管道输送网络，因地制宜，有序推进掺氢天然气基础设施建设，促进掺氢天然气管道输送系统的可协调发展。

（2）掺氢天然气管道材料与关键装备

目前我国天然气管道与掺氢天然气的相容性研究已取得阶段性成果，但管材与真实掺氢天然气的相容性数据库仍不够完善。宜搭建多个掺氢天然气环境材料力学性能原位测试平台，建立金属及非金属管材掺氢相容性测试评价方法和性能指标，研究管材在真实掺氢天然气环境下服役性能劣化规律和机理，提出掺氢天然气管道失效控制方法，为相关项目的实施以及规范标准的制定提供有力支撑。同时，应加快掺氢天然气用压缩机、报警仪、混气橇等关键设备的研发，保障掺氢天然气管道输送系统的运行与安全。

（3）掺氢天然气管道输送系统安全保障技术及标准体系

掺氢天然气管网失效后的泄漏和爆炸问题较为复杂，今后需针对这些问题展开深入研究，同时数值模拟与试验结果是否吻合亟待检验，为掺氢天然气管道输送涉及的掺氢比例选取、管道监测、风险评价等提供理论依据，以形成泄漏监测与防护、量化风险评价、应急处置等系统安全保障成套技术。针对国内外尚缺乏掺氢天然气管道输送专用标准规范问题，应研究建立符合我国国情的掺氢天然气管道设计、建造、运行、管理等一系列标准，形成既有针对性又有整体性的掺氢天然气管道规范体系，促进氢能产业发展。

（4）产业化与市场形成

我国掺氢天然气产业化处于初步发展阶段，除上述挑战外，还需构建"制氢—储/运氢—用氢—商业运营"一体化的产业体系，因地制宜、分区施策，形成适合我国掺氢天然气产业特点的多元化发展模式。在此基础上，应从国家政策税收、技术研发等层面出发，降低包括可再生能源制氢、气体运输、用户终端调试等在内的掺氢天然气系统成本，并保证其性能和使用寿命，为掺氢天然气市场形成提供支撑。同时，可通过氢能信息传播与教育、掺氢天然气应用示范等手段提高公众接受度，尽快实现掺氢天然气市场化。

3.2.4 其他运输方式

目前以高压气态储氢为主的氢气储运方式可以满足我国氢能产业在起步阶段的氢能供应需求。然而，由于其储氢密度较低，远距离运输经济成本较高，难以满足将来大规模氢气储运的需求。气态管道运输、液态运输在大规模、远距离运输方面具有显著优势，但目前技术还不成熟。在此情况下，新型储运氢技术正受到越来越多的关注。

（1）甲醇储运氢

甲醇储运氢是利用氢气和二氧化碳合成甲醇，将甲醇作为氢的有效储运载体，并通过甲醇重整、分离纯化提取氢气，分解出来的氢气供燃料电池使用。甲醇常温下为液体，便于储存运输，同体积下能承载更多能量，且能与现有的加油站系统耦合使用，无须建设昂贵的加氢站。甲醇储运氢可解决目前高压和液态储氢技术存在的储氢密度低、压缩功耗高、运输成本高、安全性差等弊端。例如在2022年北京冬奥会期间的张家口液态阳光加氢站应用示范项目，利用可再生能源电力水电解制氢，并将氢转化为"绿色"甲醇等液体燃料，甲醇作为储氢载体运输到加氢站，再通过甲醇重整、分离纯化提取氢气。甲醇作为储氢载体，解决了高密度储运氢气的安全性问题，降低了氢气储运成本，可灵活调整产能，实现氢气的现产现用。

（2）镁基固态储运氢

上海交通大学等相关企事业单位共同研发的吨级镁基固态储氢车于2023年4月13日正式亮相。这款镁基固态储氢车车身长达13.3m，具备卓越的储氢能力，最大储氢量高达1t。其内部装载了12个精心设计的储氢容器，每个容器都填充了镁基固态储氢材料。通过将氢气储存在镁合金材料中，实现了从气体到固体的转变，从而实现了氢气的长距离、常温常压下的安全储运。同时，该车还具备大容量、高密度以及可长期循环储放氢的显著优势。

3.3　氢能的加注

随着产业规模的扩大，氢能基础设施已成为制约整个产业发展的重要因素。对于氢燃料电池汽车大规模商业化应用而言，加氢站的网络化分布是基本保障。加氢站既是氢燃料电池汽车等氢能利用技术推广应用的必备基础设施，更是氢产业的重要组成部分。作为氢能源产业发展的突破口，加氢站受到各个国家和地区的重视。我国也重点布局加氢站建设，并明确提出到2030年国内加氢站数量达到1000座的目标。《中国加氢站建设与运营行业发展白皮书（2024年）》数据显示，截至2024年上半年，全球累计建成加氢站达到1262座，其中中国456座，全球占比达到36.1%，为全球最大的加氢站保有量国家，其余分布在日本、韩国、欧洲和北美等国家和地区。但目前加氢站的数量还不足以满足氢能大规模商业化应用的需求，仍需加快加氢站等氢能基础设施的布局和建设。

3.3.1　加氢站的分类

3.3.1.1　按储存方式分类

（1）高压气态加氢站

高压气态加氢站是氢能在交通领域进行大规模应用的重要基础设施。它主要用于为燃料电池汽车充装氢气燃料，是氢能源产业发展的重要环节。高压气态储氢技术是当前发展最成熟、应用最广泛的氢能储运技术，具有设备结构简单、压缩氢气制备能耗低、充装和排放速度快、温度适应范围广等优点。

目前，加氢站主要有两种压力要求：一种是满足35MPa加氢要求的加氢站，另一种是满足70MPa加氢要求的加氢站。国内以35MPa为主（公交车、物流车35MPa），而国外以70MPa（商用车70MPa）为主。

《中国加氢站建设与运营行业发展白皮书（2024年）》显示，高压气态加氢站主要分布于广东、山东、河北、浙江等地。目前广东省已建成加氢站68座，山东省38座，河北省33座，浙江、江苏、河南等多地均超过25座。此外，全国已有28个省（市）出台相关政策支持氢能基础设施建设，其中，广东、山东、江苏等23个省（市）明确提出了2025年加氢站具体建设目标，总体规划达1100座。但据统计数据，目前仅江苏、浙江、辽宁等地完成50%以上的建设目标，其他省（市）距离规划目标还有较大差距。

（2）液氢加氢站

液氢加氢站是使用液态氢作为能源的加氢站，与传统的气态加氢站相比，具有更高的储氢密度和效率。目前，全球已有超过120座液氢加氢站，其中运营时间最长的已超过10年。

液氢加氢站的主要优势在于其高密度、高品质的储运和加氢方式，纯度高、加氢效率高，适合大规模储运，并且具有显著的规模效益。

在中国，液氢加氢站的发展还处于起步阶段。国内首个液氢加氢站是浙江石油虹光(樱花)综合供能服务站，位于浙江省平湖市，这个服务站能提供压缩氢能源，满足多辆氢燃料电池汽车的能源补充需求，每天的加氢量最多可超过1000千克。该站的建成标志着中国液氢加氢站在商业化发展方面迈出了重要一步。

然而，液氢加氢站在中国的发展面临一些挑战。目前中国的液氢加氢站数量相对较少，主要是由于市场需求尚未突显、技术成熟度较低、应用规模小等因素。没有多大经济价值，此外，液氢技术的门槛较高，目前中国在液氢技术上的投入和成果较少，还没有形成独立自主的技术装备路线。

与高压气态加氢站相比，液氢加氢站有以下特点：①更高的储存密度：氢气在液态下的体积远小于气态，因此相同体积下，液氢储存的氢气量比气态大得多，适合大规模的氢气供应需求。②占地面积小：由于储存效率高，液氢加氢站可以设计得更为紧凑，减少对土地的需求。③加氢效率：液氢经过气化处理后加注到车辆，整个过程也能保持较快的加氢速度，有助于减少用户等待时间。④技术要求高：液氢的生产、储存和运输需要在极低温度下进行(约-253℃)，对绝热技术和相关设备有较高要求，以减少蒸发损失并保证安全。⑤建设和运营成本：虽然液氢加氢站的初期投资通常高于高压气态加氢站，但由于其高储存效率，长期运营成本可能更具优势，尤其是在氢气需求量大的区域。⑥全球发展趋势：全球范围内，液氢加氢站的数量正在增长，占总加氢站数量比例超过1/5，显示出这一技术路径的潜力和市场接受度。

(3) 固态储氢加氢站

固态储氢加氢站是一种利用固态金属储氢技术进行氢气储存和加注的设施。这种技术通过氢气与合金之间的化学反应，将氢原子储存在金属材料中，形成固态的氢化物。当需要供氢时，通过升高环境温度来释放氢气。固态储氢技术具有高体积储氢密度、低充放氢压力、良好的安全性以及可以跨季节长周期储存的特点。

目前，中国已建成国内首个固态氢储能加氢站，位于广州南沙小虎岛。这个加氢站是国家重点研发计划项目的示范工程，采用固态储供氢技术，实现了从电解水制氢到固态氢储存，再到加氢、燃料电池发电和余电并网的一整套系统。这个能源站的核心技术和装置都是国产化的，并且固态储氢装置的核心单元在体积储氢密度方面达到了国内领先水平。

固态储氢技术在加氢站领域的应用具有重要的意义。它不仅可以提高储氢效率和安全性，还可以降低建设成本。此外，固态储氢装置的核心材料，如储氢合金，主要来自中国相对过剩的高丰度稀土元素和钛资源，这有助于缓解稀土元素应用不平衡的问题，并促进钛资源的高效利用。

固态储氢优势及特点：①高能量密度：与传统的高压气态或低温液态储氢方式相比，固态金属储氢具有更高的能量密度。这意味着在相同体积或质量下，可以储存更多的氢气，从而提高了储存效率。②操作便捷与运输安全：由于固态储氢材料的特性，它们在操作过程中更为便捷，并且在运输过程中也更加安全。③安全性提升：固态储氢避免了高压气体和低温液态氢带来的安全隐患，降低了泄漏风险，提高了整体安全性。④成本节约：固态储氢装置能够替代传统的氢压缩机、高压储罐和纯化系统，从而在单站建设成本上节约显著，据报道可达 200 余万元人民币以上。⑤空间优化：固态储氢材料占用的空间较小，有利于加氢站在有限的空间内储存更多氢气，尤其适合城市区域或空间受限的地点。⑥操作简便：固态储氢技术简化了加氢站的运维流程，减少了复杂的冷却或压缩步骤，便于日常管理和维护。⑦环境适应性强：不受极端温度变化的影响，固态储氢材料稳定，使得加氢站在不同气候条件下的运行更为可靠。

3.3.1.2 按供氢方式分类

（1）站外供氢加氢站

这种类型的加氢站不包含制氢设备，氢气是通过长管拖车、液氢槽车或氢气管道从制氢厂运输到加氢站的。在加氢站内，氢气经过压缩机压缩并储存在高压储氢瓶组中，然后通过加氢机为燃料电池汽车加注氢气。目前，中国的加氢站大多数采用这种方式，主要因为这种方式可以减少中间储运环节，从而降低氢气使用成本。

（2）站内制氢加氢站

加氢站内部装备有制氢系统，能够直接在现场生产氢气。制氢技术包括电解水制氢、天然气重整制氢、甲醇制氢、液氨制氢、生物质制氢等，产生的氢气经过纯化、压缩后储存和加注。这种方式可以有效解决氢气储运带来的成本偏高和安全风险问题，并且可以作为加氢母站向周边加氢站供氢，帮助解决"氢荒"地区的气源供应问题，如图 3-1 所示。

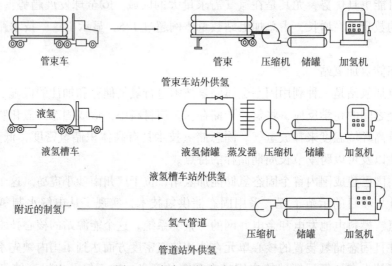

图 3-1 加氢站技术路线示意图

3.3.1.3 按建站类别分类

（1）纯氢站

纯氢站是指专门用于储存和提供纯氢气的站点，主要服务于氢燃料电池汽车，为其提供高效、清洁的能源补给。这类站点专注于氢能源的供应，区别于其他混合能源补给站，确保了氢的高纯度和安全性，以满足燃料电池对氢气质量的严格要求。此类站业务单一，受制于加氢车辆多寡，目前氢车的行驶主要依靠政府补贴，纯氢站也只能依靠政府补贴，所以从经济上说盈利能力最差，国内建站较多的佛山早期大部分都是这种单一的加氢站，目前基本上处于亏损和停站状态。

（2）合建氢站

合建站，全称综合能源补给站，是指在同一站点内集合了多种能源补给服务的设施，通常包括但不限于传统汽油、柴油补给，电动汽车充电服务，以及氢燃料电池汽车的加氢服务。合建站的设计理念在于提高能源补给的便捷性和效率，满足不同类型车辆的能源需求，同时也优化了土地资源的利用。具有以下特点：①多样化能源供应：一站式提供多种能源补给选项，覆盖从化石燃料到清洁能源，满足市场上不同类型交通工具的能量需求。②空间集约化：通过整合多种能源设施，有效利用有限的土地资源，特别是在城市中心或交通要道，减少单独建设单一能源补给站的需求。③用户便利性：为驾驶员提供更多的选择，无论是传统燃油车、电动汽车还是氢燃料电池车的车主，都能在同一个站点完成能源补给，提升用户体验。④推动能源转型：合建站的设立有助于加速新能源技术的应用和推广，特别是氢能源和电动车充电设施的普及，支持低碳出行，促进能源结构的优化升级。⑤经济效益：综合服务可以吸引更广泛的客户群体，提高站点的整体运营效率和盈利能力，同时也有助于分摊建设和运营成本。

3.3.2 加氢站的配置

加氢站设备中的"三大件"包括压缩机、固定储氢设施、加氢机。这三大设备的性能参数决定了加氢站的整体加注能力和储氢能力。在建站规模确定的情况下，通过设备参数和设备数量的匹配，达到加氢站最优和最经济的设备配置。

（1）压缩机

压缩机作为加氢站内的核心设备，承担了氢气增压的重要作用。目前国内加氢站常用的氢气压缩机主要有隔膜式压缩机、液驱式压缩机和离子液压缩机等。目前，国内加氢站用压缩机尚在研制过程中，主要还是依赖进口。国内有相当一部分加氢站设备供应商，采购进口的压缩机机头作为核心部件，配套辅助部件采用国内采购和组装的方式。这样，对于建设单位而言，不仅提高了设备的可靠性，同时也降低了设备采购成本。目前国内已建成或在建的35MPa加氢站较多采用隔膜式压缩机或液驱式压缩机。离子液压缩机由于价格较高，更适用于加注压力较高的70MPa加氢站。

① 隔膜式压缩机

隔膜式压缩机具有特设的膜片，将被压缩的气体与外界隔开。金属膜片式隔膜压缩机采用液力驱动膜片，膜片可紧贴盖板穹形表面，因此相对余隙很小，而且气体与液体之间的膜片极薄，压缩过程中散热情况较好，最高排气压力可达70MPa，但是由于膜片的变形量有限，处理的气体量一般较小。

② 液驱式压缩机

液驱式压缩机的动力缸与往复泵的工作腔直接相通，往复泵的活塞通过液体（大多为油）驱动压缩机活塞完成气体的压缩。液驱式压缩机中部为对置式的两个气缸，柱塞为活塞，用来压缩氢气，上部为控制滑阀，用于释放动力缸中的油。这种结构可以做成多列，因此功率较大。

③ 离子液压缩机

离子液压缩机的构造简单，相比普通压缩机，零件大大减少，因此维护方便。离子液体本身几乎不可压缩，几乎没有蒸气压，可以替代金属在等温条件下产生高压，并且能长期运行而无须维护，节省能耗。目前在国外已用于部分天然气加气站和氢能供应站，最高排气压力可达到90MPa以上。

（2）固定储氢设施

目前国内近期建成或在建的加氢站主要采用高压储氢瓶组和高压储氢罐作为站内的固定储氢设施。高压储氢设施具有氢气储存和压力缓冲作用，通过压力/温度传感器等对储存介质参数、安全状态等进行监测。加氢站氢气储存系统的工作压力越高或该工作压力与氢燃料电池汽车充氢压力差越大，氢燃料电池汽车充氢时间越短；氢气储存系统工作压力的提高也会使氢气压缩机开启频率降低。35MPa加氢站通常采用最高储氢压力为45MPa的储氢罐，70MPa加氢站通常还要增设最高储氢压力为90MPa的储氢罐。

（3）加氢机

加氢机的主要功能是为氢燃料电池汽车的车载储氢瓶进行加注。

加氢机的基本部件包括箱体、用户显示面板、加氢口、加氢软管、拉断阀、流量计、控制系统、过滤器、节流阀、管道、阀门、管件和安全系统等。另外，还包括一些辅助系统，如电子读卡系统（如收费系统）、多级储气优先控制系统、两种不同压力的辅助加氢口和软管、温度补偿系统和车辆信息整合控制系统。加氢机加注时有"焦耳–汤姆孙效应"，导致氢气温度上升。因此加注过程中防止氢气温度不断升高是加氢机的关键性能之一。

（4）其他工艺设施

① 卸气柱

卸气柱是长管拖车与站内工艺管道间的接口，与拖车车位逐一对应。每组卸气柱上设有一根连接拖车的柔性软管、拉断阀、过滤器、单向止回阀、手动截止阀、安全阀及压力表。每组卸气柱均采用集中放散。作为加氢站与长管拖车的气源对接点，卸气柱出口管路上需设置紧急切断阀，以确保站内发生事故时，能够在第一时间切断气源。

② 顺序控制阀组

顺序控制阀组是实现加氢站加注取气自动化控制的重要组件，由一系列气动阀、电磁阀和压力传感器组成。现场压力传感器的实时压力数据上传至控制室内PLC控制柜，通过预制程序对工况进行判断，然后发出信号，控制现场氮气管路电磁阀的启闭，进而控制气动阀的启闭。

③ 氢气管道系统

加氢站内的氢气工艺管线应具有与氢相容的特性，宜采用无缝钢管或高压无缝钢管，氢气管道的连接宜采用焊接或卡套接头；氢气管道与设备、阀门的连接可采用法兰或螺纹连接等。目前的加氢站设计中，氢气管道的连接主要采用卡套连接和锥面螺纹连接两种方式。

④ 顺序控制阀组

顺序控制阀组是实现加氢站加注取气自动化控制的重要组件，由一系列气动阀、电磁阀和压力传感器组成。现场压力传感器的实时压力数据上传至控制室内PIC控制柜，通过预制程序对工况进行判断，然后发出信号，控制现场氮气管路电磁阀的启闭，进而控制气动阀的启闭。

⑤ 氢气管道系统

加氢站内的氢气工艺管线应具有与氢相容的特性，宜采用无缝钢管或高压无缝钢管，氢气管道的连接宜采用焊接或卡套接头；氢气管道与设备、阀门的连接可采用法兰或螺纹连接等。目前的加氢站设计中，氢气管道的连接主要采用卡套连接和锥面螺纹连接两种方式。

⑥ 放散系统

加氢站的放散方式主要有超压安全泄放及手动放散。超压安全泄放主要是指压缩机、储罐、加氢机等设备通过氢气管路上设置的安全阀进行超压放散。手动放散的主要作用是在设备检修维护时，对设备和氢气管道进行泄压，泄压后采用氮气进行置换与吹扫，使储罐内氢气排放干净，确保设备检修维护时的安全性。

⑦ 置换吹扫系统

加氢站通常采用氮气对设备和氢气管道进行吹扫置换。工艺装置区内设置专用的氮气集装格和氮气吹扫置换阀组，与氢气管道和设备氢气管路相连，连接处设置止回阀，止回阀及氢气端的管道设计压力需要与氢气设备或氢气管道的设计压力匹配，以防止高压氢气回流至氮气置换吹扫系统内。

⑧ 仪表风系统

加氢站仪表风系统的主要作用是为加氢站工艺系统的气动阀门进行供气。若采用氮气作为仪表风气源，则通过氮气集装格、氮气仪表风阀组及仪表风管路为气动阀门进行供气。若采用压缩空气作为仪表风气源，则通过空气压缩机和仪表风管路为气动阀门进行供气。

参 考 文 献

[1] 李建, 张立新, 李瑞懿, 等. 高压储氢容器研究进展[J]. 储能科学与技术, 2021, 10(5): 1835-1844.

[2] 柯华, 查志伟, 郑娆. Ⅳ型储氢瓶用复合材料及制备工艺[J]. 纤维复合材料, 2022, 39(1): 15-21.

[3] Rowsell J L C, Yaghi O M. Effects of Functionalization, Catenation, and Variation of the Metal Oxide and Organic Linking Units on the Low-Pressure Hydrogen Adsorption Properties of Metal-Organic Frameworks[J]. Journal of the American Chemical Society, 2006, 128(4): 1304-1315.

[4] 张慧敏, 田磊, 孙云峰, 等. 有机液体储氢研究进展及管道运输的思考[J]. 油气储运, 2023, 42(4): 375-390.

[5] 蔡颖, 许剑轶, 胡锋, 等. 储氢技术与材料[M]. 北京: 化学工业出版社, 2018.

[6] Lototskyy M V, Yartys V A, Pollet B G, et al. Metal hydride hydrogen compressors: a review[J]. International Journal of Hydrogen Energy, 2014, 39(11): 5818-5851.

[7] 张秋雨, 邹建新, 任莉, 等. 核壳结构纳米镁基复合储氢材料研究进展[J]. 材料科学与工艺, 2020, 28(3): 10.

[8] Liu T, Wang C, Wu Y. Mg-based nanocomposites with improved hydrogen storage performances[J]. International Journal of Hydrogen Energy, 2014, 39(26): 14262-14274.

[9] 李谦, 林勤, 蒋利军, 等. 氢化燃烧法合成镁基储氢合金进展[J]. 稀有金属, 2002, 26(5): 386-390.

[10] Noritake T A, Towata M, Seno S, et al. Chemical bonding of hydrogen in MgH_2[J]. Applied Physics Letters, 2002, 81(11): 2008-2010.

[11] Aguey-zinsou K F, Ares-fernandez J R. Hydrogen in magnesium: new perspectives toward functional stores [J]. Energy & Environmental Science, 2010, 3(5): 526-543.

[12] John J, et al. Altering hydrogen storage properties by hydride destabilization through alloy formation: LiH and MgH_2 destabilized with Si[J]. Journal of Physical Chemistry B, 2004, 108(37): 13977-13983.

第4章 氢燃料电池

目前，我国氢能汽车合理的发展途径是以商用车的发展带动氢燃料电池技术提升，促进燃料电池成本下降和加氢设施网络健全，从而带动氢燃料电池乘用车的发展。2030年以后，氢能汽车将进入全面推广期，乘用车和商用车并行发展。

氢能是一种来源丰富、绿色低碳、应用广泛的二次能源，被广泛应用于交通、能源、工业等领域。"双碳"目标下，发展氢能已上升为国家战略。2022年，国家发展改革委、国家能源局联合印发了《氢能产业发展中长期规划（2021—2035年）》，提出有序推进氢能交通领域示范应用。2024年《政府工作报告》指出要加快氢能产业的发展。

交通作为氢能应用推广的先导领域，对于氢能的发展意义重大。山东省率先对氢能源车出台了新政策，从2024年3月1日起对安装了ETC套装设备的氢能车辆免收高速公路通行费。近年来，借助国家燃料电池汽车示范项目在五大城市群、41个城市的深入实施，我国氢燃料电池汽车产业取得了显著进展。

4.1 氢燃料电池的物理化学基础

4.1.1 氢燃料电池概念及特点

氢燃料电池是以氢气为燃料、氧气(空气)等为氧化剂,通过一系列电化学过程将氢气和氧化剂中的化学能直接转换成电能的装置。以质子交换膜燃料电池为例,氢燃料电池的基本运行原理如图4-1所示。

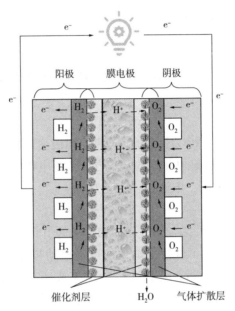

图4-1 质子交换膜燃料电池运行原理示意图

在阳极,氢气氧化释放电子和质子;质子通过质子交换膜扩散到阴极附近,电子则通过外电路传输到阴极。在阴极,氧气则被阳极传输来的质子和电子还原成水。从整个电池来看,氢气与氧气发生反应生成水,向外输出电能。阴、阳极反应如下:

阳极:

$$H_2 \longrightarrow 2H^+ + 2e^-$$

阴极:

$$1/2O_2 + 2H^+ + 2e^- \longrightarrow H_2O$$

总反应:

$$H_2 + 1/2O_2 \longrightarrow H_2O$$

与传统能量转换技术相比,氢燃料电池拥有诸多优势:

(1)效率更高。燃料电池直接将化学能转换为电能。在理论上它的热电转化效率可达85%~90%。但由于电化学反应中存在的各种极化的限制,燃料电池实际工作时的能量转化效率在40%~60%的范围内。但若实现热电联供,燃料的总利用率可达80%以上,远高于传统内燃机的工作效率。

（2）环境友好。水是氢燃料电池的唯一产物，可以实现零污染物排放，减轻对大气的污染。

（3）结构简单、噪声低、可靠性高。氢燃料电池结构简单、紧凑，运动部件少，因而它工作时安静，噪声低。因而，氢燃料电池也具有很高的可靠性，可作为应急电源和不间断电源使用。

（4）兼容性好、规模可调节。燃料电池具有常规电池的基本特性，既可用多个电池按串联、并联的方式向外供电，也可用作各种规格的分散电源和可移动电源。因此氢燃料电池的发电规模可通过调整单电池的数目，实现微瓦至兆瓦级别的输出。

4.1.2 氢燃料电池的热力学

4.1.2.1 可逆电动势

由化学热力学可知，在等温等压的可逆电池反应中，向外所能做出的最大非膨胀功即为电功，

$$\Delta G = -nFE \tag{4-1}$$

式中，E 为电池的电动势；ΔG 为反应的吉布斯自由能变；F 为法拉第常数（96485C/mol）；n 为反应转移的电子数。该方程是电化学的基本方程，是电化学与热力学联系的桥梁。

以质子交换膜燃料电池为例，电池的总反应为

$$H_2 + 1/2O_2 \longrightarrow H_2O$$

该反应中转移的电子数为 2。在 25℃、0.1MPa 条件下，反应生成液态水，该反应的 ΔG 为 -237.2kJ/mol。根据式（4-1）可计算出电池的可逆电动势为 1.229V。然而反应的吉布斯自由能并不是一成不变的，它会随着温度和相态（气态或液态）的改变而改变。

对气体反应，电池电动势与反应物、产物活度或者压力关系的能斯特方程：

$$E = E^{\ominus} - (RT/nF) \times (\sum u_i \ln p_i) \tag{4-2}$$

式中，$E^{\ominus} = (RT/uF) \ln K$ 为电池标准电动势，它仅是温度的函数，与反应物的浓度、压力无关。u_i 为化学反应的计量系数，p_i 为气体分压。

值得注意的是，可逆电动势是在假设反应"完全可逆"的条件下获得的，然而燃料电池的实际反应存在着各种原因所造成的过电势，燃料电池的实际电压比可逆电动势要低。

4.1.2.2 电池效率

燃料电池作为一种电化学能量转换装置，并不受到卡诺效率的限制。根据式（4-1），在完全可逆的电池反应中，可认为吉布斯自由能完全转换成为电能，其热力学效率为

$$\eta_{FC} = \Delta G / \Delta H \tag{4-3}$$

$$G = nFE \tag{4-4}$$

任何一种能量转换装置的效率都可以定义为最大可用输出能量与总的输入能量之间的比值。对氢燃料电池而言，最大可用输出能量指的就是燃料电池本身所能产生的电能（$\Delta \hat{g}$）；总的能量输入为氢气完全燃烧所释放出的能量（$\Delta \hat{h}$）（为方便比较，"^"表示"每摩尔"）。

因此氢燃料电池的效率可理解为

$$\Delta \hat{g} / \Delta \hat{h} \tag{4-5}$$

为了避免歧义，需要说明的是，由于产物的状态不同，氢气完全燃烧释放出的能量 $D\hat{h}$ 对应有两个数值：

当产物为气态水时，

$$\Delta\hat{h} = -241.83\text{kJ/mol} \tag{4-6}$$

当产物为液态水时，

$$\Delta\hat{h} = -285.84\text{kJ/mol} \tag{4-7}$$

-285.84kJ/mol 通常被称为氢的高热值（Higher Heating Value，HHV），而 -241.83kJ/mol 则被称为氢的低热值（Lower Heating Value，LHV），两者的差值即为水的潜热。

通过这种方式我们认识到燃料电池的效率存在理论限制，这个效率也被称为"热效率"，理论最大效率为

$$\eta = (\Delta\hat{g}/\Delta\hat{h}) \times 100\% \tag{4-8}$$

燃料电池的工作电压与效率之间也存在联系。假如质子交换膜燃料电池的氢气将自身的能量（热值、生成焓）完全转化为电能，那么据式（4-1），燃料电池的电动势可以表示为

$$E = -\Delta h_f/2F \tag{4-9}$$

以高热值（HHV）计算，$E = 1.48\text{V}$，产物为液态水；以低热值（LHV）计算，$E = 1.25\text{V}$，产物为气态水。

此电动势代表从能量转换效率为 100% 的燃料电池系统所能得到的最大电压。在描述氢燃料电池的效率时需要阐明是"低热值"，还是"高热值"。

燃料电池的效率也可以表示为

$$\eta = (V/1.48) \times 100\% \qquad \text{（以高热值计算）} \tag{4-10}$$

此外，在燃料电池的实际运行过程中，并不是所有进入燃料电池的氢气都会完全反应。针对这一情况，燃料电池的实际效率计算还应引入"燃料利用率"或"燃料计量比"μ_f 这一概念。

$$\mu_f = \text{在燃料电池中反应掉的燃料/进入燃料电池中的燃料总量} \tag{4-11}$$

因此燃料电池的实际运行效率可以表示为

$$\eta = \mu_f \times (V/1.48) \times 100\% \text{（以高热值计算）} \tag{4-12}$$

如果采用氢气的低热值进行计算，则应该用 1.25 代替 1.48。通过这种方式可以快速简便地计算燃料电池的实际运行效率。

氢燃料电池的电压是温度和压力的函数：

$$E_{T,P} = -\left(\frac{\Delta H}{nF} - \frac{T\Delta S}{nF}\right) + \frac{RT}{nF}\ln\frac{p_{H_2}p_{O_2}^{0.5}}{p_{H_2O}} \tag{4-13}$$

若忽略 dH 和 dS 随温度的变化（氢质子交换膜燃料电池的运行温度一般低于100℃），上式也可改写为

$$E_{T,P} = 1.482 - 0.000845T + 0.000043T\ln(p_{H_2}p_{O_2}^{0.5}) \tag{4-14}$$

例如，在60℃工作的氢气/空气质子交换膜燃料电池，其电势为

$$E_{T,P} = 1.482 - 0.000845 \times 333.15 + 0.000043 \times 333.15 \times \ln(1 \times 0.21^{0.5}) = 1.189(\text{V})$$

氢燃料电池的理论效率上限为

$$\eta = (\Delta\hat{g}/\Delta\hat{h}) \times 100\% = (237.2/286) \times 100\% = 83\%$$

或者

$$\eta = \mu_f \times (V/1.48) \times 100\%（以高热值计算）$$

式中，当 $\mu_f = 1$ 时

$$\eta = \mu_f \times (1.25/1.48) \times 100\% = 84\%（以高热值计算）$$

4.1.3 氢燃料电池的动力学

4.1.3.1 电池反应

在氢燃料电池中，在阳极和阴极上同时发生如下电化学反应。

阳极：

$$H_2 \longrightarrow 2H^+ + 2e^-$$

阴极：

$$1/2O_2 + 2H^+ + 2e^- \longrightarrow H_2O$$

总反应：

$$H_2 + 1/2O_2 \longrightarrow H_2O$$

阴、阳极的电化学反应包含在电极表面与邻近电极表面的化学物质之间的电子传导、离子传输。反应速率等于反应单位时间内释放或者消耗电子的速率，即电流 I；或者采用"电流密度" i 来表示（电流密度是指单位电极表面积上的电流）。由"法拉第定律"可知，电流密度与电荷转移和单位面积消耗的反应物量成正比。

$$i = nFj \tag{4-15}$$

式中，nF 为转移电荷量，C/mol；j 为单位面积的反应物通量，mol/$(s \cdot cm^2)$。因此，反应速率可通过测量电流或电流密度进行确定。然而，通过这种方式测试出的电流或者电流密度实际上为"净电流"，即电极上的正向电流与反向电流之差。一般情况下，电化学反应包括氧化反应与还原反应两个半反应：

$$Red \longrightarrow O_x + ne^-$$

$$O_x + ne^- \longrightarrow Red$$

当电极表面的反应到达平衡状态时，电池外部没有电流产生，此时电极表面的氧化和还原过程以相同速率进行：

$$O_x + ne^- \leftrightarrow Red$$

反应物组分的消耗与电极表面的反应物浓度成正比。对于上述正向反应，反应物消耗的通量可表示为

$$j_f = k_f c_O \tag{4-16}$$

式中，k_f 为正向反应速率系数，s^{-1}；c_O 为反应组分的表面浓度，mol/cm^2。

同理，对于上述逆向反应，反应物通量可表示为

$$j_{\mathrm{b}} = k_{\mathrm{b}} c_{\mathrm{R}} \qquad (4-17)$$

正向与逆向反应同时进行，分别消耗和释放电子。产生的净电流是释放电子与消耗电子之差：

$$i = n\mathrm{F}(k_{\mathrm{f}} c_{\mathrm{O}} - k_{\mathrm{b}} c_{\mathrm{R}}) \qquad (4-18)$$

4.1.3.2 电极过程

在阳极，氢气的氧化过程如下：

$$\mathrm{H_2} \longrightarrow 2\mathrm{H^+} + 2\mathrm{e^-}（催化剂）$$

具体基元反应如下：

$$\mathrm{H_2} \longrightarrow 扩散\ \mathrm{H_2}（催化剂表面）$$

$$\mathrm{H_2} \longrightarrow 2\mathrm{H^*}$$

$$\mathrm{H^*} \longrightarrow \mathrm{H^+} + \mathrm{e^-}$$

$$\mathrm{H^+} \longrightarrow 电迁移\ \mathrm{H^+}（电解质）$$

氢气经过传质过程迁移至电极催化剂附近，进而产生解离吸附，生成 $\mathrm{H^*}$，吸附的 $\mathrm{H^*}$ 在催化剂与电极电位的推动下进行电化学反应，生成 $\mathrm{H^+}$ 与电子 $\mathrm{e^-}$。生成的 $\mathrm{H^+}$ 定向电迁移离开反应位点进入电解液中，再扩散或迁移至阴极；电子则通过外电路也输运至阴极，它们继续参与如下的阴极反应（氧气还原）。其基元反应如下所示：

$$\mathrm{O_2(g)} + {}^* \longrightarrow \mathrm{O_2^*}$$

$$\mathrm{O_2^*} + \mathrm{H^+} + \mathrm{e^-} \longrightarrow \mathrm{OOH^*}$$

$$\mathrm{OOH^*} + \mathrm{H^+} + \mathrm{e^-} \longrightarrow \mathrm{H_2O(l)} + \mathrm{O^*}$$

$$\mathrm{O^*} + \mathrm{H^+} + \mathrm{e^-} \longrightarrow \mathrm{OH^*}$$

$$\mathrm{OH^*} + \mathrm{H^+} + \mathrm{e^-} \longrightarrow \mathrm{H_2O(l)} + {}^*$$

显然，氧气还原要比氢气氧化复杂得多，涉及了多个中间态物种的产生和反应。因此，对于氢燃料电池电极反应而言，氧气还原的速率显著低于氢气氧化的速率。

无论是氢气氧化还是氧气还原，都是多步串联的电极反应过程，这往往存在一个最慢的步骤，即控速步骤。整个电极反应速率主要由控速步骤的速率决定，此时整个电极反应所表现出的动力学特征与控速步骤的动力学特征相同。若电极过程存在控制步骤，则电极过程所包括的其他各非控制步骤可近似地用热力学参数，如平衡常数、吸附平衡常数等处理，而控制步骤则必须用动力学参数，如反应速率常数等处理。

4.1.3.3 电池极化

燃料电池输出电能时，输出电量与燃料和氧化剂的消耗服从法拉第定律；同时，电池的电压也从电流密度 $i=0$ 时的静态电势 E_{s}（它不一定等于电池的电动势），降为 V。若在电池内加入参考电极，如标准氢电极，并测量氢电极与氧电极的电极电位，会发现当电池从 $i=0$ 状态转入 $i \neq 0$，氢、氧电极的电位均发生了变化，并有：

$$\varphi_{\mathrm{a}}(\mathrm{H_2}) = \varphi_{\mathrm{a}}{}^{\mathrm{s}}(\mathrm{H_2}) - \eta_{\mathrm{a}} \qquad (4-19)$$

$$\varphi_{\mathrm{c}}(\mathrm{O_2}) = \varphi_{\mathrm{c}}{}^{\mathrm{s}}(\mathrm{O_2}) - \eta_{\mathrm{c}} \qquad (4-20)$$

以及

$$\eta = \eta_{\mathrm{a}} + \eta_{\mathrm{c}} + \eta_{\Omega} \qquad (4-21)$$

$$V=E_s-(\eta_a+\eta_c+\eta_W) \tag{4-22}$$

式中，η_a 为阳极极化过电位；η_c 为阴极极化过电位；η_Ω 为欧姆极化过电位，主要由将阴、阳极分开的电解质离子迁移电阻引起；φ_a^s 与 φ_c^s 分别为阳极、阴极电极的静态电位，不一定等于电极电势，它与电极电势的差值称为开路极化。

在燃料电池的实际运行过程中，电池电压始终低于反应的平衡电势，其差值：$E_s-V=\eta$，η 称为极化损失。这种电极电势偏离平衡电势的现象，被称为"极化"现象，主要分为三种极化方式：

活化极化或动力学极化。这是由于电极表面上电化学反应的动力学限制而产生的，活化极化与电化学反应速率直接相关。质子交换膜燃料电池阳极发生氢气氧化反应，Pt 催化剂表面的氢氧化交换电流密度(i_0)大约为 $10^{-3}A/cm^2$，阳极反应的损失通常可忽略不计。然而，阴极上发生的氧气还原反应，由于反应复杂、动力学非常慢，其 i_0 较低，为 $10^{-10}\sim10^{-8}A/cm^2$。通常认为活化极化是由动力学慢的氧还原反应，以及相应的催化剂造成的。减小活化极化的关键在于提高氧还原反应的 i_0。可以通过提高电池温度、采用高活性催化剂、增加电极内粗糙度(增加电极的真实活性面积)、增加反应气体浓度和压力等方式可以有效提高 i_0。

欧姆极化。这种极化主要由燃料电池催化层、集流体内电子、聚合物膜和质子传导时的阻抗引起。对于大多数燃料电池材料而言，选用导电性优良的材料制备电极和集流体，降低界面处的接触电阻，可以忽略电子电阻造成的影响。对于质子交换膜燃料电池而言，加强"水管理"，提高催化层和膜内的质子电导率，同时降低各组件的接触电阻可以有效降低欧姆极化。

传质极化。传质极化主要是反应界面上反应气体传质速度不能满足电极反应的需要而引起的。在饱和增湿的质子交换膜燃料电池中，较大电流密度时，一方面由于此时电化学反应速度较快，反应气的消耗亦较快，反应气会出现供应不足的情况；另一方面由于大量液态水的存在，堵塞气体扩散层中的孔道，从而引起反应气的传递受阻，因此合理的孔道结构、表面亲/疏水性质适当的气体扩散层是降低传质极化的关键。

4.2 氢燃料电池的种类及技术特点

根据电解质种类的不同，氢燃料电池主要分为以下 5 种。具体技术特点如表 4-1 所示。

碱性燃料电池(Alkaline Fuel Cells, AFC)。碱性燃料电池以 KOH 为电解质，将其储存在石棉膜中进行使用。在较高温度(250℃)时采用高浓度(85%，质量分数)KOH，在较低温度(<120℃)时采用较低浓度(35%~50%，质量分数)KOH。碱性燃料电池可选择的电催化剂很多，包括镍、银、金属氧化物等，但是此类碱性燃料电池对 CO_2 的耐受度较差。以 KOH 为电解质的碱性燃料电池已成功作为 Apollo 登月飞船和航天飞机的主电源，应用于载人航天飞行，证明了燃料电池高效、高比能量、高可靠性。

质子交换膜燃料电池(Proton Exchange Membrane Fuel Cells, PEMFC)。质子交换膜燃料电池采用质子交换膜(全氟化磺酸膜或部分氟化的磺酸型质子交换膜)作为电解质。通常阴、阳极催化剂均采用 Pt/C 作为电催化剂，其中 Pt 纳米颗粒直径为 3~5nm。阳极 Pt 的负载量控制在~0.1mg/cm²，阴极 Pt 控制在~0.4mg/cm²。质子交换膜燃料电池的工作温度通常为60~80℃。质子交换膜燃料电池可在室温快速启动，并可按负载要求快速改变输出功率，是电动车、不依赖空气推进的潜艇动力源和各种可移动电源以及分布式发电设备的最佳候选电源。

表 4-1　各种氢燃料电池的技术特点

类型	电解质	导电离子	工作温度/℃	技术状态	可能的应用领域
碱性燃料电池	KOH	OH^-	50~200	1~100kW 高度发展，高效	航天，特殊地面应用
质子交换膜燃料电池	质子交换膜	H^+	室温~100	几百千瓦，高度发展，商业化初期	电动车，潜艇，移动电源，固定电站
磷酸燃料电池	H_3PO_4	H^+	100~200	1~2000kW 高度发展，成本高	特殊需求，区域供电
熔融碳酸盐燃料电池	$(Li,K)_2CO_3$	CO_3^{2-}	650~700	250~2000kW 示范阶段，须延长寿命	区域性供电
固体氧化物燃料电池	Y_2O_3 稳定的 ZrO_2	O^{2-}	900~1000	1~200kW，电池结构，廉价制备技术	区域性供电、联合循环发电

磷酸燃料电池(Phosphoric Acid Fuel Cell，AFC)。这是第一种实现商业化大规模应用的燃料电池。磷酸型燃料电池通常采用储存于碳化硅材质中的高浓度(约100%)磷酸作为电解质。采用耐酸的纳米 Pt 为催化剂，操作温度通常介于 150~220℃。熔融碳酸盐燃料电池(Molten Carbonate Fuel Cell，MCFC)。熔融碳酸盐燃料电池以碱金属(Li，Na，K)碳酸盐作为电解质。该燃料电池的操作温度通常介于 600~700℃，在此温度区间内的熔融碱金属碳酸盐可实现碳酸根离子的传输，通常不需要使用贵金属催化剂。熔融碳酸盐燃料电池可采用净化煤气或天然气作燃料，发电功率达 1MW 以上，适宜于建造区域性分散电站。将余热发电与利用考虑在内，燃料的总热电利用效率可达 69%~70%。然而，磷酸燃料电池与熔融碳酸盐燃料电池的电站造价高于火电站。

固体氧化物燃料电池(Solid Oxide Fuel Cell，SOFC)。该类型燃料电池以固体氧化物为氧离子载体，如 Y_2O_3 稳定的 ZrO_2 陶瓷膜(即 YZS 陶瓷)。工作温度通常介于 800~1000℃，目前开发的重点是工作温度700℃以下的电池。固体氧化物燃料电池功率可达 200kW 以上，特别适宜于建造大型、中型电站。固体氧化物燃料电池技术通过热电联用，可提高其总的能量利用率。

此外，也可以按照工作温度进行分类：

低温(通常低于 100℃)燃料电池，包括质子交换膜燃料电池和阴离子交换膜燃料电池。

中温(通常在 100~300℃)燃料电池，包括碱性燃料电池和磷酸燃料电池。

高温(在 600~1000℃)燃料电池，包括熔融碳酸盐燃料电池和固体氧化物燃料电池。

4.3 氢燃料电池的关键材料及特点

4.3.1 碱性燃料电池

4.3.1.1 碱性燃料电池概况

碱性燃料电池(AFC)的阳极反应为

$$2H_2+4OH^- \longrightarrow 4H_2O+4e^- \qquad E^\ominus = -0.282V$$

$E^\ominus$ 为标准电极电势，释放的电子经外部电路导至阴极，在阴极发生反应形成新的 OH^-，即：

$$O_2+4e^-+2H_2O \longrightarrow 4OH^- \qquad E^\ominus = +0.40V$$

AFC 至少可以追溯到 1902 年。在 20 世纪八九十年代，与其他新兴燃料电池相比，AFC 的前景似乎很不好。因此，其研究规模有所缩小，以至于 20 世纪末只有几家公司从事 AFC 的研究，尤其是质子交换膜燃料电池(PEMFC)的出现和兴起。尽管许多研究人员对 AFC 缺乏兴趣，但是，与 PEMFC 和磷酸燃料电池(PAFC)相比，该技术确实具有一些技术优势。例如，AFC 阴极的活化过电势通常低于酸性燃料电池中的活化过电势，并且电极反应更快。因此，在 AFC 中不是必须使用 Pt 基催化剂。此外，由于阴极处的低过电势，AFC 的发电效率通常比 PEMFC 更高。

4.3.1.2 碱性燃料电池的电解质

常规的 AFC 使用碱性水溶液电解质，如 NaOH 或 KOH 水溶液。但是，燃料或氧化剂流中存在的 CO_2 可能与此类碱发生反应，并导致电解质溶液中形成 Na_2CO_3 或 K_2CO_3，如：

$$2KOH+CO_2 \longrightarrow K_2CO_3+H_2O$$

该反应有以下不利影响：

(1) 电解质溶液中的 OH^- 浓度降低，从而干扰电池反应的动力学。

(2) 电解质溶液的黏度增加，从而导致扩散速率降低和极限电流降低。

(3) 多孔电极中碳酸盐的沉淀，从而降低了传质效率。

(4) 降低氧气溶解度。

(5) 降低电解液的电导率。

最终的结果就是电池性能严重下降。相比较 NaOH，通常选用 KOH 作为电解质，因为碳酸钾相比碳酸钠更溶于水。CO_2 对 AFC 性能的负面影响是上述对 AFC 研究兴趣下降的重要原因。如今，AFC 有了新的发展契机，这是因为出现了阴离子交换膜。阴离子交换膜由聚合物主链组成，在该主链上束缚了阳离子位点。这些阳离子不是在液体电解质中具有自由迁移性的碳酸根离子。因此，在新发展起来的阴离子交换膜燃料电池中无法形成碳酸盐沉淀。OH^- 离子在膜中的迁移类似于质子交换膜中磺酸位之间迁移的 H^+ 离子的方式。阴离子交换膜燃料电池中有着与质子交换膜燃料电池相似的优点，它是一种固态设备(没有液体电解质泄漏)并且其使用催化剂和气体扩散层的方式与质子交换膜燃料电池相同。此外，其双极板的腐蚀问题不大，因此允许使用薄且易于制造的电池部件。该类电池的研发还处于起步阶段。单电池已在实验室中构建并进行了测试，但迄今为止尚未构建千瓦级的电堆。

4.3.1.3 碱性燃料电池的电极材料

（1）雷尼镍

将所需的活性金属（例如镍）与惰性金属（通常是铝）混合熔融，然后用强碱将铝溶解掉，留下了表面积很大的多孔镍，这就是雷尼镍。该方法通过改变两种金属的比例并添加少量其他金属（例如铬、钼或锌），就可以改变孔径。通常，将雷尼镍作为电池的阳极，银作为阴极。

（2）碳电极

碳电极采用碳负载的金属催化剂和 PTFE 混合，然后将其轧制到镍网等材料上。PTFE 充当黏合剂，其疏水特性可防止电极溢流，并通过电解质溶液控制电极的渗透。另外，还会在电极表面上放置一层 PTFE 薄层，原因有两个：①进一步控制孔隙率；②阻止电解质溶液通过电极，而无须对反应气体加压，这是多孔金属电极必需的。有时还会将碳纤维添加到混合物中以增加所得电极的强度、电导率和孔隙率。催化剂并不总是 Pt，例如，Mn 是有效的阴极催化剂。非铂催化剂的商业碳电极成本非常低，但是还存在其他问题。其中一个问题是，由于电极被一层 PTFE 覆盖，表面不导电，因此无法使用双极板进行电池互连，而通常采用边缘连接的方式。但这并没有太大的限制，因为直接穿过电极延伸的镍网会导致电极平面上的电导率高于正常值，从而使边缘连接成为一种可行的选择。边缘连接提供了一定的灵活性，因为不必像双极板那样将一个电池的正极连接到相邻电池的负极。取而代之的是，可以进行串并联连接，并通过减少内部电流损耗来提高电池的性能。

（3）催化剂

碱性电解质的腐蚀性相对较小，因此可以选择范围更广的催化剂。其中，阴极催化剂研究特别受关注，因为该电极上的过电势对电压损耗贡献最大。Ag 在所有元素中有着最高的电导率，价格约是 Pt 的 1/50。此外，Ag 是 ORR 活性最高的催化剂之一，在高浓度碱性电解质中以及在成本/性能方面，该金属具有较强竞争力。研究表明，通过原位还原 $AgNO_3$ 将 Ag 纳米颗粒到碳载体上，这些 Ag 纳米颗粒构成了高表面积的催化剂，可实现最佳的阴极性能。通过引入 Pt 或 MnO_2 可以进一步提高 Ag 电极的 ORR 催化活性。此外，通过使用 Teflon AF（PTFE 的微孔形式）浸入表面附近的孔可以提高 Ag 电极对气体的接触面积。

4.3.2 质子交换膜燃料电池

4.3.2.1 全氟磺酸膜

质子交换膜燃料电池最为核心的部件材料是以 Nafion 为代表的质子交换膜，它是燃料电池行业里的标准膜电解质，是一种特殊的全氟磺酸。Nafion 的原材料是聚四氟乙烯。聚四氟乙烯于 1938 年由杜邦公司以商品名 TeflonTM 生产并出售。它在质子交换膜燃料电池中发挥了关键作用。聚四氟乙烯极耐化学腐蚀，因此非常耐用。而且，聚四氟乙烯也是强疏水性（即排斥水）的高聚物。因此，它可以将电池中生成的水从电极中驱出，从而防止溢流。为了使其具有质子传导性，需要对聚四氟乙烯进行进一步的化学修饰，即必须进行"磺化"处理。这就是将一定侧链添加到聚四氟乙烯分子主链上，并且每个侧链均以磺酸基团（-SO₃H）为终端官能团。实际上，Nafion 的末端是被 Na⁺ 平衡的 SO₃⁻ 离子的侧链。换句话说，Nafion 可以更准确地被认为是一种钠盐。质子交换膜燃料电池中使用的-SO₃H 基团是通过将 Nafion 与浓硫酸煮沸而生成的。在处理过程中，Na⁺ 作为 Na₂SO₄ 被释放丢弃。当磺化聚合物转化为酸性形式时，-SO₃H 基团是离子型的，因此侧链的末端实际上是-SO₃⁻，其中硫原子与碳链相连。因此，所得的聚合物结构具有离子特性，被称为"离聚物"。由于存在-SO₃⁻ 和伴随的 H⁺，正离子和负离子之间存在着强烈的相互吸引。因此，侧链往往会在材料的整体结构中"聚集"。磺酸的关键特性是它具有高度亲水性。因此，在 Nafion 中，其效果是在疏水材料内形成了亲水区。

Nafion 或其他全氟磺酸中磺化侧链周围的亲水区可吸收大量水，从而使材料增重高达 50%。在这些水合区域内，本质上产生了稀释的酸溶液区域，而 H⁺ 几乎不被-SO₃⁻ 吸引，因此可以移动。所得材料在大分子结构内具有不同的微分区，即微稀酸区域，其中 H⁺ 附着在水分子上，从而在坚韧的疏水结构中形成水合质子 H_3O^+。尽管水合区域在一定程度上是离散的，但 H⁺ 仍然通过格罗特斯机理实现从一个水合区域移动到另一个。该过程由于必须与每个离子形成并断开的弱氢键而变得容易。在燃料电池应用中，Nafion 和其他全氟磺酸离聚物具有以下特点：

（1）耐化学腐蚀，在氧化和还原环境中均稳定。

（2）由于使用了耐用的聚四氟乙烯主链，因此机械强度高，可以制成非常薄的薄膜，目前最小厚度可至 50μm。

（3）本质上为酸性，且能够吸收大量的水。

（4）良好的水合性，良好的质子导体，可让 H⁺ 在膜中自由移动。

在 100%相对湿度下，电导率通常在 0.01~0.1S/cm，并且随着湿度的降低而下降几个数量级。因此，水合度对膜的离子电导率以及由此对燃料电池的性能具有非常显著的影响。此外，还可以通过减小膜的厚度来提高质子传导率。然而，除了厚度之外，质子传导率还取决于水含量和结构变量，例如孔隙率、曲折度、质子分布以及质子传导过程的各种扩散系数。因此，尽管制造更薄的膜可以改善电导率，但应考虑其他因素。更薄的膜力学性能较差，并且可能发生少量的燃料交换，从而降低电池电压。由于这些原因，对于大多数质子交换膜燃料电池，80~150μm 的膜厚是最佳的。

尽管全氟磺酸膜在质子交换膜燃料电池被广泛使用，但仍具有两个主要缺点，即：高成本；不能在标准大气压下 80℃以上的环境中工作，因为较高温度会使膜中水分迅速蒸发。关于后者，可以通过升高压力来实现更高的工作温度，但是给气体加压所需的额外电力会对系统效率产生负面影响。高于 120℃时，全氟磺酸材料会经历玻璃化转变，这也严重限制了其用途。

4.3.2.2 膜电极

在实际质子交换膜燃料电池中，全氟磺酸膜是与负载有催化剂的气体扩散层热压在一起组成膜电极进行应用的。膜电极的两侧气体扩散层再直接与双极板接触，如此构成电堆。本小节主要阐述催化剂层及气体扩散层。

（1）催化剂层：Pt 基催化剂

在典型的质子交换膜燃料电池中，催化剂层的厚度约为 $10\mu m$。在粒径稍大的碳颗粒表面上负载尺寸更小的 Pt 纳米颗粒。电池对阳极和阴极的要求非常不同。如前所述，氧还原的速度比氢氧化的速度慢得多。通常，氢氧化的交换电流密度比氧还原的交换电流密度高三个数量级，例如 $1mA/cm^2(H^2)$ 与 $10^{-3}mA/cm^2$。在 $400mA/cm^2$ 的典型工作电流密度下，阳极的电压损耗约为 10mV，而阴极的电压损耗超过 400mV。因此，阴极的 Pt 负载量通常比阳极的高得多。

通常采用两种方法在膜电极中沉积催化剂层。一种是将催化剂涂布到合适的气体扩散层表面，然后再与全氟磺酸膜进行热压组装；另一种是先将催化剂涂布到全氟磺酸膜上，然后再和气体扩散层一起组装成膜电极。两种情况下的最终效果基本相同。

无论哪种方式，首先需要制备催化剂在极性和挥发性溶剂（如乙醇）中形成的"油墨"。通常将少量的 Nafion 溶液添加到混合物中，其原因将在以后变得显而易见。聚四氟乙烯通常也将添加到催化剂层中。在燃料电池运行期间，这种吸湿材料用于将产品水排出到电极表面，使其在其中蒸发。超声或搅拌催化剂/乙醇悬浮液会分散粉末，并形成"油墨"，使"油墨"可以通过合适的方法（如喷涂、印刷或滚动）涂布到合适的组件（气体扩散层或膜）上。使溶剂蒸发，催化剂最终附着在给定的组件上。

如果首先将催化剂涂布在两个气体扩散层上，则通过以下常规步骤将所得的两个电极粘合到膜的任一侧：

① 将膜浸入沸腾的 3%（体积）过氧化氢中浸泡 1h，然后再浸入硫酸中，同时清洗，以确保磺酸盐基团尽可能地质子化（并除去钠离子）。

② 将膜在沸腾的去离子水中另外漂洗 1h，以除去所有残留的酸。

③ 将电极放在电解质膜上，然后在 140℃和高压下将组件热压 3min。

上述过程最终可以获得一个完整的膜电极。

如果首先将催化剂"油墨"直接涂布在膜上，而不是直接沉积在各自的气体扩散层上，则随后必须同时涂覆两个气体扩散层。这种方法往往会导致催化剂层更薄，在某些应用中可能是优选的，但是在其他方面，膜电极的效果与前述方法所产生的效果相似。两种方法虽然成本低并且适合批量生产，但其缺点是产生了较厚的催化剂层，其中 Pt 的利用不足。最近，为了提高其有效利用性，已经开发了其他将活性金属沉积到碳上的方法，包括各种改进的薄膜技术、电沉积和溅射沉积、双离子束辅助沉积、化学沉积、电喷雾工艺以及 Pt 溶胶的直接沉积等。例如，直径小于 5nm 的 Pt 颗粒可以直接等离子溅射到碳纳米纤维上，以生产负载在 $0.01\sim0.1mg/cm^2$ 的催化剂。

（2）催化剂层：用于还原氧气的替代催化剂

Pt 的高成本促使研究人员减少了其在催化剂中的用量，并寻求更便宜的替代品。Pt 对氢氧化和氧还原如此活跃的原因多年来一直困扰着化学家。目前的理解是，之所以会产生这种高活性，部分原因与这些物种和表面上 Pt 原子之间的化学键强度有关，具体取决于暴露的晶面、边缘或表面缺陷等。氧分子与 Pt 的结合强度也可能受 Pt 与其他金属合金化的影响。为此，Ni、Rh、Ir、Co 和其他过渡元素可与 Pt 结合，以促进氧分子的解离吸附。

为了进一步降低催化剂的成本，非 Pt 族类催化剂在过去的 10 年中，备受关注。以下几类氧还原催化剂是典型的非 Pt 催化剂。

① 非金属类催化剂

非金属类催化剂主要指各类碳材料，最为关注的，且具有潜力的是氮掺杂碳。具体而言，包括氮掺杂碳纳米管、氮掺杂石墨烯、氮掺杂碳纳米纤维、氮掺杂碳有序介孔碳等多个种类。这类催化剂有较高的氧还原活性。一般认为是氮的掺杂活化了其周围邻近的碳原子，使得原本惰性的碳原子得以具有一定的活性。此外，氮的掺杂也引起了碳材料骨架中拓扑缺陷的增加。这些缺陷也有利于催化剂获得较高的氧还原活性。

② 金属-碳型催化剂

金属-碳型催化剂是一类具有高活性的氧还原催化剂。一般将金属源和碳源混合，然后在非氧化性气氛下进行煅烧。为了使活性金属物种在碳组分上分散均匀，目前很多研究都采用金属配合物作为前驱体。其中，金属有机骨架材料被视作很有优势的一大类前驱体。研究发现，活性取决于实验条件(例如温度、加热速率、气氛种类)、碳的类型、金属种类以及金属与碳基底结合的形态、金属配合物的种类和显微形貌等。例如，2023 年，纽约州立布法罗大学的武刚教授课题组报道了一种通过在热活化过程中向传统惰性气氛中添加氢气而制备的 Fe-N-C 催化剂。适量氢气的存在显著增加了总的金属位点 FeN4 的密度，同时抑制了不稳定的吡咯-N 配位的(S1)位点，并有利于稳定的吡啶-N 配位 S2 位点形成。更为重要的是，在热活化中，氢气的存在缩短了 Fe-N 键长，有利于增强 Fe-N-C 催化剂的稳定性。这个新开发的 Fe-N-C 催化剂在膜电极组件中同时实现了令人鼓舞的活性和稳定性：30000 个动态电压循环(氢气/空气下 $0.60 \sim 0.95V$)后，在 $0.8V$(氢气-空气)下保持 $67mA/cm^2$ 的电流密度。这项研究工作让人们看到了非 Pt 类催化剂的潜力。

③ 单原子催化剂

单原子催化剂是一类特殊的催化剂。原子尺度级别的金属原子或离子被特定的载体所束缚，由此所引起的金属低配位的结构特点能最大限度地暴露金属成为活性位点。这种在载体上高度分散的活性位点会与其周围的配位环境有强烈的作用，因而便于通过调控其配位环境而获得高活性和高选择性。尽管单原子催化剂具有较强的活性优势，但是其制备工艺较为复杂，其批量生产和长期稳定性依旧难以满足燃料电池实际应用的要求。

(3) 催化剂层：阳极

由于氢氧化反应所需的 Pt 较少，因此开发人员寻求燃料电池阳极使用非 Pt 基催化剂的动机较少。另外，阳极催化剂容易产生 S 和 CO 中毒，特别是碳氢化合物为制取氢气的原料时，这两者都可能存在于送入燃料电池的氢气中。如果进入燃料电池的燃料中的 CO 浓度超过百万分之几，它将优先被吸附在表面的 Pt 原子上，并降低催化剂的活性。如果燃料中 CO 的分压极低(低于百万分之几)，则其在阳极催化剂上的吸附是可逆的。在这种情况下，可以通过定期用少量氧气吹扫燃料侧或向电极短暂施加负电势来保持催化剂的活性。该技术已在某些实际的燃料电池系统中得到应用。增加阳极上 CO 的允许浓度的另一种方法是使用 PtRu 合金，而不是简单地将 Pt 作为催化剂。

(4) 气体扩散层

商业气体扩散层多由多孔导电材料(通常为碳纤维)制成，形式为纸或薄织物/布，厚度通常为 $100 \sim 400 \mu m$。"气体扩散层"的作用是使反应物和产物气体分别扩散到催化剂和从催化剂扩散出来，它还在碳载催化剂和双极板或其他集电器之间形成电连接。另外，气体扩散层将产物水带离电解质表面，并在非常薄的催化剂层上形成保护层。膜电极是质子交换膜燃料电池的关键部件。不管其制造方法如何，每个膜电极都具有阴阳极，每个电极均包含催化剂材料。实际的膜电极在燃料电池堆构造中的整合方式也很重要。各个制造商之间的设计存在着很大差异。

有两点需要说明。首先涉及用电解质材料浸渍电极。电解质材料充分延伸到催化剂颗粒，以提供质子往返于催化剂的传输，在该处发生电极反应。只有与电解质和反应气体都直接接触的催化剂才能在电极上发生电化学反应(反应仅发生在三相边界)。因此，为了使催化剂活性最大化，通常通过用增溶形式的电解质刷表面，用电解质轻轻覆盖每个电极的催化剂层。对于膜电极组件的"分离电极"方法，此过程在将电极热压到膜上之前进行。

其次与气体扩散层的选择有关。气体扩散层通常是碳纸或碳布。当需要使电池尽可能薄时，通常选择碳纸(例如日本东丽的碳纸)作气体扩散层。这种纸是通过热解非织造碳纤维片制成的，具有良好的导电性能，但往往易碎。相比较碳纸，碳布厚度较大，比碳纸吸收的水分要多一点，因此不易造成膜电极水淹。由于碳布本身具有更大的柔韧性，并且在压缩力作用下会变形，因此碳布还简化了机械组装。因此，碳布可以填充双极板的制造和组装中的小间隙和不规则性。另外，碳布可能会稍微变形成双极板上的气体扩散通道，从而限制气流通过通道。NuVant系统公司生产的Elat®系列是商用布料，是气体扩散层的流行选择。该碳布是通过在高导电性碳纤维中填充炭黑而制成的。

4.3.2.3 双极板

大多数质子交换膜燃料电池电堆是用双极板串联连接的多个电池构造的。双极板必须收集电流并将其从一个电池的阳极传导到下一个电池的阴极，同时将燃料气体分配到阳极表面上，并将氧气/空气分配到阴极表面上。此外，极板必须将冷却流体运送使得其通过电堆，并使所有反应气体和冷却流体保持分开。反应气体在电极上的分布是通过在板表面形成"流场"来实现的。流场通常具有相当复杂的蛇形图案。各个生产商设计的流场形式都有区别。

双极板占质子交换膜燃料电池电堆成本的很大比例，并且必须满足几个要求，即：

(1) 良好的导电性(>100S/cm)。

(2) 高导热率。对于普通的集成冷却液，该导热率应超过20W/(m·K)，如果仅从板的边缘散热，则必须超过100W/(m·K)。

(3) 耐化学腐蚀。

(4) 高机械稳定性，尤其是在压缩(抗弯强度>25MPa)下。

(5) 低气体渗透性[<10^{-5}Pa·L/(s·cm^2)]。

(6) 低密度—最小化电堆的质量和体积。

生产板的方法以及制造它们的材料差异很大。

(1) 碳基双极板

石墨具有很高的导电性和导热性，它也具有非常低的密度，小于任何一种可能被认为适合于双极板的金属，并且具有良好的耐化学腐蚀性能。因此，最早的质子交换膜燃料电池使用石墨双极板，在其中加工了流场通道。但是，石墨确实具有以下三个缺点：

① 极板必须使用几毫米的厚度，以保证加工和处理所需的机械结构的完整性。即使加

工可以自动完成，但使用昂贵的铣削机切割石墨，非常耗时。

② 石墨脆性很大。

③ 石墨是多孔材料，因此必须对板进行涂覆并使其足够厚，以确保能隔离出反应物气体。因此，尽管石墨的密度低，但是最终双极板的质量可能不是特别小。

通过使用将石墨粉与聚合物黏合剂结合的复合材料来解决这些问题。这样的材料也已经用于磷酸燃料电池。大多数用于质子交换膜燃料电池的最先进的碳双极板均由复合材料制成，该复合材料由高载量的导电碳(例如石墨、炭黑或碳纳米管)和商用热塑性聚合物黏合剂(例如聚乙烯、聚丙烯或聚苯硫醚)或热固性树脂(酚醛或环氧树脂)，通常还要添加碳纤维以增强成品。

(2) 金属双极板

金属比碳具有优势，因为它们是良好的热和电导体，可以轻松加工且致密。主要缺点是它们具有较高的密度并易于腐蚀，这是因为质子交换膜燃料电池内的热氧气和水蒸气具有相当腐蚀性。此外，有时会出现酸从膜电极组件中渗出的问题，因此通常的做法是用耐腐蚀材料涂覆金属双极板。由不锈钢、钛、铝和几种合金制成的双极板已经经过测试，并分别涂有导电碳聚合物材料，形成钝化氧化物层的过渡金属(如钼、钒或铌)或贵金属(如黄金)。

金属泡沫也可用于实现电堆的冷却。为此需要将一层泡沫金属放在两块固态(但很薄)金属板之间。水通过金属泡沫带走热量。该方法的优点是使用容易获得的材料(金属泡沫板可用于其他用途)来制造薄、轻便、高导电性的燃料电池组件，并用于分离反应气体。

总而言之，涂层金属或泡沫金属双极板已成功应用于对耐腐蚀稳定性不如固定发电要求高的车辆燃料电池堆上。对于车辆，要求的最小电堆寿命为5000h，而对于固定发电系统，则期望为40000h，现在使用碳双极板通常可以实现。

近年来，燃料电池研究人员并未忽略3D打印技术。许多研究小组报道了使用3D打印技术制造碳复合材料板和金属双极板的情况。然而，当前的技术缺乏制造大量组件的精度，通常仅用于创建原型电堆。

4.3.3 磷酸燃料电池

4.3.3.1 高温燃料电池

氢燃料电池的开路电压在较高温度下会降低。实际上，在800℃以上，燃料电池的理论最大效率实际上低于热机。尽管如此，在许多情况下"高温"具有不少优势：

(1) 电化学反应在更高的温度下进行得更快，因此由"激活"效应引起的电压损失更低。因此，通常就不需要使用贵金属催化剂。

(2) 来自燃料电池堆的废气足够热，有利于从其他容易获得的燃料(如天然气)中产生氢气。

(3) 废气温度很高，便于构成了"热电联产"系统。

(4) 从废气和冷却液中提取的热量可用于驱动转向涡轮和发电机产生更多的电力。当涡轮机使用来自发电机(如燃料电池)的废热时，该方案被称为"底部循环"。燃料电池和热力发动机的结合使两者的互补特性得到充分利用，从而以更高的效率发电。

磷酸燃料电池是在200℃以上运行的最发达的普通竞争型技术。许多200kW的磷酸燃料电池热电联产系统安装在世界各地的医院、军事基地、休闲中心、办公室、工厂甚至监狱。

此外，熔融碳酸盐燃料电池和固体氧化物燃料电池也都属于高温型燃料电池。

4.3.3.2 电解液

磷酸是一种常见的无机酸，是一种无色、黏稠、吸湿的液体。其在150℃以上具有令人满意的热、化学和电化学稳定性，并且具有足够低的挥发性，是磷酸燃料电池的唯一电解质。最重要的是，与碱性燃料电池中的电解质溶液不同，磷酸能耐受燃料和氧化剂中的 CO_2 的腐蚀。

磷酸通过毛细作用(接触角>90°)被"锁在"由约 $1\mu m$ 的碳化硅颗粒制成的基体中，该基底采用聚四氟乙烯作为黏结剂。自20世纪80年代初以来，燃料电池中一直使用的纯磷酸。但是，纯磷酸的冰点较高，为42℃。因此，为了避免因冻结和收缩产生应力，电池组在投入使用后通常会保持在该温度以上。尽管蒸气压力较低，但在高温下长时间的工作过程中会损失一些酸。损失量取决于操作条件，尤其是气体流速和电流密度。因此，有必要在使用过程中补充电解液，或者确保在运行时，电池中有足够的酸储备来维持预期寿命。一般需要将碳化硅基体做得足够薄(0.1~0.2mm)，以便将欧姆损耗保持在合理的低水平(即给出高电池电压)，同时具有足够的机械强度和致密性以防止反应气体从电池一侧交叉到另一侧的能力。后一种特性对所有使用液体电解质的燃料电池都是一个挑战。

磷酸的损失可以通过体积变化或蒸发以及电化学泵送转移来实现。在操作过程中，磷酸的体积根据温度、压力、负载变化和反应气体的湿度而膨胀和收缩。为了替代可能因膨胀或体积变化而损失的电解液，电池中的多孔碳肋流场板充当了多余电解液的储槽。这些板的孔隙率和孔径分布经过精心选择，以适应电解液的任何体积变化。通过保持电池组合理的低的运行温度，电解质通过蒸发的损失被最小化，但是即使在200℃下，仍有一些电解质通过空气通道逸出。在实际电堆中，通过确保阴极排出气体通过电池边缘的冷却冷凝区，蒸发损失得以减少。

磷酸的损失还会通过电化学泵送发生。电化学泵送经常发生在使用任何液体电解质或溶解电解质的燃料电池中。在磷酸燃料电池中，电解质分解成带正电 H^+ 和带负电的 $H_2PO_4^-$。在运行过程中，质子从阳极向阴极移动，而阴离子向另一个方向移动，即在电场驱动下而发生的迁移。因此，磷酸根阴离子在阳极积聚，并能与氢反应形成磷酸，从而导致电解质在每个电池的阳极积聚。电化学泵送可以通过优化多孔部件(如磷酸燃料电池的肋板)的孔隙率和孔径分布来最小化。肋板的失效会导致电解质从一个电池迁移到下一个电池时，发生电堆电压的灾难性损失。酸的迁移也可能通过管汇密封的破裂发生，再次导致严重的电堆故障。

4.3.3.3 电极和催化剂

类似于质子交换膜燃料电池，磷酸燃料电池也有气体扩散电极，其中催化剂也是负载有 Pt 纳米颗粒的碳。催化剂层中含有质量分数为 30%~50% 的聚四氟乙烯作为黏合剂，用于形成多孔结构。同时，碳载体提供了与质子交换膜燃料电池催化剂载体类似的功能：

(1) 分散 Pt 纳米颗粒以确保其良好的利用率。

(2) 在电极中提供微孔，使气体最大限度地扩散到催化剂和电极—电解质界面。

(3) 增加催化剂层的导电性。

催化剂的活性取决于 Pt 的性质，即其颗粒尺寸和比表面积。在最先进的电池组中，目前阳极和阴极的 Pt 负载分别约为 $0.10mg/cm^2$ 和 $0.50mg/cm^2$。每个催化剂层通常与薄的气体扩散层或碳纸结合。一种典型的碳纸是由 10mm 长的碳纤维嵌入石墨树脂中制成的。该气体扩散层具有约 90% 的初始孔隙率,通过用质量分数为 40% 的聚四氟乙烯浸渍降低到约 60%。所得的防潮碳纸包含直径为 3~50nm(中值孔径约为 12.5nm)的介孔,可用作磷酸的储库,以及中值孔径约为 3.4nm 的微孔,以允许气体渗透。

磷酸电极可能产生 CO 中毒,尽管其耐受性明显大于质子交换膜燃料电池。质子交换膜燃料电池阳极催化剂在燃料气体中仅能承受百万分之几的 CO,而磷酸燃料电池阳极催化剂通常在 200℃ 下可以耐受高达约 2mol% 的 CO。除了硫中毒之外,少量的氨和氯化物(即使在燃料中的百万分之几的水平)也会降低电池的性能。这些不会抑制 Pt 催化剂本身的活性,但会与磷酸反应形成盐,降低电解质的酸度,形成的盐堵塞多孔电极。为了避免不可接受的性能损失,主体电解质中磷酸铵 $[NH_4H_2PO_4]$ 的浓度必须保持在 0.2mol% 以下。为了达到这一要求,通常在燃料处理器的出口和阳极的入口之间加一个氨捕集器,以防止氨进入电堆。

4.3.3.4 电堆构造

磷酸燃料电池电堆由肋状双极板、阳极、电解质基体和阴极的重复排列组成。肋状双极板用于分离单个电池,并将它们串联电连接,同时分别向阳极和阴极提供气体供应。如前所述,还有一个额外的要求,即建造一个磷酸储罐。电极基底或气体扩散层可以充当磷酸储罐。多孔石墨制成的肋状双极板也可以作为多余磷酸的储槽。这种能力在现代磷酸燃料电池组中是通过构建"多层"双极板来实现的,在双极板中,石墨流场板结合在薄的无孔碳层的两侧,该碳层在相邻电池之间形成气体屏障。所得的"多层"双极板与以前采用的叠层结构相比具有以下优点:

(1)催化剂层与气体扩散层基底之间的表面促进气体均匀扩散到电极。

(2)由于每个基板上的肋仅在一个方向上延伸,所以该板适合于连续制造;如果需要,可以轻松适应横流配置。

(3)基板和流场板可以作为磷酸的储槽,从而提供一种延长电池组寿命的方法。

典型的电池组可以包含 50 个或更多串联的电池,以获得所需的实际电压水平。

4.3.4 熔融碳酸盐燃料电池

4.3.4.1 熔融碳酸盐燃料电池概况

熔融碳酸盐燃料电池的电解质是碱金属碳酸盐(通常是锂和钾或锂和钠的碳酸盐构成的二元混合物)的熔融混合物,并保存在铝酸锂($LiAlO_2$)的陶瓷基质中。在较高的工作温度(通常为 600~700℃)下,碱金属碳酸盐形成高导电性的熔融盐,而碳酸盐中的 CO_3^{2-} 离子则提供离子导电性。值得注意的是,与其他类型的燃料电池不同的是,CO_2 和氧气必须同时提供给阴极并转化为碳酸根离子迁移至阳极,在阳极处转化为 CO_2。因此,对于电池中每摩尔被氧化的氢,将在两个电极之间净转移 1mol CO_2 和两个法拉第电荷或 2mol 电子。电池总体反应是:

$$H_2+1/2O_2+CO_2(阴极) \longrightarrow H_2O+CO_2 \quad (阳极)$$

考虑到 CO_2 的转移,熔融碳酸盐燃料电池的能斯特可逆电压由式(4-23)给出:

$$V_r = V_r^0 + \frac{RT}{2F}\ln\left(\frac{p_{H_2} \cdot p^{\frac{1}{2}}_{O_2}}{p_{H_2O}}\right) + \frac{RT}{2F}\ln\left(\frac{p_{CO_2c}}{p_{CO_2a}}\right) \tag{4-23}$$

其中，下标 a 和 c 分别指阳极和阴极气体室。通常，两个电极间的 CO_2 分压存在差异，但是当压力相同时，电池的电压只取决于 H_2、O_2 和 H_2O 分压。在熔融碳酸盐电池系统中，通常的做法是将电池阳极产生的 CO_2 从外部循环到阴极消耗，但似乎循环回收又是一个复杂的问题。因此，与其他类型的燃料电池相比，它稍显不足，但可以通过将阳极废气供入燃烧器来实现。燃烧器将所有未使用的氢气或燃料气体[例如甲烷（CH_4）]转化为水和二氧化碳，再将燃烧室的废气与新鲜空气混合，然后送入阴极入口。该过程并不比其他类型的高温燃料电池复杂，而且燃烧未使用的燃料用以预热反应空气，并将废热用于底层循环或其他目的。

将 CO_2 供应到阴极入口的另一种方法是使用某种装置（例如膜）将 CO_2 与阳极出口气体分离并将其转移到阴极入口气体。使用这种"传输设备"的优势在于任何未使用的燃料气体都可以循环到阳极入口或用于其他操作，例如为燃料处理提供热量。此外，另一种方法是从外部来源提供 CO_2，尤其是当可以随时提供气体时。

与碱性燃料电池、质子交换膜燃料电池和磷酸燃料电池不同，熔融碳酸盐燃料电池要在足够高的温度下运行以保证烃类燃料（如甲烷）能够进行内部重整，这是它和固体氧化物燃料电池的一个特别重要的特征。在内部重整过程中，蒸汽在进入电堆之前要先加到燃料气体中，而电堆内部的燃料和蒸汽在合适的催化剂的存在下发生蒸汽重整反应。

与低温燃料电池相比，熔融碳酸盐燃料电池的较高工作温度为实现理想的整体系统效率和灵活使用现有燃料提供了可能性。然而，较高的温度对熔融碳酸盐电解质的侵蚀性环境下的电池组件的耐蚀性和寿命提出了更严格的要求。

4.3.4.2 电解质

熔融碳酸盐燃料电池的电解质通常是碱金属碳酸盐的混合物。由于锂较小的原子量及最佳的离子传导性，早期则使用碳酸锂—碳酸钠（Li_2CO_3-Na_2CO_3）的低共熔混合物，之后又使用 Li-K（Li_2CO_2-K_2CO_3），尤其是 62%（mol）：38%（mol）的 Li_2CO_2-K_2CO_3 的共晶混合物。事实证明，其增加的反应活性对大气压下的运行情况很有效。此外，对 Li-K-N 的三元混合物也进行了研究，但目前的趋势是回到 Li-Na 混合物，因为与 Li-K 混合物相比，其蒸气压较低，可减少电解质损失并提高碱度。熔融电解质存在于铝酸锂（$LiAlO_2$）陶瓷纤维基体中。基体通常使用流延铸造法制成。流延铸造工艺可以制造大面积部件，也可以应用于阴极和阳极材料，用以制造电极面积最大约为 $1m^2$ 的电堆。

对于电解质，熔融碳酸盐燃料电池与所有其他类型燃料电池之间存在一个重大区别，即一旦电堆组件装配好后就要进行电池的最终准备。电极、电解质和基质层以及各种无孔组件（集电器和双极板）组装在一起后，整个装配体要被缓慢加热到燃料电池的工作温度。当碳酸盐达到其熔融温度（超过450℃）时，它会被吸收到陶瓷基体中，该过程会导致电堆发生明显收缩，故整个组件需要严密的机械设计来适应这种收缩。加热过程中还必须将还原气体供应到电池的阳极以确保镍阳极保持化学还原状态。

4.3.4.3 电极材料

（1）阳极

最先进的阳极由多孔烧结镍和少量铬和铝或铝制成。通常阳极板的厚度为 0.4~0.8mm，孔隙率为 55%~75%，平均孔径为 4~6μm。制造过程要么是热压细粉末，要么是流延铸造。流延铸造是一种低成本的湿法工艺。与热压粉末工艺相比，它可以生产出更薄的阳极从而可以更好地控制厚度和孔径分布。添加铬或铝（通常质量分数为 10%~20%）可减少电池运行过程中镍颗粒的烧结，提高多孔镍的机械稳定性。如若不加控制，烧结则会成为阳极的主要问题，因为其会导致孔径增大、表面积减小以及电解质中碳酸盐的损失。孔结构的变化还可能导致阳极在电池堆中的挤压作用下发生机械变形，进而降低电化学性能并导致电解质破裂。Ni-Cr 或 Ni-Al 合金阳极的稳定性尽管已达到商业应用要求，但其成本较高，因此开发人员一直在寻求替代材料。例如，可以用铜部分代替镍来降低合金成本，但因铜相比镍有着更大蠕变，所以完全替代是不可行的。

阳极并不是只需要提供催化活性，这是因为运行温度下阳极反应相对较快，与阴极相比阳极不需要那么高的表面积。因此，熔融碳酸盐可以部分注满阳极，可以用作碳酸盐的储层，在长期使用时可补充有可能从电堆中流失的碳酸盐。然而，长期使用时的电解质损失仍是不可避免的。

（2）阴极

纯 NiO 是阴极材料的首选。熔融碳酸盐燃料电池环境中氧化物会被电解质中的 Li^+ 离子掺杂，同时会产生额外的电子/空穴对，从而可用 Ni^{3+} 代替 Ni^{2+} 来增强导电性。然而，NiO 在熔融碳酸盐中的溶解度很小。并且，一些镍离子会在电解质中形成并趋于向阳极扩散。当离子接近阳极处的化学还原条件（燃料气体是还原性气体）时，金属镍会在电解质中沉淀出来导致内部短路，进而使电池功率输出损失。此外，沉积的金属镍还会充当离子的吸收体，从而促进金属从阴极的进一步溶解。在较高的 CO_2 分压下镍的浸出会变得更加严重：

$$NiO + CO_2 \longrightarrow Ni^{2+} + CO_3^{2-}$$

如果在电解质中使用碱性而不是酸性的碳酸盐，则该问题可得到缓解。常见的碱金属碳酸盐的碱度依次降低：（碱性）$Li_2CO_3 > Na_2CO_3 > K_2CO_3$（酸性）。研究发现，62% Li_2CO_3 + 38% K_2CO_3 和 52% Li_2CO_3 + 48% Na_2CO_3（均为质量分数）的低共熔混合物有着最低的氧化镍溶解速率。研究表明，向碳酸盐中添加一些碱土金属氧化物（CaO、SrO、BaO）或稀土氧化物（La_2O_3）可使 NiO 的溶解度大幅降低。

（3）双极板

熔融碳酸盐燃料电池的双极板通常由不锈钢薄板制成。板的阳极侧涂有镍，该涂层在阳极的还原环境中是稳定的，其为电流收集提供了传导路径且不会被从阳极迁移来的电解质浸湿。电池的气密密封是通过基质中电解质与电化学活性区域外部的单电池边缘处的双极板接触来实现的。为了避免在"湿密封"区域腐蚀不锈钢，双极板镀有一层薄薄的铝，该薄层与电解液中的 Li_2CO_3 反应形成了 $\gamma\text{-}LiAlO_2$ 保护层。

4.3.5 固体氧化物燃料电池

4.3.5.1 固体氧化物燃料电池概况

固体氧化物燃料电池是使用氧化物离子导电陶瓷材料作为电解质的固态电池。因此，它在概念上比所有其他类型的燃料电池系统更简单，因为仅涉及两个相（气相和固相）。氢、CO 乃至碳氢化合物都可以用作燃料。在电池运行过程中，带负电的 O^{2-} 从阴极通过电解质流向阳极。因此，在阳极处产生水。几乎所有的固体氧化物燃料电池使用基于 ZrO_2 的固态陶瓷电解质，并在其中添加了少量 Y_2O_3 来稳定结构的变化。当温度达到约 700℃ 时，ZrO_2 会成为良好的氧离子（O^{2-}）导体，而 800~1100℃ 能使得 ZrO_2 电解质的性能得到充分发挥。这是所有燃料电池的最高工作温度范围，因此在结构和耐用性方面提出了额外的挑战。固体氧化物燃料电池通常具有良好的转换效率，以 LHV 计算其效率大于 50%，在热电联用中甚至具有更好的性能。

随着西屋电气公司（Westinghouse Electric Corporation）引入管状设计，固体氧化物燃料电池的开发在 20 世纪 60 年代逐步升级。与平板型电池相比，管状形状更能承受高温运行下的热应力。最初，陶瓷材料 $LaCrO_3$ 被用于管状电池的连接体。然而遗憾的是，这种材料中的铬会迁移到阴极中，并导致电池严重失效。这也是最近开发低温型固体氧化物燃料电池的原因之一。目前，西屋公司已经暂停了固体氧化物燃料电池的开发。

然而，高温型固体氧化物燃料电池依旧受到西屋电气公司、西门子股份公司（Siemens AG）和劳斯莱斯（Rolls-Royce）等公司的青睐。它可用于以天然气为燃料的大规模（基本负荷）发电设施。进行内部重整的能力有望简化系统设计，并使效率大大高于使用天然气的磷酸燃料电池系统所获得的效率。此外，从电堆中获得的热量可以用于大规模的热电联产或联合循环发电厂。

4.3.5.2 ZrO_2 电解质

在固体氧化物燃料电池中，电解质在高温下会同时暴露于氧化端（空气侧）和还原端（燃料侧）。因此，电解质应具有以下特性：

(1) 足够的离子电导率，以最大限度减少欧姆损耗，且几乎没有电子电导率。

(2) 致密的结构，即不透气。

(3) 高化学稳定性。

(4) 热膨胀系数必须在阴、阳两极的界面处匹配。

尽管已研究了其他几种氧化物，例如 $Bi_2O_3CeO_2$ 和 Ta_2O_5，但掺有 8%~10%（摩尔）的 Y_2O_3 的 ZrO_2（即 YSZ）依然是最有效的电解质。纯 ZrO_2 具有单斜晶体结构，在室温下是不良的离子导体。当加热到 1173℃ 以上时，它经历从单斜晶到四方晶的相变，然后再进一步加热到 2370℃ 时，变成立方萤石结构。这些相是离子导体。从单斜相到四方相的相变伴随着体积的明显变化（约 9%）。为了在较低温度下稳定立方结构并增加氧空位的浓度（通过空位跳跃传导氧离子需要氧空位），将掺杂剂引入阳离子亚晶格。掺杂离子通常为 Ca^{2+} 和 Y^{3+}，它们会分别产生 CaO 稳定的 ZrO_2（CSZ）和 YSZ。每种掺杂剂都可以稳定立方萤石结构并改善 ZrO_2 的氧离子传导性。

ZrO_2 在阳极和阴极的还原和氧化环境中都非常稳定，并且在约 700℃ 以上是快速氧离子导体。传导 O^{2-} 离子的能力是由于萤石结构中的某些 Zr^{4+} 离子被 Y^{3+} 离子替代。当发生这种离子交换时，由于三个 O^{2-} 离子替代了四个 O^{2-} 离子，因此许多氧离子位变得空缺。氧离子的传输发生在位于晶格中四面体位点的空位之间，这一过程在原子和分子水平上都已被研究清楚。YSZ 的离子电导率（在 800℃ 下为 0.02S/cm，在 1000℃ 下为 0.1S/cm）类似于液体电解质。此外，YSZ 可以做得很薄（25~50μm），从而确保欧姆损耗可与其他类型的燃料电池在同一水平。可以将少量的氧化铝添加到 YSZ 中以改善其机械稳定性，并且也已经使用四

方相 ZrO_2 来增强电解质结构，从而可以制造甚至更薄的电解质层。

掺杂也会影响 ZrO_2 的氧离子传导性。研究发现掺杂剂的原子序数、离子半径和浓度均会影响电导率。在已研究的材料中，Sc 经常被促进作为 YSZ 的掺杂剂，因为 Sc 氧化物中 Sc^{3+} 的离子半径为 0.87Å，与立方氧化锆中的 Zr^{4+} 的离子半径很接近（0.84Å）。尽管用少量 Sc_2O_3 掺杂 YSZ 确实改善了其离子电导率，但这种材料的长期性能不及未掺杂的 YSZ。因此，从成本的角度出发，通常排除 Sc^{3+} 作为掺杂剂。

增强 ZrO_2 的离子电导率和性能的另一种方法是采用电解质薄膜。可以通过电化学气相沉积（EVD）以及通过流延和其他陶瓷加工技术获得低至 $40\mu m$ 的厚度。EVD 工艺是西屋电气公司率先开发的，用于生产难熔氧化物薄层，可适用于电解质、阳极和管状 SOFC 设计中使用的互联。然而，现在该技术仅用于制造管状电池的电解质。引入金属氯化物蒸气在管表面的一侧形成电解质，在另一侧引入氧气与蒸气的混合物。管两侧的气体环境会形成两个电偶，最终结果是在管上形成致密且均匀的金属氧化物层。沉积速率由不同离子的扩散速率和电荷载体的浓度决定。

4.3.5.3 阳极

（1）镍-YSZ

固体氧化物燃料电池的阳极通常为镍-YSZ 金属陶瓷。多孔 YSZ 用于抑制金属颗粒的粗化或烧结（否则会导致表面积损失），并为阳极提供类似于电解质的热膨胀系数。通常在该金属陶瓷中使用体积占比至少 30% 的镍，以便在保持所需孔隙率的同时获得足够的电子导电性，从而不损害反应物和产物气体的传递。镍和 YSZ 在很宽的温度范围内都是非反应性的，并且彼此之间也不混溶。这两个特性简化了 YSZ 金属陶瓷的制备，并允许通过常规的 NiO 和 YSZ 粉末烧结来制备。将 NiO 在原位还原为 Ni 会导致高度多孔（20%~40%）的 YSZ 结构，该结构在 YSZ 孔的表面上包含相连的 Ni 颗粒。该结构提供了用于燃料氧化的基本三相边界以及用于从反应区到集电极的电子传导的路径。

阳极支撑的电解质电池是近期的创新。在这些电池中，阳极是通过将 NiO 和 YSZ 粉末挤压或压制成所需的形状来制备的，然后将其干燥烧结以产生可以支撑电解质薄层的相对较厚的板。将粉末状的电解质材料喷涂到阳极上，并像以前一样共同烧制这两层。

影响 Ni-YSZ 金属陶瓷阳极性能的因素包括原材料的性能、烧结温度和镍含量。另外，通过降低镍颗粒的烧结程度，对微观结构进行改进或用各种材料掺杂可以改善长期性能。

（2）CeO_2

CeO_2 本身具有的一定的 O^{2-} 空位表面浓度，是烃类氧化的良好催化剂。通过用某些稀土金属掺杂 CeO_2，可以进一步增强催化活性。另外，掺杂的 CeO_2 依旧具有萤石结构，萤石结构不仅具有对于氧离子的导电性，而且还具有一些电子导电性。因此，CeO_2 本身就可以作为阳极材料。尽管掺杂的 CeO_2 具有良好的离子电导率，但是电子电导率相对较低，因此最常以金属陶瓷的形式使用该材料。掺杂的 CeO_2 和金属的组合在低温下具有出色的离子传导性，并具有高电子传导性，因此该材料是低温型固体氧化物燃料电池应用的理想选择。

掺杂 Gd_2O_3 的 CeO_2 与镍结合形成镍-GDC 金属陶瓷，在低至 500℃ 的温度下对甲烷的蒸汽重整具有很高的电化学活性，而不会使催化剂焦化。该材料的主要问题是可能因晶格膨胀而导致材料结构破坏，这是由于在低氧分压环境中可能发生的 Ce^{4+} 到 Ce^{3+} 的大量转变。当使用 YSZ 电解质时，尤其要关注这一点，因为在电解质界面处可能发生分层。用低化合价阳离子掺杂 CeO_2，例如 Sm^{3+}、Y^{3+} 和 Gd^{3+}，可能有助于防止降解。在 CeO_2 阳极中掺入原子数含量 40% ~ 50% 的 Gd_2O_3，例如 $Ce_{0.6}Gd_{0.4}O_{1.8}$，可以在电导率和机械稳定性之间取得良好的平衡。

（3）混合离子-电子导体阳级

随着用于低温型固体氧化物燃料电池的电解质材料的发展，人们逐渐关注可以取代传统金属陶瓷的阳极材料。某些钙铁矿同时具有电子和离子电导性，被称为"混合离子-电子导体"。如掺杂 Y 或 La 的 $SrTiO_3$、A 空缺且掺杂 Nd 和 Pr 和掺杂 Fe 的 $BaTiO_3$。不用说，寻找有效和稳定的阳极材料是一个非常活跃的研究领域。混合离子导体材料不仅除去了金属（例如镍）而减少了积炭，还提供了一种扩展阳极和电解质之间的三相边界的方法。

4.3.5.4 阴极

最早的 SOFC 使用 Pt 作为阴极，后续出现的导电陶瓷逐步取代了 Pt。最早被关注的是 $LaCoO_3$。但是，它与 YSZ 电解质会发生反应，导致电池永久失效。尽管通过掺杂 Sr 可以提高离子电导率，但是 $LaCoO_3$ 仍然可以与 YSZ 反应。它与掺杂的 CeO_2 不发生反应，但与它的膨胀系数不匹配。随着研究的深入，$LaMnO_3$ 成了首选材料。尽管也易与 YSZ 反应（特别是在高温下），掺 Sr 的 $LaMnO_3$ 已成为固体氧化物燃料电池使用最广泛的阴极材料。与许多钙钛矿一样，$LaMnO_3$ 的晶体结构发生相变，从室温下的正交结构变为在 600℃ 下的菱形结构。可以通过用 Sr^{2+} 代替某些 A 位来增强 $LaMnO_3$ 的混合离子电导率。特别值得注意的是，$LaMnO_3$ 的缺陷结构和非化学计量氧含量取决于实际所施加的氧分压。与大多数钙钛矿氧化物相比，$LaMnO_3$ 可能存在氧气过量或缺氧的事实是比较罕见的。该材料在很宽的氧气分压范围内都是稳定的，但是在非常低的水平上，它可以分解形成两个相，即 La_2O 和 MnO。

4.3.5.5 互连材料

互连是将相邻的燃料电池连接在一起的方式。在平面式设计中是双极板，但对于管状式形状，其排列方式有所不同。掺杂的 $LaCrO_3$ 一直是高温固体氧化物燃料电池中互连的首选材料，尤其是在西屋电气公司的管状电堆中。纯 $LaCrO_3$ 的电子传导性非常低，但通过用化合价较低的离子（例如 Ca^{2+}、Mg^{2+}、Sr^{2+}）取代 La^{3+} 或 Cr^{3+} 晶格位点，可以使之有所提高。不幸的是，该材料必须在相当高的温度（1625℃）下烧结以产生致密相，生产难度较大。

所有单元组件必须在化学稳定性和机械柔韧性方面要兼容（例如，它们都必须具有相似的热膨胀系数）。为了在高温烧结情况下获得良好的黏附力而不会使材料降解，各层必须以一定的方式堆积。许多制造方法被公司专利所保护，大量对电池材料加工的研究也正在进行。

对于在较低温度（<800℃）下工作的电池，可以使用抗氧化的金属合金作为互联件。铁素体不锈钢目前是首选。与 $LaCrO_3$ 陶瓷相比，金属合金具有诸如易于加工制造、原材料和制造成本显著降低以及优异的导电性和导热性等优点。合金，如 $Cr-5Fe-Y_2O_3$ 普兰西材料和 Crofer22 APU（一种由 VDM Metals GmbH 开发的高温铁素体不锈钢）的热膨胀系数与陶瓷组件

的热膨胀系数相匹配。不幸的是，在阴极的高氧分压下，此类合金中的铬趋向于汽化并沉积在 $LaMnO_3$-YSZ 三相边界上，从而导致阴极永久中毒。

4.3.5.6 密封材料

固体氧化物燃料电池(尤其是平面结构)的关键问题是密封。陶瓷和金属密封件必须具有热化学稳定性，并且必须与其他电池组件兼容。它还应承受室温和工作温度之间的热循环。为了满足这样的要求，已经开发出许多不同的密封方法，其中一些方法比其他方法更成功，包括刚性黏结密封件(例如玻璃陶瓷和铜焊料)、顺应性密封件(例如玻璃)和压缩密封件(例如基于云母的复合材料)。

最常见的做法是使用转变温度接近电池工作温度的玻璃。这些材料随着电池的加热而软化，并在电池周围形成密封。玻璃密封在平面堆叠设计中采用。例如，其中多个电池可以组装在一层中。与使用玻璃密封件有关的一个特殊问题是二氧化硅从玻璃中的迁移，特别是迁移到阳极上，从而导致电池性能下降。全陶瓷叠层已经采用了玻璃陶瓷，但是二氧化硅组分的迁移在阳极和阴极侧仍是一个问题。

钎焊尚未被广泛地用作密封剂，因为在进行钎焊操作所需的升高的温度(即高于 800℃)下，合适的金属易于氧化。可以通过在钎焊金属中添加钛或锆等金属来减少氧化，但是在钎焊过程中需要还原性气氛会降低阴极组件的活性。

兼容的压缩密封件(即垫圈)在固体氧化物燃料电池中的应用受到限制，因为大多数合适的金属在工作温度下受到持续的压缩力往往会氧化或过度变形。对于短期的实验室测试来说，这通常不是问题，因为实验时通常使用金垫片。具有更高弹性的云母复合材料已用于单电池测试，并且可能会在未来的平面堆叠结构中得到应用。

4.4 氢燃料电池的产业化发展现状

4.4.1 燃料电池的商业化进程

燃料电池系统具有高效率、低排放、噪声低等特性。20 世纪 90 年代，磷酸燃料电池取得了突破，其系统的可靠性变得显而易见。由于银行和其他金融机构要求"5 个 9"的可靠性，即 99.999%，以避免昂贵的停电，因此磷酸燃料电池(或者最好是两个并行运行以提供一些冗余)可以轻松实现此目标。与金融机构即使停电几秒钟所造成的损失相比，磷酸燃料电池系统的高成本也很小。此外，质子交换膜燃料电池可在远低于 0℃ 的温度下运行，这对于在冷藏仓库中使用燃料电池为叉车提供动力的方案非常有说服力。多年来，随着燃料电池技术(包括各种关键电池材料和系统集成)的持续发展，市场需求以及政府政策的变化，燃料电池受到了越来越多的资本与政策青睐。

4.4.2 国外燃料电池的代表性企业

燃料电池技术发端于欧洲。20 世纪 60 年代，燃料电池进入军用阶段，首次被用于美国航空航天管理局的阿波罗登月飞船上。从 90 年代开始，欧美及日本相继出台了多个政策或研发计划用于推动氢能及燃料电池技术的成熟和商业化。比如，1990 年美国颁布的《氢能研究、发展及示范法案》，其制定了氢能研发的 5 年计划；1993 年日本开启了为期 10 年的"氢能源系统技术研究开发"的综合项目；2003 年欧盟建立欧洲氢燃料电池技术研发平台；2008 年日本制定了 2015 年向普通用户推广燃料电池的计划，并于 2009 年开始对车主提供补贴；2019 年美国宣布 3100 万美元的氢能资助计划。随着政府政策的支持和市场需求的推动，欧美和日本出现了一批燃料电池专门企业。表 4-2 按燃料电池的种类分别列举了一些生产终端燃料电池及系统的代表性企业。

表 4-2　国外燃料电池的代表性企业

企业名称	燃料电池种类	国别	主流产品及特点
AFC Energy	碱性燃料电池	英国	L 系列电堆： 功率高达 40kW；可为城市机场部署；内部配有 Hydrox-Cell L 系列燃料电池；10in 集装箱大小；坚固耐用的外壳；适用于高温、低温和多尘环境
巴拉德动力系统公司（Ballard Power System Inc.）	质子交换膜燃料电池	加拿大	FCveloCity® 电池模块：生命周期内成本低，燃料电池组续航时间长、能效高和维修保养费低；集成简单；燃料效率和持续时间能适应范围很广的运行环境；产品稳定
UTC Power（2013 年被 ClearEdge Power 收购）	磷酸燃料电池	美国	PureCell 系统，是固定燃料电池系统，可提供 400kW 的电力和 170×10^4 kW·h 的热量。系统使用天然气，天然气在"催化转化"中转化为氢气、二氧化碳、一氧化碳和水
Fuel Cell Energy	熔融碳酸盐燃料电池	美国	Carbonate Fuel Cell Power Plant，系统效率高；极少的 NO_x、SO_x 以及颗粒物排放；便于安装投放于应用地点；适用于多种燃料类型
Bloom Energy	固体氧化物燃料电池	英国	EnergyServer5，65% 的效能，高功率密度，平均寿命超过 5 年，为目前行业最高水平
东芝能源系统和解决方案公司	自给自足氢能系统	日本	H_2One，是一种可再生能源为基础的独立能源供应系统，实现光伏发电、电解水制氢、氢燃料电池发电的集成

4.4.3　国内燃料电池的代表性企业及产业发展现状

21 世纪以来，我国也开始重视氢能及燃料电池的发展。近年来，随着国家及各个省（区、市）出台了一系列关于氢能及燃料电池发展的扶持政策，氢燃料电池也迎来了新的发展，其产业化进程得到了加速。"十三五"之前，政策导向为分阶段推进燃料电池的研发。"十四五"以来，燃料电池进入商业化初期阶段，政策导向转变为推进燃料电池汽车示范应用及突破燃料电池关键技术，预计 2017—2026 年燃料电池及系统的市场规模将达百亿元，发展前景良好。

表 4-3 和表 4-4 分别列举了一些 2020—2023 年国家及各省（含区、市）的政策。

表 4-3　国家层面燃料电池相关的政策汇总

发布时间	发布部门	政策名称	重点内容
2020 年 9 月	工业和信息化部	《关于开展燃料电池汽车示范将对燃料电池汽车的购置补贴政策，调整应用的通知》	对燃料电池汽车的购置补贴政策调整为燃料电池汽车示范应用支持政策，对符合条件的城市群开展燃料电池汽车关键核心技术产业化攻关和示范应用给予奖励，示范期暂定为四年，"以奖代补"的氢燃料电池汽车政策落地
2020 年 12 月	国务院	《新时代的中国能源发展》	加速发展绿氢制取、储运和应用等氢能产业链技术装备，促进氢能燃料电池技术链、氢燃料电池汽车产业链发展
2021 年 9 月	财政部、工业和信息化部	《关于启动燃料电池汽车示范应用工作的通知》	要求北京市、上海市、广东省切实加强燃料电池汽车示范应用工作组织实施，建立健全示范应用统筹协调机制，推动牵头城市人民政府不断提升示范应用水平，加快形成燃料电池汽车发展可复制可推广的先进经验
2021 年 12 月	财政部、工业和信息化部	《关于启动新一批燃料电池汽车示范应用工作的通知》	要求河北省、河南省有关部门要切实加强燃料电池汽车示范应用工作组织实施，建立健全示范应用统筹协调机制，推动牵头城市人民政府不断提升示范应用水平，加快形成燃料电池汽车发展可复制可推广的先进经验
2022 年 3 月	国家发展改革委	《氢能产业发展中长期规划（2021—2035年)》	2025 年，燃料电池车辆保有量约 5 万辆部署建设一批加氢站；到 2030 年，形成较为完备的氢能产业技术创新体系、清洁能源制氢及供应体系，产业布局合理有序；到 2035 年，形成氢能产业体系，构建涵盖交通、储能、工业等领域的多元氢能应用生态
2022 年 4 月	国家能源局	《"十四五"能源领域科技创新规划》	重点任务包括开展高性能、长寿命质子交支持类换膜燃料电池（PEMFC）电堆重载集成结构设计、精密制造关键技术研究，突破固体氧化物燃料电池（SOFC）关键技术掌握系统集成优化设计技术及运行特性与负荷响应规律；完善熔融碳酸盐燃料电池（MCFC）电池堆叠、功率放大等关键技术，掌握百千瓦级熔融碳酸盐燃料电池集成设计技术；开展多场景下燃料电池固定式发电及分布式供能示范应用
2023 年 1 月	工业和信息化部等	《关于推动能源电子产业发展的指导意见》	加快氢、甲醇、天然气等高效燃料电池研发和推广应用，突破电堆、双极板、质子交换膜、催化剂、膜电极材料等燃料电池关键技术
2023 年 5 月	科技部	《深入贯彻落实习近平总书记重要批示精神加快推动北京国际科技创新中心建设的工作方案》	打造绿色智慧能源产业集群，大力推动低碳、零碳、负碳技术研发与产业化，壮大以能源互联网、氢能及燃料电池为代表的绿色能源与节能环保技术创新。

表 4-4 省区市层面燃料电池相关的政策汇总

省(区、市)	发布时间	政策名称	重点内容
广东	2022 年	《广东省加快建设燃料电池汽车示范城市群行动计划(2022—2025 年)》	到 2025 年,实现推广 1 万辆以上燃料电池汽车目标,年供氢能力超过 10×10^4 t,建成加氢站超 200 座,车用气终端售价降到 30 元/km 以下
	2023 年	《广东省推进能源高质量发展实施方案》	加快培育从氢气制备、储运、燃料电池电堆、关键零部件和动力系统集成的全产业链。多渠道增加氧气供给能力,适度超前建设氧气储运加基础设施,利用低温氢燃料电池产业先发优势,形成广州—深圳—佛山—东莞环大湾区核心区车用燃料电池产业集群
北京	2020 年	《北京市氢燃料电池汽车产业发展规划(2020—2025 年)》	2025 年燃料电池行业累计产值突破 240 亿元
	2021 年	《北京市氢能产业发展实施方案(2021—2025 年)》	2023 年燃料电池车保有量达 3000 辆,2025 年达 10000 辆
河北	2023 年	《加快河北省战略性新兴产业融合集群发展行动方案(2023—2027 年)》	支持引导张家口、保定、衡水、邯郸、唐山等市加强氢燃料电池电堆材料、可再生能源制氢、多种形式储运等关键技术攻关
上海	2021 年	《上海市战略性新兴产业和先导产业发展"十四五"规划》	推广氢燃料电池汽车逐步进入市场应用,突破模电极、电堆质子交换膜等系统关键零部件核心技术,降低燃料电池汽车成本,完善加氢站布局
	2023 年	《关于新时期强化投资促进加快建设现代化产业体系的政策措施》	对符合条件的燃料电池关键零部件项目,单个企业同类关键零部件产品最高给予 3000 万元奖励
山东	2023 年	《山东省科技支撑碳达峰工作方案》	重点突破燃料电池核心技术及加氢站基础设施颈,围绕培育壮大"鲁笔经济带"、打造山东半岛"氧动走廊",依托潍柴燃料电池技术创新中心,协同山东东岳集团、山东能源研究院、山东大学等,加快氢能前沿技术研究,集中攻关大规模氨能制取、储存、运输、应用一体化技术,打造全国首个万台套氢能综合供能装置示范基地
浙江	2021 年	《浙江省加快培育氢燃料电池汽车产业发展实施方案》	到 2025 年,在公交、港口、城际物流等领域推广应用氢燃料电池汽车接近 5000 辆,规划建设加氢站接近 50 座
天津	2021 年	《天津市科技创新"十四五"规划》	大力发展氢燃料电池等领域的基础理论和关键技术以及能源领域的新催化剂研究
内蒙古	2022 年	《内蒙古自治区"十四五"氢能发展规划》	"十四五"末,内蒙古计划达成供氢能力 160×10^4 t/a,绿氢占比超 30%;建成加氢站 60 座;加速推广中重型矿卡替代,在公交、环卫等领域开展燃料电池车示范,推广燃料电池汽车 5000 辆

省(区、市)	发布时间	政策名称	重点内容
四川	2023 年	《四川省能源领域碳达峰实施方案》	开展长寿命、低铂载量燃料电池膜电极制备技术攻关。开发百千瓦级到兆瓦级发电模块系统。研究燃料电池冷热电二联供核心技术与系统集成
江苏	2023 年	《关于推动战略性新兴产业融合集群发展的实施方案》	加快低温和高温燃料电池堆、关键材料等技术攻关
福建	2022 年	《福建省氢能产业发展行动计划(2022—2025 年)》	到 2025 年,培育组建一批国家、省级氢能与燃料电池研发创新平台,氢燃料电池电堆,关键材料、零部件和动力系统集成等核心技术取得较大突破,形成一批具有商业化推广能力的创新项目,核心产品在稳定性、长寿命、经济性等方面大幅提升,拥有自主笔品品阵产品核心技术水平国内领先 2025 年,全省燃料电池汽车(含重卡、中轻型物流、客车)应用规模达到 4000 辆,覆盖全省主要氢能示范城市的基础设施配套体系初步建立,力争建成 40 座以上各种类型加氢站

虽然我国燃料电池的研发晚于欧美和日本,但是随着市场需求的日益增长,尤其是新能源汽车市场的日益扩大,以及达成"双碳"目标,特别地,2020 年、2021 年五大燃料电池汽车示范城市群的建立,现阶段燃料电池在国内的发展方兴未艾。国内一些传统"能源动力"行业的企业布局了燃料电池业务,例如潍柴动力、东方电气等,也涌现了许多主营燃料电池技术开发和商业化的企业,例如亿华通、捷氢科技。与此同时,也迎来了密集的融资和投资热潮。这无疑为国内燃料电池技术的持续进步和迈向成熟带来了契机。目前,我国已经具备燃料电池系统中双极板、膜电极等关键原材料生产能力,在燃料电池系统生产国产化、规模化的背景下,其具备 70%降本空间。

表 4-5 列举了一些国内主要的燃料电池企业。下面就主营业务为燃料电池及系统的龙头企业进行简要介绍。

表 4-5　国内主要燃料电池企业

企业	简介	燃料电池产品及业务
亿华通	中国领先的燃料电池系统制造商,具备设计、研发、制造燃料电池系统核心零部件能力,控股子公司神力科技在燃料电池系统、电堆和柔性石墨双极板方面具备丰富的研发经验	燃料电池发动机(亿华通) 燃料电池电堆(神力科技) 燃料电池模块(神力科技) 燃料电池电堆测试台(神力科技) 燃料电池系统测试台(神力科技)
潍柴动力	一家汽车及装备制造产业集团,主营业务包括动力系统、商用车、农业装备等。控股公司巴拉德是世界知名燃料电池厂商,双方共同成立潍柴巴拉德,推进氢燃料电池相关合作	燃料电池发动机系统(潍柴动力)燃料电池系统(巴拉德) 燃料电池电堆(巴拉德)

企业	简介	燃料电池产品及业务
中科院大连化学物理研究所燃料电池系统科学与工程研究中心	主要关注燃料电池、水电解、可再生燃料电池系统等领域的基础和工程科学问题，面向氢能等新能源的利用生产开展电化学应用基础研究和工程化研究	质子交换膜燃料电池 碱性阴离子膜燃料电池 固体氧化物燃料电池 可再生燃料电池 直接氨燃料电池
捷氢科技	公司具备膜电极、燃料电池电堆、燃料电池系统、整车动力系统集成等环节的研发和规模生产能力	燃料电池电堆 燃料电池系统
新源动力	公司掌握燃料电池电堆和零部件开发、批量制造工艺核心技术，主要产品包括燃料电池产品和燃料电池测试设备	燃料电池电堆 燃料电池系统 燃料电池膜电极 燃料电池测试系统
清能股份	一家大功率燃料电池电堆及系统技术提供商，主要发展以商用车为主的燃料电池电堆及系统，控股子公司 Hyzon Motors 负责氢燃料电池商用车业务，2021 年于纳斯达克上市	燃料电池电堆(清能股份)燃料电池系统(清能股份)氢燃料电池商用车(Hyzon Motors)
东方电气	东方电气(成都)氢燃料电池科技有限公司是东方电气集团氢能与燃料电池产业发展的核心平台。公司致力于成为世界一流的燃料电池供应商和服务商，为客户提供氢能利用整体解决方案及燃料电池相关的核心设备和服务	膜电极、电堆、燃料电池发动机、供氢系统、燃料电池车辆动力总成解决方案(燃料电池发动机、驱动电机、电机控制器、整车控制器等)、燃料电池测试平台，并提供相关技术开发、技术咨询、运维等服务
雄韬股份	一家集电池研发、生产、销售、服务于一体的高新技术企业。目前，拥有全国最大功率氢燃料电池发动机、第一条自动化电堆生产线等，完成了膜电极、燃料电池电堆、燃料电池发动机系统、整车运营等氢能产业链关键环节布局	拥有全国最大功率氢燃料电池发动机、第一条自动化电堆生产线等，完成了膜电极、燃料电池电堆、燃料电池发动机系统、整车运营等氢能产业链关键环节布局

北京亿华通科技股份有限公司(简称"亿华通")，成立于 2012 年，是一家集氢能与氢燃料电池研发与产业化的国家级高新技术企业，北京市专精特新"小巨人"企业，是中国燃料电池系统研发与产业化的先行者，是我国氢燃料电池领域极少数具有自主核心知识产权并实现氢燃料电池发动机及电堆批量化生产的企业之一。经过十几年的发展，企业取得了多项荣誉，也持续迭代开发了 30~240kW 等不同功率的燃料电池系统。其中，2021 年 12 月向市场发布的 240kW 型号，为国内首款额定功率达到 240kW 的车用燃料电池系统。目前主流的燃料电池系统包括 M 系列、G 系列和 T 系列。M 系列首创双堆并联式进排气分配歧管组模型，大幅提升了能量转换效率、动态响应速度，进而提高了氢燃料电池寿命。G 系列产品采用具

有完全自主知识产权的国产电堆，零部件国产化率高达 100%。最高质量功率密度突破了800W/kg，实现 -35℃ 低温启动、-40℃ 低温储存。可广泛适用于公交、物流、城际客车、牵引车、环卫车、乘用车、叉车等大小多种车型。T 系列产品采用金属板电堆，具有高可靠性、长寿命等特点，适用于公交车、团体客车、卡车等大车型。

上海捷氢科技股份有限公司（简称"捷氢科技"）成立于 2018 年，是燃料电池领域高新技术企业，国家级专精特新"小巨人"企业、上海市科技"小巨人"企业。公司目前已建成膜电极、燃料电池电堆、燃料电池系统、整车动力系统集成与适配开发在内的纵向一体化自主研发和规模化生产能力，推出车规级、高性能、高可靠、强环境适应性产品，功率覆盖1.5~270kW，满足不同区域、不同场景、不同客户的多元化需求。产品广泛应用于乘用车、城市公交、团体客车、轻卡、中重型卡车等多种车型，在上海、北京、广东、江苏、内蒙古、陕西等 15 省 23 市开展商业化推广，同时积极探索轻型载具、工程机械、叉车、机场行李拖车及分布式发电等多元化应用。目前开发的燃料电池电堆有 PROMEM4H 和 PROMEM3X等产品，燃料电池系统包括 PROMEP4X、PROMEP4H、PROMEP4M 和 PROMEP4L 等产品。

新源动力股份有限公司成立于 2001 年，是中国第一家致力于燃料电池产业化的股份制企业。2006 年获国家发改委授牌并承建"燃料电池及氢源技术国家工程研究中心"，同年获国家人事部授牌"博士后科研工作站"，2018 年通过 IATF16949 汽车行业质量管理体系认证，是国家级高新技术企业、国家级知识产权试点单位。公司集科研开发、工程转化、产品生产、人才培养于一体，主要从事氢燃料电池膜电极、电堆模块、系统及相关测试设备的设计开发、生产制造和技术服务。目前，公司技术和产品涵盖了质子交换膜燃料电池关键材料、关键部件、电堆、系统各个层面。2019 年成为首家上榜国家专利500 强燃料电池企业，排名第 286。目前产品包括 HYMEA 系列膜电极、HYSTK 系列燃料电池电堆、HYMOD 系列燃料电池模块、HYSYS 系列燃料电池系统以及 HYFTB 燃料电池测试系统等。

参 考 文 献

［1］Gasteiger H A, et al. Activity benchmarks and requirements for Pt, Pt-alloy, and non-Pt oxygen reduction catalysts for PEMFCs ［J］. Appl. Catal., B, 2005, 56: 9-35.

［2］Aulice Scibioh M, Viswanathan B. The status of catalysts in pemfc technology ［M］. New York: Springer, 2011.

［3］Barbir F. PEM fuel cells-Theory and practice ［M］. 2nd ed. Laguna Hills: Elsevier, 2013.

［4］Gong K, Du F, Xia Z, et al. Nitrogen-doped carbon nanotube arrays with high electrocatalytic activity for oxygen reduction ［J］. Science, 2009, 323: 760-764.

［5］Wei W, Liang H, Parvez K, et al. Nitrogen-doped carbon nanosheets with size-defined mesopores as highly efficient metal-free catalyst for the oxygen reduction reaction ［J］. Angew. Chem. Int. Ed., 2014, 53: 1570-1574.

［6］Zhang W, Wu ZY, Jiang H L, et al. Nanowire-directed templating synthesis of metal-organic framework nanofibers and their derived porous doped carbon nanofibers for enhanced electrocatalysis ［J］. J. Am. Chem. Soc., 2014, 13: 14385-14388.

［7］Liu R, Wu D, Feng X, et al. Nitrogen-doped ordered mesoporous graphitic arrays with high electrocatalytic activity for oxygen reduction [J]. Angew. Chem. Int. Ed. , 2010, 49: 2565-2569.

[8] Zeng Y, et al. Tuning the thermal activation atmosphere breaks the activity-stability trade-off of Fe-N-C oxygen reduction fuel cell catalysts [J]. Nat. Catal. , 2023, 6: 1215-1227.

[9] Lai W-H, Miao Z, Wang Y-X, et al. Atomic-local environments of single-atom catalysts: synthesis, electronic structure, and activity [J]. Adv. Energy Mater. , 2019, 9: 1900722.

[10] Ji S, Chen Y, Wang X, et al. Chemical synthesis of single atomic site catalysts [J]. Chem. Rev. 2020, 120: 11900-11955.

... paper ... Andan ... Bishop ... FC, Nocera DG, ...
... [J]. in ... the ... phot ... by ... bond the actions ... co ... of F-
water ... splitting ... catalysts [J]. Nat Chem, 2005, 6: 1815-1157.

第5章　氢能与综合能源系统

　　我国能源结构问题亟待解决，构建更加多元、清洁、低碳、可持续的新型能源体系成为实现"能源产业战略性、整体性转型"的当务之急。可再生能源制绿氢，以及进一步转化而来的绿氨和绿甲醇等氢基能源，与电能一样既属于"过程性能源"，又与石油天然气一样属于"含能体能源"，氢基能源因其独特的双重属性承担起使新型电力系统与新型能源体系互通的媒介。

　　我国在"双碳"目标下，为加快构建新型电力系统，需要充足的灵活性资源。制氢作为用电负荷是一种典型的灵活性资源，可以提高新能源利用率，助力新型能源体系的构建。通过煤电掺氨与气电掺氢燃烧发电，可有效实现火电清洁低碳转型，同时通过储氢（氨），可实现长周期储能，解决跨季能源平衡问题。

　　构建新型能源体系被赋予的使命是保障国家能源安全，为中国式现代化提供源源不断的能源保障，与此同时还应保证绿色低碳、高效智能的能源体系。要想达到上述使命目标，不能只依靠新型电力系统的转型，同时也需有一定规模的可靠能源品类作为兜底保障。因此，新型能源体系应该是由以可再生能源为主体的新型电力系统和以"氢基能源"为首的新型能源品种两部分作为主要支撑，两者相互促进，相互依托，以绿色氢基能源为桥梁，共同组建中国式新型能源体系。

5.1 氢能与综合能源系统简介

氢能是十分高效而清洁的未来能源。氢能产业链包括上游制氢，中游氢储运和氢加注，以及下游氢能应用环节(图5-1)。然而，当前氢能主要作为工业原料而非主要能源使用，未来除了以原料或者能源形式应用于工业和建筑领域外，更重要的将是通过燃料电池发电等方式为燃料电池车、分布式发电提供能量来源，从而实现氢能高效利用。因此，如何以氢能为核心，整合现有的能源系统，实现新型综合能源系统的构建，是未来的主要研究方向。

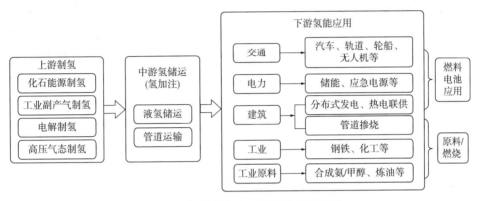

图 5-1　氢能的生产、运输及应用情况

从我国的战略思路出发，构建新型能源体系被赋予的使命是保障国家能源安全，为中国式现代化提供源源不断的能源保障，与此同时还应保证为绿色低碳、高效智能的能源体系。要想达到上述使命目标，不能只依靠新型电力系统的转型，同时也需有一定规模的可靠能源品类作为兜底保障。因此，新型能源体系应该是由以可再生能源为主体的新型电力系统和以"氢基能源"为首的新型能源品种两部分作为主要支撑，两者相互促进，相互依托，以绿色氢基能源为桥梁，共同组建中国式新型能源体系。图5-2是新型能源体系概述图。

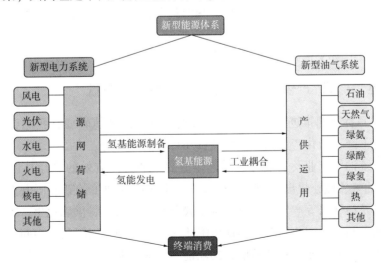

图 5-2　新型能源体系概述图

5.1.1 加快构建"源网荷储"智能协同的新型电力系统

随着电力供给结构以化石能源发电为主体向新能源提供可靠电力支撑转变，解决新能源发电随机性、波动性、季节不均衡性带来的系统平衡问题，多时间尺度储能技术规模化应用，系统形态逐步由"源网荷"三要素向"源网荷储"四要素转变。新型电力系统建设形势紧迫，需解决地区电力供应紧张、系统调节能力和支撑能力需求增加、高比例电力电子设备"双高"持续提升、源网荷储各环节控制规模指数级增长带来的调控技术手段和网络安全防护、电力关键核心技术装备短板、适应新型电力系统的体制机制面临改革等问题和挑战。

考虑到支撑高比例新能源接入系统和外送消纳，未来电力系统仍将以交直流区域互联大电网为基本形态，同时柔性交直流输电等新型输电技术将得到广泛应用。以分布式智能电网为方向的新型配电系统形态逐步成熟，就地就近消纳新能源将成为主流，形成"分布式"与"大电网"兼容并存的电网格局。提升发电侧新能源并网友好性，强化新型电力系统绿色属性；充分激活用户侧资源的灵活互动潜力，强化新型电力系统调节柔性；提升电网安全防御能力和资源配置能力，强化新型电力系统安全韧性；支撑新型电力系统市场化变革，助力新型电力系统市场机制创新。

2030年新能源发电量占比逐步攀升，继续采取集中式与分布式、外送消纳与就地消纳并举的模式加快新能源部署。在2045年初步建成以新能源为主体的新型电力系统，新能源发电量占比达50%，消纳模式转变为就地消纳为主，低成本储能方式大量应用，数字技术在电力系统各环节广泛应用、有效融合，支撑电网向柔性化、数字化、智能化方向稳步升级，推动能源产业新生态加速形成。在2060年全面建成以新能源为主体的电力系统，新型电力系统基本成熟，电－氢耦合融合发展，电力系统促进氢能产业快速发展。

新型电力系统的建设将根本改变目前我国化石能源为主的发展格局，全面实现电代煤、电代油、电代气，推动各产业用能形式向低碳化发展，以新能源为电量供给主体的电力资源与其他二次能源融合利用，构建多种能源与电能互联互通的能源体系。绿色氢基能源作为清洁优质的二次能源，可以与电能相互转化，既消费电能又生产电能，是新型电力系统重要的平衡调节参与力量，能够解决可再生能源电力消纳、火电低碳转型、跨季节长时储能等问题，并提供"双碳"目标下电力系统的可选解决方案。

5.1.2 逐步形成"产供运用"一体化的新型油气系统

随着"双碳"目标快速推进，绿色低碳生活生产方式的加速转变，我国石油消费量在快速达峰后将逐步下降，石化产业面临结构调整和转型发展压力。

展望未来传统油气产业及企业完成绿色转型的一个行之有效的途径是将氢基能源(氢、氨、甲醇)引入油气领域，提出"新型油气"概念，通过绿色廉价的新能源电力制取绿氢，依托煤化工、煤电及油气田等产生的富集二氧化碳资源，作为原料供炼化生产绿色油品、绿色化工产品，带动氢基能源产业发展，实现传统油气行业转型。以绿氢为中间环节，实现化石能源和清洁能源之间的多能互补转换枢纽的功能。探索开展大规模风光制氢、分布式发电、热电联供等新型供能和用能模式，探索实现氢、水与二氧化碳合成反应制备一系列化工产品的技术路线，架起氢能在化石能源和清洁能源之间交叉利用的桥梁，实现二氧化碳的清洁可持续减排和资源化利用，逐步提升绿色能源供给水平。

油气行业发展模式需顺应"双碳"目标下绿色低碳和可持续发展要求，与新能源深度融合是实现行业绿色低碳发展的有效途径。油气行业可凭借自身优势，借助油气管网或构建"全国骨干氢网"开展跨区域氢基能源的输送，打造可与"电力电网"相当的"新型油气输配管网"，未来可有效释放西部区域规模化新能源制氢(氨、醇)潜力，实现跨日、月、季型长周期储能，同时拉动氢能下游在交通、电力、工业等方向多元化发展，带动"火电掺氨""气电掺氢"等降碳减碳技术路线的实施和发展，助力碳中和目标的如期实现。

5.1.3 积极布局"电—氢—资源"耦合互为支撑的新型能源体系

第一，利用可再生能源电制氢，促进可再生能源消纳。我国可再生能源发展领先全球，随着大规模可再生能源的快速发展，其运行消纳问题会进一步显现，利用可再生能源制氢可有效提升我国可再生能源消纳水平。以新能源电力制氢促进新能源消纳，以新能源发展促进建设成本下降，以建设成本降低促进电价下降，以电价下降提高绿氢经济性，形成新能源产业链的良性循环。

第二，利用氢储能特性，实现电能跨季节长周期大规模储存。随着我国电力结构转型的进行，新能源装机比例将不断提升，电力系统对灵活性的要求使得大规模与长时间储能的需求增加，安全、可持续和负担得起的能源就成了未来储能的关键因素。电化学储能存在储能时间短、容量规模等级小等不足，目前主要用于电网调频调峰、平滑新能源出力波动性，实现小时级别的短周期响应与调节；抽水蓄能作为长时储能的代表同时也存在建设要求较高等短板，在水资源匮乏及地形地质条件差地区难以作为；氢储能具有储能容量大、储存时间长、清洁无污染和消纳方向广等优点，能够在抽水蓄能、电化学储能等主流储能形式不适用的场景发挥优势，在大容量长周期调节的场景中，氢储能在经济性上更具有竞争力。

第三，利用氢能电站快速响应能力和产热能力，为新型电力系统提供灵活调节手段，为周围生活区域提供热能支持。基于电解水制氢装备具有较宽的功率波动适应性，可为电网提供调峰能力，提高电力系统安全性、可靠性、灵活性，是构建零碳电网和新型电力系统的重要手段。而基于高温固体氧化物燃料电池(Solid Oxide Fuel Cell，SOFC)的燃料电池/电解槽(Solid Oxide Electrolyzer Cells，SOEC)则在提供更高能量密度的同时产生高品质余热，SOFC/SOEC系统工作温度500~1000℃，出口气体温度达到400~900℃，以燃料电池热电联供方式取代传统锅炉单独供热方式可提高能源综合利用率并实现碳减排效果。

第四，推动氢能与工业领域有机融合，实现绿氢取代，促进减排改革。以新能源项目为基础，发展新能源风光制氢+氨(醇)一体化项目，打通氢、氨、醇运输壁垒，形成"电—氢—能源—消费"一条龙式绿色能源消费链。支持工业氢冶金及石油气资源加氢合成技术，以氢为介质支撑绿色电力在化工领域发挥减排作用，探索氢能与燃料电池作为分布式供能手段，实现区域分布式能源供给。推动氢能跨领域多类型能源网络互联互通，拓展电能综合利用途径。

传统能源体系随着氢基能源框架的建立而打破，新型能源体系将以小步快走的方式完成变革。当前我国正在实现氢基能源由示范项目阶段向规模化应用过渡，将在条件匹配的能源利用场景率先实现氢能取代。在"碳达峰"阶段各类示范项目延伸拓展，产业之间融合互补，氢能社会骨架基本形成，氢能初步支撑起新型能源体系构建。在"碳中和"阶段实现氢能在各行各业全面参与，电力系统—氢基能源—油气系统充分耦合，助力"碳中和"这一伟大愿景的实现。

5.2　氢能的制取方式

想要让氢能参与到传统的能源体系中，必须了解氢能与其他能源直接如何进行转化。众所周知，氢能是一种二次能源，氢气必须通过化学过程由存在于化合物中的氢元素转化而来。传统的制氢方法主要有化石燃料制氢、副产气体制氢和电解水制氢三大类。其中，化石燃料制氢主要包括煤制氢、天然气制氢等；副产氢主要来自氯碱副产氢和焦炉煤气副产氢。我国是氢气生产大国，2023 年我国氢气产量超过 $3686.2×10^4$ t，实现同比 4.5% 的稳步增长。当前我国氢气还主要来源于化工领域，以煤、天然气、石油等化石燃料生产的氢气占了将近 80%，工业副产气体制得的氢气近 20%，而电解水、光解水等新型制氢方法占不到 1%。

化石燃料制氢技术具有技术成熟、成本较低等优点，是当前最主要的氢气生产方式，但是也面临着碳排放量高、气体杂质含量高等问题。我国煤制氢技术成熟，已实现商业化且具有明显成本优势（7～12 元/kg），适合大规模制氢。我国煤炭资源丰富，煤制氢是我国当前主要的制氢方式，但这种方法过程较烦琐且排放大量 CO_2，不能实现氢能利用的无碳排放。天然气制氢成本受原料价格影响较大，综合成本略高于煤制氢，主要适用于大规模制氢，但也存在碳排放问题，同时我国天然气大量依赖进口，原料相对难以保证。尽管未来碳捕捉技术有望解决 CO_2 排放问题，但也会增加制氢成本。此外，化石燃料制氢技术生产的气体杂质成分多，如果应用于燃料电池。还需要进一步提纯，增加纯化成本。

尽管工业副产氯制氢提纯工艺相对复杂，但具有技术成熟、成本低环境相对友好等优点，有望成为未来高纯氢气的重要来源。工业副产氯制氢指利用含氯工业尾气为原料制氢的生产方式。工业尾气主要包括氯碱工业副产气、煤化工焦炉煤气、合成氨产生的尾气、炼油厂副产尾气等，基本都是混合气体，一般用于回炉助燃或化工生产等用途，利用效率低．且有较高比例的剩余。通过提纯回收利用其中的氢气，既能提高资源利用效率和经济效益，又可降低大气污染、改善环境。目前最常采用变压吸附技术（Pressure Swing Adsorption，PSA）进行提纯，变压吸附提氢工艺过程简单，技术成熟，采用 PSA 技术的焦炉煤气制氢、氯碱尾气制氢等装置已经得到推广应用，即使计入氢气提纯成本，仍具有较高的成本优势（10～20 元/kg）。

碱性电解水制氢技术成熟、氢气纯度高且环境友好，但是制氢成本高，将是未来分布式制氢的主要方式。电解水制氢技术主要包括碱性电解水制氢、固体质子交换膜电解水（SPE）制氢和固态氧化物电解水（SOEC）制氢。我国碱性电解水制氢技术是目前最成熟的制氢方法，也是现阶段国内主流的电解水制氢方法，工艺简单、制氢规模灵活、氢气产品纯度高。SPE 制氢技术在国外已进入市场导入阶段，但其在国内还处于早期开发阶段，与国外相比存在较大的差距。与碱性电解水制氢技术相比，SPE 制氢设备价格高出数倍，但具有对负荷变化响应速度快的特点，更适应可再生能源发电间歇性、波动性、随机性的特点，有望在装备成本降低后，成为未来更具市场前景的电解水制氢技术。总体而言，当前的电价下电解制氢综合成本较高，目前生产 1kg 氢气需要消耗 55~60kW·h 电能、制氢成本一般难以低于 30 元/kg，较高的制氢成本限制了电解水制氢方式的大规模推广，电解水制氢高灵活性和高成本的特点决定了当前阶段其更适合在分布式场景进行现场制氢。

总体而言，中国当前化工工业基础具有较好的制氢基础。尤其是在近期电解制氢成本较高，化石能源制氢又面临碳排放争议的情况下，利用中国的工业副产氢资源来满足燃料电池领域的应用，在经济性和清洁性上都是最好的选择。以当前约 600×10^4 t 副产氢测算，只要给予副产氢合适的收购价格，副产氢就会有足够的经济动力进行提纯，应用于燃料电池汽车。即使实现 10% 的应用，也足够约 30 万辆燃料电池大巴或公交车一年的使用（按每辆大巴车年耗氢 2t 计算）。所以，在中国氢能经济发展的初期阶段，中国工业制氢基础有能力提供充足且廉价的氢气资源。

与此同时，我国的能源央企纷纷将构建氢能供给体系作为重要的发展方向。当前国家电投、国家能源集团、中国石油、中国石化等能源央企、法液空等国际能源巨头，结合其各自优势选择不同技术路线，纷纷在我国布局氢能生产与供给；中船重工及部分民企制氢技术和设备也已具备商业化推广条件。除此之外，我国企业及科研院所也在积极探索其他新型制氢技术或低价制氢技术，如生物质制氢、光催化制氢技术等，当前距产业化还有一定距离，但若技术得以突破，则具有发展前景。

5.3 氢能的应用场景

作为一种能量密度较大的清洁能源，氢能的利用主要集中在发电、交通、民用、航空航天、工业、储能等领域（图 5-3）。

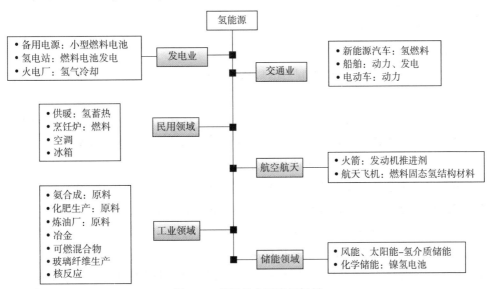

图 5-3 氢能的主要应用场景

其中，受限于氢气的性质，民用部分比较少。不管是国际还是国内，氢能当前均主要用于工业用途。氢气是现代炼油工业和化学工业的基本原料之一，广泛范围内氢以多种形式用于化学工业，现代工业中全世界每年用氢量超过 $5500 \times 10^8 m^3$。石油和其他化石燃料的精炼需要氢，如烃的增氢、煤的气化、重油的精炼等；化工中制氨、制甲醇也需要氢。其中，氢气在合成氨上用量最大。世界上约60%的氢是用在合成氨上，我国的比例更高，占总消耗量的80%以上。石油炼制工业用氢量仅次于合成氨。在石油炼制过程中，氢气主要用于石脑油、粗柴油、燃料油的加氢脱硫，改善飞机燃料的无火焰高度和加氢裂化等方面。炼厂用氢与现代煤化工(煤间接液化、煤直接液化、煤制天然气、煤制乙二醇)需求量为820×10^4 t/年，占比将近1/4。我国氢气几乎全部属于现场生产并消费，极少量的氢气通过长管拖车以高压气体的形式储存和输送。

具体来说，当前氢能的细分应用场景主要如下：

(1) 氢能站：氢能站可以实现氢气的储存与二次利用，是氢能利用的未来大趋势。

(2) 制备氨气：氨气是由空气中的氮和氢产生的。氨气起初应用于化肥生产厂，而且也应用在工业制冷和化工厂中。

(3) 金属冶炼：氢气与其他气体混合之后还可以用作冶金工业中常用的减压气，例如热处理钢和焊接。常用于不锈钢合金的热处理，磁钢合金、烧金，以及铜焊接中。

(4) 医药：在氢的过氧化物、聚合体、溶剂等进行化学合成时，氢气经常用作原材料。氢气还可用于提纯包含微量氧气的气体(如氩气)，利用氧气的催化剂和去除生成水之后的氢气。

(5) 石油提纯：在石油精炼厂中，氢气在生产汽油和柴油时用于提高黏性油的比例并且去除硫等成分。

(6) 玻璃和制陶业：在浮法玻璃工厂中，采用氢气抑制锡槽的氧化。

(7) 食品和饮料：用于氢化动物和植物油中的不饱和脂肪酸，为人造奶油和其他食物生成固体脂肪。

(8) 电子学：在生产集成电路半导体层时，氢气可以作为砷化氢、磷化氢等活性物质的运载气体。

(9) 发电装置：在大型发电装置中，经常采用氢气进行冷却，这是因为气体具有很高的导热系数和很低的摩擦电阻。

(10) 其他方面：燃料制造厂在制造燃料棒时利用氢气保护大气；液态氢在火箭燃料里经常要用到。

目前，国内面向应用于分布式发电站的燃料电池系统还处于实验研发阶段。由于大电网供电可靠性较高，且用户侧电价相对偏低，当前国内分布式氢能市场需求较为有限，小型燃料电池热电联产处于示范运行的早期阶段。多家科研机构、高校、企业单位参与推出了自行研制开发的热电联供系统，还有少数试验性的产品和项目。备用电源于2009年起步，具备良好的技术基础，已能满足通信应用领域的主要功能需求。弗尔赛能源、同济大学、武汉理工大学、上海攀业、国鸿氢能、高成绿能等企业和单位陆续开发出了样机及相应产品，技术水平达到国外同期指标水平，部分技术指标水平国际领先。目前在全国通信行业累计应用量约为300套，功率等级为3~5kW。对分布式发电系统已开展相关研究，多家单位推出了基于各种燃料电池类型的发电系统。中科院大连化物所研制出10kW PEMFC分布式发电系统，实现天然气重整PEMFC一体化热电联供。国内已建成多个千瓦级、十千瓦级SOFC分布式发电示范项目。潮州三环、武汉华科福赛、苏州华清京昆、宁波索福人等公司已具备了量产SOFC单电池、电堆能力。大型发电系统IGFC相关研发较少，仍处于小型样机的研发和示范阶段，燃气轮机基础较为薄弱。2018 年 8 月，晋煤集团煤化工研究院宣布打通全国首个以煤为原料的 15kW 级 SOFC 项目的全流程，是国内首个实现工业化运行的 SOFC 系统。综合看来，氢能实现大规模产业化仍需要一定时间。

5.3.1 交通领域的应用

早在二战期间，氢即用作 A-2 火箭发动机的液体推进剂。1960 年液氢首次用作航天动力燃料，1970 年美国发射的"阿波罗"登月飞船使用的起飞火箭也是用液氢作燃料。对现代航天飞机而言，减轻燃料自重，增加有效载荷变得更为重要。氢的能量密度很高，是普通汽油的 3 倍，这意味着燃料的自重可减轻 2/3，这对航天飞机是极为有利的。今天的航天飞机以氢作为发动机的推进剂，以纯氧作为氧化剂，液氢就装在外部推进剂桶内，每次发射需用 1450m³，重约 100t。现在人们正在研究一种"固态氢"的宇宙飞船。固态氢既作为飞船的结构材料，又作为飞船的动力燃料。在飞行期间，飞船上所有的非重要零件都可以转作能源而"消耗掉"。这样飞船在宇宙中就能飞行更长的时间。在超声速飞机和远程洲际客机上以氢作动力燃料的研究已进行多年，目前已进入样机和试飞阶段。

经过数十年的研究，氢能的应用从航天载具转向了普通交通领域。中、美、德、法、日等汽车大国早已推出以氢作燃料的示范汽车，并进行了几十万千米的道路运行试验。氢能源汽车又分为氢动力汽车和氢燃料电池汽车。氢动力汽车是在传统内燃机的基础上改造之后直接使用氢为燃料产生动力的内燃机，氢的燃烧不会产生颗粒和积炭，但是进气比例与汽油不同，氢动力汽车的研发早在 19 世纪中就开展了，日本和美国在这方面起步较早，而德国后来居上，特别是宝马氢能 7 系日用车的推出标志着氢燃料车开始走向应用。我国在 2007 年完成了氢内燃机，并制造了自主的氢动力车"氢程"。未来氢燃料车的发展除了前面提到的制氢储氢技术外，还需要加氢站等配套设施的建立，新能源的发展上国家层面的推动必不可少。相比较而言，燃料电池汽车的开发更为简单，目前各大国外汽车公司都有燃料电池汽车的产品在研发生产。韩国现代的燃料电池汽车技术已发展到第三代，性能已经十分优越，完全满足实际生活中的应用，在 2015 年大规模生产。我国在北京奥运会和上海世博会上都使用了上海神力科技的氢燃料电池车。其他知名车企如福特、通用、奔驰、宝马都有各自的氢燃料汽车的产品。

试验证明，以氢作燃料的汽车在经济性、适应性和安全性三方面均有良好的前景，但目前仍存在储氢密度小和成本高两大障碍。前者使汽车连续行驶的路程受限制，后者主要是由液氢供应系统费用过高造成的。决定传统燃油汽车与各类新能源车辆技术路线市场竞争力的关键因素是技术经济性。关于各类技术路线经济性的研究主要集中在全生命周期成本的分析及不同运营模式(私家车、商务车、出租车、公交车、货运车等)下各类技术路线的成本比较上。全生命周期成本分析一般可分为初始投资(如车辆购置、加油或充电基础设施等)分析、运营成本(燃料费用、车辆维修保养、税费、保险等)分析、报废回收成本分析等。由于燃油车和新能源车在车辆运营成本的差别主要体现在燃料费用(油/电/氢)上，为简化起见，本章对比燃料车与新能源车的全生命周期成本主要考虑两部分，一部分是车辆的购置成本，另一部分是能耗成本。

对于车辆的购置成本，除了动力系统成本差别比较大以外，其他部件的成本差别相对较小，因此在考虑不同类型车辆的购置成本差异时，只需考虑动力系统的差别，即只需考虑燃油车的发动机、电动车的锂电池系统、燃料电池车的燃料电池系统和储氢瓶这几者之间的差异。对于燃料电池车，由于作为其功率单元的燃料电池系统和作为其能量单元的储氢瓶是独立的，而且价格都比较高，因此二者的成本均需要考虑；对于电动汽车，锂电池系统成本占购车成本的主要比例。

燃料电池系统(FC)是燃料电池汽车最核心的部件，为汽车提供动力。它的核心是燃料电池电堆，其成本占整个燃料电池系统成本的一半以上。另外，燃料电池系统还包含其他相关的配件，如空气压缩机，氢气循环系统、增湿器等。燃料电池电堆主要由膜电极组件和双极板构成，其中膜电极组件是燃料电池电堆的核心，膜电极组件技术不仅在整个电池系统中占据最核心的位置，其成本同样也是电堆成本的主要部分(图5-4)。

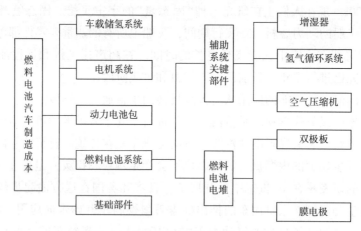

图5-4 燃料电池车的主要构成部分

2020年国内商用车的燃料电池电堆价格总体保持在3000元/kW以上，整个燃料电池系统价格在5000元/kW以上，100kW的燃料电池系统价格在50万元以上。高昂的价格是限制当前燃料电池汽车规模化推广的主要因素之一。除了燃料电池系统外，储氢系统不仅决定了车的续航能力，其成本也是整车成本构成中的重要部分。用于燃料电池汽车中的储氢瓶，目前国际上有纤维缠绕金属内胆(Ⅲ型瓶)和纤维缠绕树脂内胆(Ⅳ型瓶)两大类，压力标准分别为35MPa和70MPa。例如，日本的丰田Mirai乘用车已经采用70MPa的Ⅳ型瓶，其质量储氢密度高达5.7%。国内受制于技术限制和安全标准，目前只能选用35MPa的Ⅲ型瓶。常用碳纤维缠绕铝合金内胆气瓶的Ⅲ型瓶，质量储氢密度约为4%，如常见的用于商用客车的140L体积的Ⅲ型瓶，气瓶重约81kg，储氢量约3.5kg，2020年市场价格为每个1万元左右，每千克储氢成本约为3000元。扩大产能及提升系统电量/功率比可有效提升车用燃料电池及储氢系统的经济性。对于燃料电池系统，根据美国能源部(Department of Energy，DOE)预测，当车辆产能达到50万辆/年后，其成本可降低至53美元/kW，随着产能进一步扩大，其成本有望进一步降低至30~40美元/kW，相比于当前超过5000元/kW的系统成本，其成本有着巨大的下降潜力。按照18%的学习率测算，当累计应用10万辆车(2025年)时，每车燃料电池平均功率为80kW，燃料电池累计推广规模为800万kW，系统成本将降低到1500元/kW；当进一步累计应用80万辆(2030年)时，每车燃料电池平均功率为120kW，燃料电池累计推广规模为 9600 万 kW，系统成本预计降低到 750 元/kW，如图 5-5 所示。而对于电动汽车来说，2020 年三元正极材料的锂离子电池系统成本为 1000~1100 元/(kW·h)，而磷酸铁锂正极材料的锂离子电池系统成本则不到 1000 元/(kW·h)。2016 年发布的《节能与新能源汽车技术路线图 1.0》指出，2025 年锂离子电池单体成本有望达到 800 元/(kW·h)，系统成本有望达到 1000 元/(kW·h)；2030 年锂离子电池单体成本有望达到 600 元/(kW·h)，系统成本有望达到 800 元/(kW·h)。根据国际能源署（International Energy Agency，IEA）预测，2030 年锂离子电池成本有望降低至 100 美元/(kW·h)。从目前的发展情况看，锂离子电池成本下降速度应能够超过路线图中的目标速度，更接近 IEA 预测的结果。

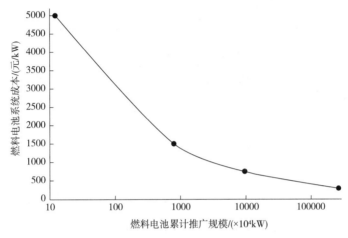

图 5-5　燃料电池系统成本和推广规模变化关系

尽管如此，燃料电池电堆成本下降速率仍将明显高于锂离子电池，其原因主要在于：①目前锂离子电池产业已具备较大规模，成本下降速率已逐渐趋于稳定，而燃料电池产业仍处在发展初期，其成本具有巨大下降潜力；②电堆成本是燃料电池成本的主要组成部分，电堆中除铂催化剂外，其他材料主要为常见的石墨、塑料、钢等，几乎不存在类似于锂、钴、镍等稀缺材料对锂电池产业的限制。近十年来，铂消耗下降 90% 以上，例如，丰田 Mirai 燃料电池铂含量仅为 0.17g/kW，未来有望降低至 0.05g/kW，从而大幅降低电堆成本。

结合近几年燃料电池系统以及锂电池系统的最新技术进展和成本变化，表 5-1 预测了2020—2050 年主要动力部件的价格变化趋势。除了购置成本外，能耗成本对全生命周期成本同样至关重要。充电费用主要有两部分：一个是电价，另一个是充电服务费或者自建充电桩的成本。影响电价的因素十分复杂，包括所在省份的电价水平、用电性质（居民、工商业或大工业用电等）、非居民用户电网接入的电压等级、用电时段（峰谷电价）等。近年来，国家一直在努力降低用户用电成本，2018 年和 2019 年连续两年推出了降低 10% 一般工商业用电价格的政策措施，整体用电价格连续下降。此外，以光伏、风电为代表的新能源电力发电成本快速下降，从中长期来看，有望通过有序充电等方式实现整体充电成本稳中有降。充电服务费当前平均价格约为 0.5 元/(kW·h)。随着新能源车辆的增加，一方面，充电桩利用率有望提升，从而摊薄设备投资；另一方面，充电桩设备的价格也将随着规模增大而实现较为明显的下降。因此预计充电服务费将在现有水平上下降幅度较大。用氢价格主要由制氢、氢储运和加氢三部分构成，结合第三章给出的成本现状和未来的下降潜力，表5-2对当前以及中长期的用氢、充电、加油价格进行了展望。

表5-1 核心动力部件价格预测

年份	乘用车燃料电池系统/(元/kW)	商用车燃料电池系统/(元/kW)	氢气瓶价格/(元/kg)	锂电池系统/[元/(kW·h)]
2020	6000	5000	3000	1050
2025	2000	1500	2100	800
2030	800	750	1500	640
2050	280	280	800	400

表5-2 加油、加氢、充电单价假设

年份	加氢价格/(元/kg)	充电价格/[元/(kW·h)]	汽油价格/(元/L)	柴油价格/(元/L)	液化天然气(LNG)价格/(元/kg)
2020	55	1.3	7.0	6.5	4.5
2025	35	1.2	7.7	7.2	5
2030	28	1.1	8.1	7.5	5.5
2050	21	1.0	8.9	8.2	6.5

未来燃料电池车用氢气消费预计将不断提高，且其对氢气品质要求较高，但国内成熟的车用高品质氢能商业模式尚未构建。与国外燃料电池乘用车推广数量远大于商用车不同，我国燃料电池车开发目前以商用客车与专用车为主。国内外燃料电池系统在车用领域技术路线有所差异：一方面，国内由于在燃料电池电堆功率密度这一核心指标上同国际先进水平有较大差距，燃料电池还达不到在乘用车上商业化应用的要求，与乘用车空间小、对燃料电池体积要求高不同。商用客车有相对较大的空间。对电堆功率密度要求较低。可以使用功率密度低但是寿命更高的石墨双极板燃料电池电堆。另一方面，乘用车多为私家车，目前加氢站的数量少，不能满足私家车需求。而客车和专用车对空间要求较为宽泛，对加氢站布局密度要求也较低，车辆使用地区附近有一座即可满足需求。故国内燃料电池车主要在客车与专用车领域发展。同时，受国内新能源车补贴政策以及国内技术特点的影响，国内燃料电池大巴基本都采用燃料电池+锂电池的"电-电"混合的方式提供动力，比如2019年以前国内的亿华通、宇通、佛尔赛等普遍采用典型的"30kW燃料电池+约60kW·h锂电池+约120kW电机"模式来提供动力。"电-电"混合的优势在于既能发挥燃料电池续航能力强的优点（通过增加氢气罐数量或者增大容积），又能够通过锂电池有效弥补燃料电池成本高和功率不足的问题。"电-电"混合模式降低了纯燃料电池驱动带来的技术挑战，同时在燃料电池成本还很高（2019年超过5000元/kW）的情况下，使用中等功率的燃料电池电堆能够有效降低整车的成本，又能够保证整车的性能水平。

根据中国汽车工业协会公布的燃料电池汽车产销数据，2023年12月全国燃料电池汽车产销分别完成1298辆和1512辆。如图5-6所示，从全年数据看，2023年全国燃料电池汽车产销数据分别为5631辆和5791辆，同比增加55.3%和72%（2022年产销数据为3626辆和 3367 辆）。至此，2015 年至 2023 年全国燃料电池汽车累计产量和销量分别是 18494 辆和 18096 辆。完成 2025 年 5 万辆目标的 36.19%。

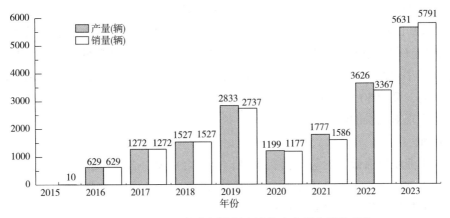

图 5-6　2015—2023 年中国燃料电池汽车产量和销量（辆）

5.3.2　工业领域的应用

（1）钢铁

作为高耗能行业，钢铁业温室气体排放约占全球温室气体排放的 7%。目前国内钢铁生产以高炉和转炉工艺为主，其中，高炉采用焦炭作为还原剂并提供热能，每生产 1t 粗钢将产生约 2t 二氧化碳。2019 年 4 月，生态环境部等五部委联合发布《关于推进实施钢铁行业超低排放的意见》，旨在进一步降低钢铁行业各生产环节的污染物排放。钢铁企业尤其是特大型钢铁企业为了适应国内国际形势，也开始积极参与氢能利用项目。2019 年 1 月，中国宝武与中核集团、清华大学签订《核能—制氢—冶金耦合技术战略合作框架协议》，三方将强强联合、资源共享，共同打造核冶金产业联盟。2019 年 3 月，河钢集团与中国工程院战略咨询中心、中国钢研、东北大学联合组建氢能技术与产业创新中心，共同推进氢能技术创新与产业发展。河钢集团将重点在氢气储存与运输、燃料电池汽车、富氢冶金技术等领域开展研究。

高炉炼钢的工艺流程可分为烧结、炼铁、炼钢、铸轧四个流程，其中氢气可以还原剂的形式替代高炉炼铁环节的焦炭。

氢气作为还原剂：

$$Fe_2O_3+3H_2 = 2Fe+3H_2O$$

焦炭作为还原剂：

$$6C+3O_2 = 6CO$$

$$2Fe_2O_3+6CO = 4Fe+6CO_2$$

焦炭与氢气同为 1.5mol 还原剂还原 1mol 金属铁的消耗量，两者的质量比为 6∶1。目前炼制 1t 粗钢需要消耗 428kg 焦炭，理论上每 t 粗钢产量氢气消耗量约为 70kg。

氢气炼厂储氢需要建设相应的储氢设施。一种途径是在钢企内部建立储氢罐，另一种途径是借助专业气体生产商进行储存和运输。而经过还原反应之后富余的氢气可以供钢铁后续工序或其他行业使用。

除技术尚处研发示范阶段外，目前氢气冶炼的成本仍较高。以焦炭价格 2000 元/t 为例，传统高炉炼钢工艺炼制 1t 粗钢，还原剂焦炭的成本约为 850 元。若采用氢气冶炼，则生产 1t 粗钢消耗 70kg 氢气，要实现对焦炭的经济替代，不考虑储运成本，电解水制氢的单位成本需要低于 12.1 元/kg 时；但是按当前的电解水制氢成本计算，每吨粗钢消耗的氢气成本在 2300 元以上（仅考虑原料成本）。因此，短期内氢气冶炼经济性偏低，在近中期内仍将处于技术论证和小规模示范阶段。随着可再生能源制氢经济性的逐步提高，氢气冶炼厂的经济性将有所提高，到 2050 年可再生能源制氢成本有望降低到 10 元/kg，考虑到碳排放成本，届时绿氢将实现对焦炭的经济替代。

（2）炼油

石油加工业是目前最大的氢气消费领域，全球合成氨、合成甲醇年氢气消费量分别为 3100 万 t 和 1200 万 t，每年消耗氢气 3800 万 t，占全球氢气总消费量的 1/3，另外 2/3 为炼厂专门制氢或外供氢气。石油加工业中氢气可用于石脑油加氢脱硫、精柴油加氢脱硫，以改善航空燃油的无烟火焰高度及燃料油加氢脱硫、加氢裂化。加氢精制的目的是除掉有害物质，例如硫化氢、硫醇、含氮化合物、芳香烃、酚类、环烷酸、炔烃、烯烃、金属化合物和准金属化合物等。催化重整原料的加氢精制目的是除去石脑油中的硫化物、氮化物、铅和砷等杂质。加氢裂化是在氢气存在条件下进行的催化过程，反应主要特征是碳-碳键断裂用氢量大、压力高、空速低。在石油炼制下游领域，氢气主要用于 C_3 和 C_4 馏分加氢、汽油加氢、$C_5 \sim C_9$ 馏分加氢脱烷基生产环己烷。

在石油炼制工业中，氢气的消耗是由加工的原料和加工工艺决定的。原油中含硫量较高，易对下游生产装置造成腐蚀，或者对产品质量产生影响。因此，需要更多的加氢装置并消耗更多氢气。另外，炼油生产过程中有催化裂化、催化裂解等反应，易造成汽油、柴油或其他成品油中烯烃含量过高，从而影响产品的氧化安定性，造成产品质量指标不合格。近年来，环保要求越来越严格，油品质量指标日益提高，炼油厂氢气的消耗量大幅增加，因此，我国多数炼油厂新建了制氢装置。

中国炼油厂氢气 40% 以上源于炼油厂副产气，厂内天然气重整制氢或煤制氢占比分别约为 20% 和 10%，另有约 20% 氢气通过外供满足。中国炼厂煤制氢的比例高于其他国家，存在较大污染物排放问题，而天然气制氢成本偏高，因此石油加工业对低成本清洁氢气的需求潜力较大。以炼油厂本地天然气重整制氢为例，目前一桶原油加氢成本约为 14 元，每千克原油氢气需求量为 0.015kg，则炼油厂氢气价格平衡点约为 7 元/kg。

（3）合成氨和合成甲醇

合成氨、合成甲醇的主要原料为合成气。合成气是化工行业中重要的中间品，其主要成分为氢气、一氧化碳和二氧化碳。我国煤化工的第一步基本都是煤气化制合成气的过程，若追溯至一次能源，煤炭是我国合成氨、合成甲醇的主要原料。因此，若能以可再生能源制氢方式替代合成气中间品中的氢气需求，将有助于降低化工行业对化石能源的依赖和碳排放强度。

合成氨工业属于传统化工行业，全球合成氨年产量超过 2×10^8 t，我国年产量为 5000×10^4 t 以上，大部分都用于化肥行业，其他用于化工和医药等行业。目前全球合成氨及合成甲醇每年消耗氢气 4300×10^4 t，约占全球氢气总消费量的 40%。此外，过氧化氢和环乙烷产品氢消耗量约 200×10^4 Va。

与其他国家不同，中国合成氨、合成甲醇消耗的合成气主要以煤炭为原料。因此，可再生能源制氢能否满足现原油加工、合成氨、合成甲醇的氢气需求，主要取决于可再生能源发电与煤炭/天然气作为合成原料的成本高低。

我国煤制氢成本较低，尤其是用于合成氨和合成甲醇的工业用途的煤制氢成本在 10 元/kg 以内。如果不考虑碳排放成本，要在合成氨和合成甲醇中实现以可再生能源制氢替代煤制氢，那么可再生能源制氢的成本需要降低到 10 元/kg 以内。根据目前可再生能源发电上网电价，氢气制氢成本普遍在 30 元/kg 以上，成本明显偏高，不考虑碳排放成本的话，预计到 2050 年左右可再生能源制氢的成本才能降低到与煤制氢成本相当或者比之略低的水平。此外，煤炭、天然气作为重要化工原料，在化工行业具有多元应用的经济价值。因此，如果不考虑碳减排成本，在近中期以可再生能源制氢替代合成氨、合成甲醇中合成气需求存在较大的经济性挑战。

为了使我国加快从传统能源向新能源利用的转变，无数研发人员前赴后继，建立了许多全球领先的绿氢利用设施。如全球最大规模的太阳能电解水制氢储能及综合应用示范项目在宁夏宁东能源化工基地展开，该项目是我国煤制烯烃行业首个引入绿氢的项目；由中国科学院大连化学物理研究所研发的千吨级液态太阳燃料合成示范项目，2020 年 10 月在甘肃兰州通过中国石油和化学工业联合会组织的科技成果鉴定，该项目利用可再生能源制氢制取合成燃料，为解决可再生能源消纳和二氧化碳利用问题提供了新的解决方案；2020 年 11 月，特诺恩与河钢集团签订合同，开工建设绿氢工厂。

2020 年 1 月，由中国科学院李灿院士团队主导的国内首个太阳能燃料生产示范工程在兰州新区精细化工园区落地。该项目占地 $19.27 \times 10^4 m^2$，将建设年产 1440t 甲醇的制备装置，总投资 1.41 亿元。项目由光伏发电、电解水制氢、二氧化碳加氢合成甲醇三大系统单元组成，通过装机规模为 10MW 的光伏发电单元向 2 台功率为 $1000Nm^3/h$ 的电解槽供电，实现电解水制氢，制取的氢气与气化后的二氧化碳在催化剂作用下反应合成甲醇。

"液态太阳能燃料合成—二氧化碳加氢合成甲醇技术开发"项目，即太阳能等可再生能源电解水制氢及二氧化碳加氢合成甲醇技术开发项目，由兰州新区石化产业投资有限公司、苏州高迈新能源科技有限公司、中科院大连化物所三方合作开发建设。该项目利用可再生清洁能源太阳能发电，最终制备甲醇，形成低碳运输燃料，实现甲醇重整制氢及氢燃料电池在重卡等商用车上的技术应用。

项目重点研究高效电解水制氢以及固溶体催化剂催化二氧化碳加氢合成甲醇技术，能够有效提高光伏电能的利用率，是太阳能制液体燃料的重要途径。产品甲醇作为最基础的化工原料之一，主要用于生产甲醛、二甲醚、醋酸等化工产品，也可用来生产烯烃、芳烃、汽油等化学品或燃料，可以缓解对石油资源的依赖。项目建成后将产生"聚集"效应，吸引一大批精细化工科技成果到兰州新区进行转化，提升精细化工园区技术水平，形成相辅相成的持续化绿色发展模式。

5.3.3 生活领域的应用

随着氢能技术的发展和化石能源的缺少，氢能利用迟早将进入家庭，它可以像输送城市煤气一样，通过氢气管道送往千家万户。然后分别接通厨房灶具、浴室、氢气冰箱、空调机等，并且在车库内与汽车充氢设备连接。人们的生活靠一条氢能管道，可以代替煤气、暖气甚至电力管线，连汽车的加油站也省掉了。这样清洁方便的氢能系统，将给人们创造舒适的生活环境，减轻许多繁杂事务。目前氢气在生活中的应用仍然集中在以下几个方面：

（1）分布式发电及热电联产

分布式热电联供系统直接针对终端用户，相较于传统的集中式"生产—运输—终端消费"的用能模式，分布式能源供给系统直接向用户提供不同的能源品类，能够最大限度地减少运输消耗，并有效利用发电过程产生的余热，从而提高能源利用效率。燃料电池分布式发电具有效率最高、噪声低、体积小、排放低的优势，适用于用户附近的千瓦级至兆瓦级的分布式发电系统，主要应用于微型分布式热电联供系统、大型分布式电站或热电联供系统。目前质子交换膜燃料电池和固体氧化物燃料电池技术均已经成功应用于家用分布式热电联供系统和中小型分布式电站领域。

表 5-3 给出了中国、日本和美国典型的居民、工商业电价和天然气价格。

表 5-3　美国、日本和中国典型的居民、工商业电价和天然气价格

类别	美国	日本	中国
居民电价/[元/(kW·h)]	1.0	2.0	0.55
工商业电价/[元/(kW·h)]	0.8	1.5	0.7
居民气价/(元/Nm³)	2.1	8.7	2.6
工商业气价/(元/Nm³)	1.4	5.5	3.3

对于以大型分布式发电为主的美国，电价和气价都比较低。按照目前大型 SOFC 发电系统 30000 元/kW 的成本、55% 的效率计算，以天然气为原料，SOFC 发电的燃料成本和折旧成本分别约为 0.3 元/(kW·h) 和 0.5 元/(kW·h)，不考虑维护的发电成本，发电成本合计约为 0.8 元/(kW·h)，与工商业用户的购电成本基本持平，如果热量能够得以有效利用的话，还将有折算约 0.1 元/(kW·h) 的热价值，如图 5-7 所示。而且考虑到联邦和部分州政府对燃料电池分布式电站能够提供可再生能源配额、投资基金、税收减免和安装补贴（如加利福尼亚州为利用天然气和生物制气的燃料电池分布式发电站提供 600 美元/kW 和 1200 美元/kW 的补贴）等方面的支持，因此即使考虑维护成本，当前 SOFC 发电系统也已经具备一定的经济性，部分大企业用户开展示范应用的积极性也较高。到了中期（2030 年左右）和远期（2040—2050 年），随着技术的进步和规模的扩大，SOFC 系统成本将实现大幅下降，假设分别降低到 12000 元/kW 和 8000 元/kW，发电效率将分别提高到 60% 和 65%，在同样的天然气价格下，发电成本有望分别降低到约 0.44 元/(kW·h) 和 0.37 元/(kW·h)，均远低于工商业用户购电电价，即使考虑天然气中长期价格在当前基础上提高一倍，发电成本仍将低于 0.8 元/(kW·h)，显示出较好的经济性优势。虽然它也面临着同分布式燃气轮机发电的竞争，且后者由于设备成本更低，在经济性上将具备一定的优势，但分布式燃料电池发电站具备模块化性能强、场景适应性能好、可扩展性能好，以及无污染、噪声轻、可持续工作等优势，不仅可以作为主电网的补充，也可以作为海岛、山区、边远地区的主供电源进行独立发电。因此，预计未来分布式 SOFC 系统有望在美国工商业领域实现一定规模的应用。

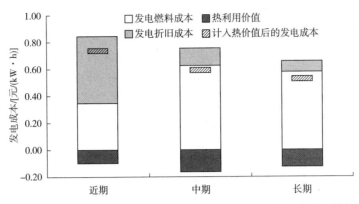

图 5-7　美国近期、中期和长期分布式燃料电池系统在工商业发电经济性分析

日本的居民电价显著高于工商业电价，且是中国居民电价的 3 倍以上，居民气价也比中国高得多。图 5-8 对日本近期、中期和长期分布式燃料电池系统在居民和工商业发电经济性进行了分析展望。按照当前小型 PEMFC 和 SOFC 的售价，假定两者发电效率分别为 39% 和 52%，寿命分别为 90000h 和 60000h，全生命周期下的折旧成本分别为 0.9 元/（kW·h）和 1.67 元/（kW·h）；如果天然气价格分别按 8.7 元/m³ 计算，不考虑维护成本，那么两者燃料部分的度电成本高达 3 元/（kW·h）和 2.2 元/（kW·h），不考虑热的价值，度电成本均至少为 3.9 元/（kW·h），远高于日本的居民电价，因此单独考虑发电并无经济效益。如果对热电联产的供热部分价值进行折算，那么两者发电成本将分别降低至 2.6 元/（kW·h）和 3.2 元/（kW·h），在很大程度上缩小了与电网用电成本的差距。同时，为了推广 "ENE-FARM" 产品，日本的燃气公司会对购买 "ENE-FARM" 产品的用户给予一定的燃气价格优惠，且无论燃气是否由燃料电池使用，该户居民使用的所有燃气均享受 "ENE-FARM" 套餐的价格。较高的居民电价和气价，以及政府和企业的政策支持，使该微型发电系统在日本得以较大规模地推广；但是同时使用燃料电池系统的经济性优势并不突出，这可能也是导致其市场增速与政府预期相差较大的重要原因。

随着市场的不断扩大，PEMFC 和 SOFC 系统的成本仍将持续下降，在中远期将分别在当前的基础上降低约 60% 和 80%，发电效率同时有所提升，SOFC 系统的发电成本将分别低至约 2.3 元/（kW·h）和 1.8 元/（kW·h），发电成本将接近并低于电网用电成本，考虑热价值，该燃料电池系统在近中期内即能够实现更优的经济性。相比之下，PEMFC 系统发电的效益低于 SOFC 系统，但如果充分计入热价值，两者综合收益相差不大。

虽然日本大功率分布式燃料电池发电系统产品较少，当前并未在工商业建筑进行重点推广，但是如果参照美国的大功率分布式燃料电池发电系统产品的成本和性能进行分析，到了中期，SOFC 系统的发电成本有望降低至 1.3 元/（kW·h），低于工商业电价，考虑到还有约 0.3 元/（kW·h）的热价值，因此从中长期看，SOFC 系统在日本具有规模化推广的经济性优势。

对于中国市场，由于国内目前尚没有成熟的分布式燃料电池发电系统产品推出。因此，笔者参照日本和美国已经商业化产品的成本和性能指标，对国内推广分布式燃料电池热电联供系统的经济性进行了展望，如图 5-9 所示。对于小型燃料电池发电系统，当前千瓦级系统的度电成本在国内达 1.8 元/(kW·h)以上，在中期和长期将分别降低至 1.0 元/(kW·h)和 0.7 元/(kW·h)，但仍明显高于终端居民电价，显然从发电收益上难以收回投资。如若计入热的价值，那么中期和远期的综合发电成本最低可降低至约 0.68 元/(kW·h)和 0.51 元/(kW·h)，逐渐接近并与终端居民电价基本持平，从经济性角度来看并无明显优势。

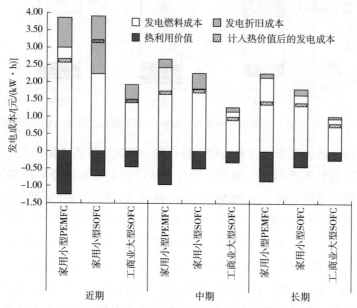

图 5-8　日本近期、中期和长期分布式燃料电池系统在工商业发电经济性分析

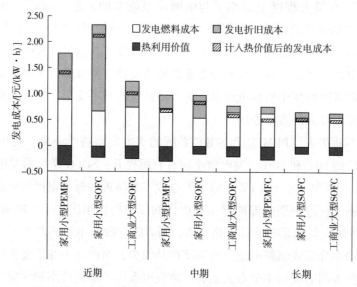

图 5-9　中国近期、中期和长期分布式燃料电池系统在工商业发电经济性展望

对于大型燃料电池分布式发电系统，由于单位投资成本更低，按照国外成熟产品的价格和国内工商业天然气价格，SOFC 发电成本约为 1.3 元/(kW·h)，仍要比 0.7 元/(kW·h)这一当前全国平均工商业电价高得多。从中长期来看，发电成本将有望分别降低至约 0.8 元/(kW·h)和 0.65 元/(kW·h)，逐步趋近并低于当前的工商业平均电价。如果能够充分利用热价值，那么 SOFC 系统在中期即可以呈现出一定的经济性优势。在远期，工商业用户

的用电成本仍保持当前水平的话，在进一步计入热价值后，大型SOFC分布式热电联供系统将展现出较明显的经济性优势。

为实现2060年碳中和的目标，分布式燃料电池发电系统将是我国建筑领域实现碳减排的一个重要方式，尤其是在工商业领域，大型分布式燃料电池发电系统将逐渐展现经济竞争力。当前，我国分布式燃料电池发电系统技术水平较为落后，总体还处于研发阶段，与国际先进水平差距很大，需要不断缩小技术和产业上同国际先进水平的差距，并大幅降低燃料电池发电系统的成本，为其示范应用和规模化推广创造条件。

（2）燃气管道掺混

氢气可通过混入现有天然气管道的方式进行传输，然后作为混合气进入终端用户，可以用于建筑供热或者炊事。国外正在积极进行管道掺氢输氢的研究，例如，英国、比利时、瑞典等研究了体积浓度1%以下的管道输氢，德国、荷兰研究的管道输氢体积浓度可达10%~12%。目前国外研究表明，掺氢低于20%时，不会对现有管网产生明显影响，掺氢小于10%时，可直接输送。而英国HyDeploy项目目标是建立氢气与常规天然气的混合输运系统，其中氢气掺混比例最高为20%。

近期的国内研究也表明，在天然气中加入氢气的比例在23%以下时，掺氢天然气的高热值和燃烧速度指数均在城镇燃气分类中12T基准气的相关技术要求范围内，故满足城镇燃气用户燃气互换性和燃具适应性的要求。但如果是在长输天然气管道中加氢，建议氢气比例不宜过高，要综合考虑氢分压和所用钢材材质等问题。此外，由于氢气特殊的理化性质，在管材选用时需从管材强度、硬度、化学元素、韧性等方面进行适应性分析。例如，氢含量占1/6、12MPa输送压力下，X70管线钢不会产生氢腐蚀，机械性能也不会发生明显变化；但对于X80管线钢，当氢含量大于2%时，管材的使用寿命和力学性能等均会发生明显的下降。氢气活泼的特性增加了管道氢脆风险和氢气渗透风险，也对焊接工艺提出了更高的要求，同时，还应考虑增大安全防护距离、增设安全监测设施(特别是氢气)、加强安全巡检。

天然气管道掺氢混烧当前存在经济性因素。国内各地天然气价格由省级门站价格和配送网络价格组成，省级门站价格一般为1~2元/m³，西部地区普遍在1.5元/m³以内，而东部沿海地区约为2元/m³；终端居民和工商业用户的天然气价格分别在2.5元/m³和3.0元/m³左右。1m³天然气热值(取均值)约为同体积氢气的2.8倍，由于氢气一般是在天然气进入门站之前掺入管道中，因此，从理论上说，西部和东部地区的配网端氢气成本分别只有低于0.54元/Nm³和0.71元/Nm³，在天然气中掺混氢气才具有经济吸引力。管道掺氢一般发生在可再生能源电价很低或者弃电严重的地区，通常发生于我国北部地区，尤其是西北地区，而这些地区要么天然气资源也很丰富，要么是国外低价天然气输入国内的起点，比如新疆和内蒙古的管道气门站价格分别低至1.03元/m³和1.22元/m³，往新疆和内蒙古的天然气管道里掺氢，氢气成本只有低于0.37元/Nm³和0.44元/Nm³时才有经济价值，显然可再生能源制氢的成本要高不少。到2030年和2050年，如前文所述，如果可再生能源制氢的成本分别为1.4元/Nm³和0.9元/Nm³，那么管道天然气的门站价必须分别高于3.92元/m³和2.52元/m³，天然气掺氢才具有经济价值。

（3）移动装置上的应用

伴随燃料电池的日益发展，它们正成为不断增加的移动电器的主要能源。微型燃料电池因其具有使用寿命长、质量小和充电方便等优点，比常规电池具有得天独厚的优势。如果要使燃料电池能在笔记本电脑、移动电话和摄录影机等设备中应用，其工作温度、燃料的可用性以及快速激活将成为人们考虑的主要参数，目前大多数研究工作均集中在对低温质子交换膜燃料电池和直接甲醇燃料电池的改进上。正如其名称所示，这些燃料电池以直接提供的甲醇-水混合物为基础工作，不需要预先重整。使用甲醇，直接甲醇燃料电池要比固体电池具有极大的优越性。其充电仅仅涉及重新添加液体燃料，不需要长时间地将电源插头插在外部的供电电源上。当前，这种燃料电池的缺点是用来在低温下生成氢所需的白金催化剂的成本比较昂贵，其电力密度较低。如果这两个问题能够解决，应该说没有什么问题能阻挡它们的广泛应用了。目前，美国正在试验以直接甲醇燃料电池为动力的移动电话，而德国则在实验以这种能源为动力的笔记本电脑。

(4) 居民家庭的应用

对于固定应用而言，设计燃料电池的技术困难就简化得多了。尽管许多燃料电池能生产50kW 的电能，但绝大部分商业化的燃料电池目前都是用于固定的使用对象。现在，许多迹象表明，燃料电池也可用于人们称作的居民应用(大多小于50kW)电池。低温质子交换膜燃料电池或磷酸燃料电池几乎可以满足私人住户和小型企业的所有热电需求。目前，这些燃料电池还不能供小型的应用，美国、日本和德国仅有少量的家庭用质子交换膜燃料电池提供能源。质子交换膜燃料电池的能源密度比磷酸燃料电池大，然而后者的效率比前者高，且目前的生产成本也比前者便宜。这些燃料电池应该能够为单个私人住户或几家住户提供能源，通过设计可以满足居民对能源的所有要求，或者是他们的基本负载，高峰时的需求由电力网提供。为了有利于该技术的应用，可以用天然气销售网作为氢燃料源。当前，许多生产商预测在不久的将来便会出现其他燃料源，这有助于进一步降低排放，加速燃料电池进入新的理想市场。

此外，氢能将来可以作为主要能源用于家庭用电及供暖。届时将出现清洁无污染的"氢城"。可以建立多座氢站并铺设管道，把氢气输送至居民家里。这些建筑设施内设有"燃料舱"，氢气与氧气在其中混合，可以发电并产生热水，用于家庭用电及供暖。在未来理想的氢社会，家庭极有可能不再单独购买电力，而是选择购买氢气，满足一家人的供暖和供电问题。

5.3.4　储能领域的应用

氢能具有能量密度高和便于储存的优点。当波动性可再生能源在电源结构中具有较高比重时，单纯依靠短周期(小时级)储能将无法满足电力系统稳定运行的需要。日间、月度乃至季节性储能将是实现高渗透率可再生能源长周期调峰的主要手段。

氢能作为大规模储能介质，可满足高比例可再生能源系统对大容量、长周期储能的需求。氢能在长周期储能方面相比电化学储能有明显优势。由于充放电循环周期较长，长周期储能往往需要大规模能量储存。氢能的能量储存边际成本远低于电化学储能，且无须发电后回输电网，可直接应用于交通、工业、建筑等终端用能部门，大幅提升了可再生能源的利用规模。长周期储氢的市场规模取决于可再生能源发电规模和成本，当电力系统长周期调峰需求较高且可再生能源发电成本较低时，氢储能的经济性将逐步显现。

目前，氢储能已被多个国家和地区列为国家能源体系的重要组成部分。在欧洲，现在已由德国牵头将氢能列入欧盟能源体系，自 2013 年起，德国已经开发运行了十多个氢储能示范项目。在德国，由于高压输电线路建设的滞后，无法将北方的风电运输到南方电力高需求地区，许多研究者已经将 Power-to-Gas (PtG) 视为在德国北部利用剩余风力发电的一种方式。该技术仅在德国 30 多个研究和试点项目中启动并运行，目前尚未实现盈利。

2011 年德国 E. ON 和 Greenpeace Energy 等能源公司在德国建立了 6MW 的风电氢示范项目，在用电需求高峰时段，优先将风电全部并入电网，在电力需求低谷时段，将风电转化为氢气储存起来，然后再通过天然气管网掺氢输送至附近热电厂进行热电联供。此外，Audi 公司于 2013 年在德国建成了 6MW 的"光伏-氢-甲烷"项目，通过光伏发电制取氢气。再与二氧化碳重整制成甲烷，年产甲烷能力达 1000t。

氢储能规模取决于波动性可再生能源发电渗透率。不同可再生能源渗透率下电价分布与电解水制氢成本，如图 5-10 所示。当可再生能源渗透率超过 50% 时，一年内市场中批发电价低于 0.1 元/(kW·h) 的时段有约 2000h（包括 1000h 的零电价时段），此时电解水制氢成本将降低至 10 元/kg。目前中国可再生能源发电装机居全球首位，风电能、太阳能等波动性可再生能源装机在全部装机占比达到 24%，预计到 2050 年，风电、光伏装机占比将超过 80%。氢储能的经济性将在很大程度上取决于可再生能源发电成本。在早期，可再生能源享受上网电价补贴和全额保障性消纳，氢储能对可再生能源发电企业的吸引力较弱。以 0.5 元/(kW·h) 上网电价计算，发电侧可再生能源制氢的成本高达 30 元/kg，考虑到氢气配送成本，短期内实现商业化运营存在较大难度。但随着可再生能源发电成本的下降，氢储能的价值将相应提升。特别是在电力市场改革背景下，随着可再生能源比例的逐渐增高，可再生能源发电将越来越多地参与市场化交易. 其在特定时段拥有显著的成本下降空间，从而带动氢储能的市场需求。近期研究表明，从可再生能源中生产氢气在电力市场已经具有成本竞争力。并且可能在十年内在工业规模应用中具有初步的竞争力。

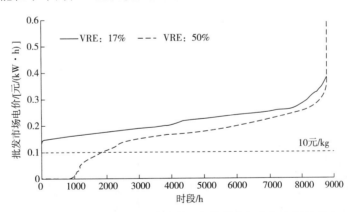

图 5-10　不同可再生能源渗透率下电价分布与电解水制氢成本

相比其他储能技术，氢能具有功率单元投资成本高、能量单元投资成本低、充放电效率低的特点。若充放电频率较低，平均单次充放电时间长，那么氢储能能量单元成本低的优势更明显；相反，若充放电频率提升，充放电时长下降，那么储能功率单元成本在系统成本中的比重增加，氢储能的劣势将逐步显现。从当前各类储能技术成本来看，若年度充放电频率在 100 次以下；那么氢储能充放电成本优势较为明显，若年度充放电频率高于 300 次，那么氢储能成本高于其他储能技术，如图 5-11 所示。

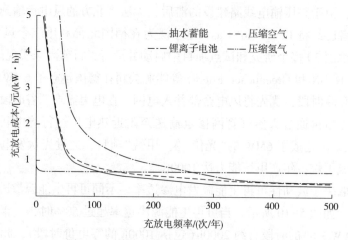

图 5-11　储能技术平准化充放电成本对比

　　综合以上分析，氢能在各场景下的应用前景可以通过应用前景的经济平衡点和氢成本的对比来确定。图 5-12 描述了 2020—2050 年氢能生产、储运、加注及各类氢能应用场景的经济性平衡点。总体来看，各类生产、储运和加注方式的成本都将随时间逐渐下降，进而达到或者低于特定应用场景的成本接受度。在各类应用场景中，工业的各类固定应用场景氢气价格接受度基本保持稳定，而建筑领域燃料电池热电联产应用场景由于受燃料电池技术经济性的变化影响，其氢气价格接受度在不同时期有所差异。各类固定应用场景氢气价格接受度在 6~15 元/kg。需注意的是，尽管各类氢能供应方式的成本都包含储运及加注成本，但对于一些工业部门，氢与消费者间往往距离较短或可实现集中运输，其配送及加注成本也较低，因此，凭借集中储运等方式，可再生能源制氢也有望在 2050 年前对钢铁合成氨、合成甲醇等氢气价格接受度相对较高的行业实现对化石能源消费的经济性替代。

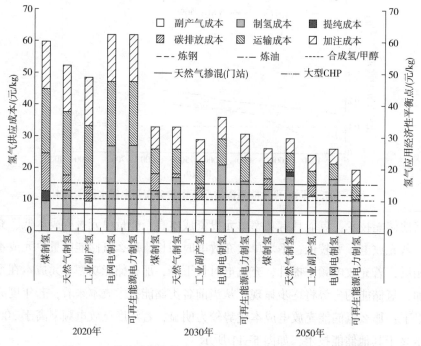

图 5-12　分阶段氢能供应成本及应用的经济性平衡点对比

5.4 综合能源系统

5.4.1 风电-氢能综合能源系统

随着氢能技术，特别是制氢、储氢技术的发展，以风电制氢为代表的新能源制氢技术，逐步成熟，基本具备了产业化的条件。因此，突破传统的氢能概念，利用海上风电直接制备氢气，并通过液氢或高压氢的储运技术，送出到氢能源市场。通过海上风电制氢，所获得的"绿氢"有着无碳、可储存、可运输和分散的特点，使得海上风电开发跨越电力输送的渠道，而成为与石油和天然气类似的，而且是一种绿色的，优质能源战略能源类型。

风电制氢将风力发出的电直接通过水电解制氢设备将电能转化为氢气，通过电解水产生便于长期储存的氢气。风电制氢有效解决了大规模的弃风问题，不仅对综合能源系统中风电的消纳能力具有重要意义，也将探索出不同于储能、P2G、供冷供热进行本地可再生能源消纳的新途径。风电制氢有望加速海上风电进一步降低成本，进入平价上网时代。

2020 年 2 月 27 日，荷兰壳牌宣布启动欧洲最大的海上风电制氢项目（NorthH$_2$），NorthH$_2$ 项目计划在荷兰 Eemshaven 建设大型制氢厂，将海上风电转化为绿氢，同时在荷兰和西北欧建立一个智能运输网络，通过 Gasunie 的天然气基础设施将 80×10^4t 绿氢用于工业以及消费市场，到 2040 年每年可以节约 700×10^4t 的二氧化碳排放。以我国为例，广东省到 2030 年底将建成投产约 3000×10^4kW 海上风电装机容量，海上风电的并网及消纳问题将成为广东省迫切的问题。当前广东省拟在近海深水区进行柔性直流以及海上风电制氢的探索，在水深 $35 \sim 50$m 的海域共规划海上风电场址 6 个，装机容量达 5000×10^4kW，海上风电制氢技术有望解决海上风电消纳问题，并加速广东省海上风电成本降低，进入平价上网时代。

海上风电-氢能综合能源系统包括海水淡化装置、水电解制氢装置、压缩储氢装置、风电机组监控系统及配套的电气接入装置等（图 5-13）。其中，制氢系统集成布置于海上升压站，储氢和加氢部分布置在陆上集控中心。储氢系统的高纯氢气可作为化工原料使用，实现系统的"电氢"联供。

海上风电-氢能综合能源系统的定义是：利用间断式、不均衡的风电制氢和储氢的综合能源系统，该系统包括风力发电、水电解制氢系统、储氢装置、燃料电池发电装置、配电设施及有关的管线。其中水电解制氢装置的定义是：以水电解工艺制取氢气，由水

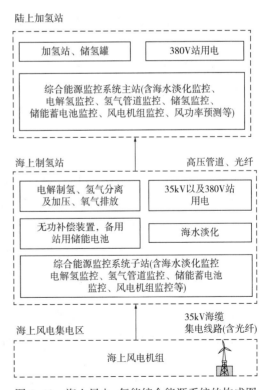

图 5-13　海上风电-氢能综合能源系统的构成图

电解装置、分离器、冷却器等设备组成的统称。海上风电制氢-燃料电池装置运行流程见图 5-14。由风力发电的电能供给水电解槽制氢，所获得的氢气经加压后，通过高压管道传输至陆上集控中心加氢站进行储存。

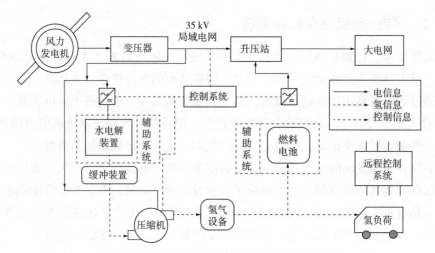

图 5-14 海上风电制氢-燃料电池装置运行流程

下面介绍海上风电-氢能综合能源系统的主要组成部分：

（1）陆上加氢站

包括高压氢气储存单元及氢气减压分配盘。高压储氢系统是将碱性电解槽制氢系统经压缩加压后的氢气，储存在高压储氢瓶组中，氢气储存罐安装在室外。减压分配盘是为了使用户从氢气储存罐中获得减压后的氢气，并配有安全阀。

（2）海上制氢站

通过接收风电机组产生的电能，在电解槽中产生氢气，并通过分离、干燥、提纯等步骤产出纯度 99.99%、压力 3.0MPa 的高纯氢气。高纯氢气通过加压经管道，送至陆上加氢站。水电解制氢系统包括：水电解槽、海水淡化、氢气纯化装置和氢气压缩机等设备，其产生的氧气直接排出大气。

当海上制氢站需要黑启动时，以 UPS 作为启动电源，先通过备用站用储能电池建立直流母线电压进而建立交流母线电压和频率，逐个投入装置自身用电负荷以及模拟风电机组发电系统，之后可按需求投入其他负荷和电解制氢装置。直流母线通过双向 DC/AC 变流器实现交直流电流转换，其中交流侧为 380V 交流母线，接有电解水制氢装置、储氢系统用电、UPS 电源等，同时在 35kV 侧接有无功补偿装置；直流侧为 220V 直流母线，接有备用站用储能电池，具备与 380V 交流母线双向变流功能。

（3）海上风电机组

海上风电机组可接受陆上综合能源监控系统的命令，根据事先约定的控制策略自动调整和控制风电场每台机组的能量输出能力，从而最终实现风电场的有功、无功控制。

（4）综合能源监控系统

综合能源监控系统需要保证风机的安全运行和制氢效益的最大化，主要由自动发电控制子系统和自动电压控制子系统组成来实现对整个风电场的调度及控制。

在这套综合能源系统制氢的部分，氢气由定桨变速风力发电机组产生，独立和并网系统均可以，图 5-15 给出了两种风能制氢系统的构造图。

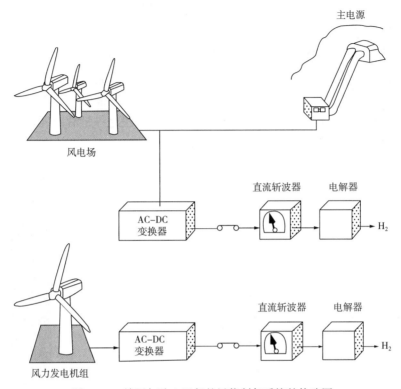

图 5-15　并网与独立运行的风能制氢系统的构造图

在储氢端，氢气储存有多种方式，其中一个是由风能生成的氢气直接储存在塔架内部。一般来说，风力机塔架都有严格的结构设计标准，若将其安装在塔架内部，在某种程度上这是从节省成本上考虑的。美国国家新能源研发中心（NREL）在这方面开展了很多研究工作，在本节中，只简单加以介绍。

① 压力储氢罐

在风力机塔架结构中，工业用压力储氢罐通常是用碳钢制造的。虽然大多数经济型储氢罐的结构都是又细又长，但是由于受到运输的限制，通常都会小于 25m。这个长度限制意味着若要平摊高额的固定费用（费用与容器管口、压力和塔筒内人行巷道有关），必须设计出直径大和压力值高的储氢罐。虽然高压可以减少每千克的储氢成本，但是高压需要额外的压缩成本。

② 塔架

1.5MW 塔架模型见 WindPACT 技术的现代风力机设计研究中，在该研究报告中已将其作为基准常规塔架，塔架模型如图 5-16 所示。

若要在塔架中进行氢气储存，那么在风力机塔架设计时就必须增加这方面的考虑。在特定的条件下，氢气容易腐蚀钢材料，影响钢的特性，包括钢的延展性、钢强度和疲劳寿命。另外，氢气储存的压力会明显增加塔架的压力，因此需要增强内壁的强度。这些因素需要进行结构分析去评估内部压力对塔架寿命的影响。

图 5-16 的设计将压力容器的两头焊接在接近塔架的顶部和底部，并且将进入的梯子和功率传输线置于塔架的外部。如果将功率传输线置于塔架的外部，那么它们必须用导管保护起来，导管保护需满足下垂电缆的设计标准，因此在塔架上端应留有 9m 的空间，以方便安装带有扭转柔度的电缆。

这些底端盖使这个装置将氢气储存在塔底并且保持在那里。这些压力水头同样包含压力容器载荷，它使地基和机舱的设计不受氢气储存的影响。由于它能够简单、容易地进行氢气储存，这个概念极具吸引力，基于以上原因，这个设计概念也能够减少成本。

与前面的设计思想不同，另外还有两种设计方法，方法之一是沿着风力机塔架主轴安装放置功率传输电缆的小导管（图 5-17）。

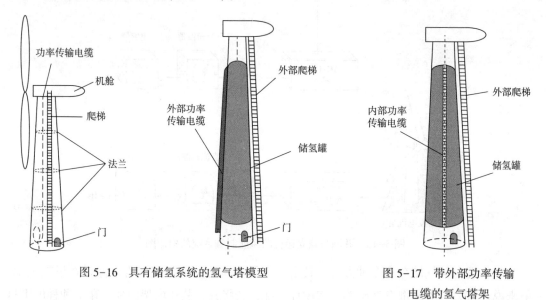

图 5-16　具有储氢系统的氢气塔模型　　　　图 5-17　带外部功率传输电缆的氢气塔架

这个设计的根本思想是尽量少地修改塔架结构。虽然安装这个管道将增加成本和建设的复杂度，但是由于可以采用标准的功率电缆，部分增加的成本被抵销，并且无须高灵活性的电缆以及外部用于功率传输的导管。

由于在某些地区设置在外部的梯子会受到鸟儿栖息和冰冻灾害等的破坏，如果改变氢气塔架的设计，在塔架内部安装一个足够容纳一人行走的梯子的管道，这种设计的优点在于可以避免使用外部梯子和导管，因此这个概念是具有吸引力的。然而，这个概念使得氢气储存的容积缩小了 10%，进而提高了成本/体积比。总之，与其他选择相比，这种概念增加了成本和建筑的复杂度，并且需要加粗管道，基于这些考虑，这种方案较少采用。

另外一种减少成本的设计概念是改进底盖。将一个薄金属板代替大型的底盖，焊接在塔架底端。这个金属板只是作为一个封条而不能承重，而压力载荷一般是由底座和一个在塔架基座上的法兰螺钉产生的（图 5-18）。

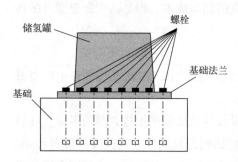

图 5-18　氢气塔交替基础设计

这个设计概念使得氢气储存的容积受到限制，并且增加了底座的弯曲度。加压氢气向风力机地基中部加拉力，使得风力机地基中的预压螺栓由于受到拉力而沿着地基周长被拔出。同时，一般都安装塔架底部的功率变换器，风机控制系统不得不放置在其他地方(或者在塔架底部的连接处，或在机舱内)。但是在不久的未来，如果氢气成为最为经济的能源，这种设计概念或许将成为最佳选择。最后的设计概念是仅将塔架的一部分用于氢气储存，这个选择要求以下所述理由：

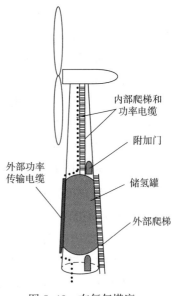

图 5-19　在氢气塔底
储存氢气的方法

在储存空间上方，有一个标准的电缆和内部爬梯和入口，这样可以节省塔架外部的爬梯和导管，否则还要为了预防撞击而增加额外的叶片间隙。这样会同时成比例减少成本和氢气储存容积，当然这种方案在某种应用场合下是适合的。然而，由于这种设计使得这些端盖靠得很近，成本/质量比将变得很大，整个装置也将不再有轻巧的外形。在氢气塔底储存氢气的方法如图 5-19 所示。

5.4.2　太阳能-氢能综合能源系统

前面我们已经介绍了太阳能的突出优点，即廉价、清洁和无穷无尽。但是太阳能同样也有很显著的缺点，即能量密度低，有时间性和地域性的限制，不能及时稳定地向用户提供能量。在前面的章节里，同样介绍了氢能的特点，其中心就是其可储性，即氢能可以像天然气那样储存起来，这样氢能在太阳能和用户之间就可以起到一个桥梁作用，可以构成太阳能—氢能—用户的能源链，如图 5-20 所示。

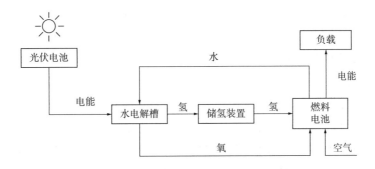

图 5-20　太阳能-电解水-制氢系统

美国加州洪堡州立大学莎茨能源研究中心开发的太阳能制氢系统，每天可自动生产出干净的氢燃料。该系统于 1989 年开始筹建，由莎茨通用塑料制造公司投资。光伏电池为 9.2kW 与 7.2kW(电)双极碱性电解槽匹配，最大制氢量为 $25 \times 10^{-3} \, \mathrm{Nm^3/min}$。当有日照时，光伏电池发出的电能直接供给压缩机，多余的电能供给电解槽制氢。当没有日照时，一台 1.5kW 的质子交换膜燃料电池，用储存的氢发电，供给压缩机。光伏电池由 192 块西门子公司生产的 M75 光伏组件构成，分成 12 个子阵列，形成 24V 直流电源。计算机每隔 2s 读出各子阵列的电流及其他参数，并在压缩机和电解槽之间分配能量。试验表明，尽管日照有变化，但在运行期间输送给压缩机的功率却很稳定。

莎茨太阳能系统对 30 个运行参数进行连续监测，如果有一个参数超出规定范围，系统就会安全关闭。该系统中空气压缩机不是一个模拟负载，必须连续进行。若断电，空气压缩机就会自动连接电网，如果电网也断电，它就会自动启动备用电源。从 1993 年 1 月至 1994 年 6 月，该系统的平均制氢效率为 6.1%。

德国一座 500kW 的太阳能制氢试验厂目前已经投入试验运行，生产的氢气被用作锅炉和内燃机燃料或用于燃料电池的运行。在沙特阿拉伯也建成了一个 350kW 的太阳能制氢系统，这一系统是德国航天局和阿布杜拉科学城的试验研究和培训基地。德国戴姆勒-克莱斯勒汽车公司和 BMW 公司正利用这一设施进行氢气用作汽车燃料的试验研究。德国已经投资 5000 万马克进行工程的可行性研究，该工程计划在北非沙漠地带建造太阳能光伏发电站，用其发出的电生产氢气，然后把产出的氢气利用管道经意大利输送到德国。

在人类处于化石能源危机时，寻找一种蕴藏丰富、分布广泛、环境友好的替代能源是人类面临的严峻挑战。核能、风能和地热能等都缺乏成为主要能源的条件，不能广泛利用。而太阳-氢能系统则可能改变目前主要依赖化石能源的状况，解决未来发展的能源需求难题。太阳-氢能系统的科学性主要体现在：

（1）长久地提供人类所需的足够能量。太阳正源源不断地向地球提供光和热，每年到达地球表面的能量是全人类目前一年所消费能量的 1 万倍。以目前技术水平，太阳-氢能系统的效率最高可达 20%，大规模应用后定能满足发展需要。

（2）最环保的能源系统。利用太阳能制氢，特别是从水中获取氢气，再将氢用于燃料电池发电和供热，重新生成水。整个能量利用均无污染，可以避免当前大规模利用化石燃料对地球生态环境造成的严重危害，有助于实现人类在地球上的可持续发展。

（3）最和平的能源利用方式。地球上的太阳能资源分布相对较为均匀，高纬地区太阳能分布少，但人口分布也稀疏。而且随着技术的发展，可利用大面积的公海日照实现大规模的太阳能制氢，并能实现低成本的长距离输氢。

太阳-氢能系统能否在将来社会广泛地应用，一个关键的因素就是该系统是否具有合理的经济性，是否具有成本和价格上的竞争优势。随着传统化石能源因大量开采而储量减少，从而价格上涨。又因储量减少，相应的开采及加工成本也会增加。此外，随着环保法规对燃烧排放的要求更加严格，污染控制和治理费用将显著增加；温室气体排放也是需要考虑的环境影响成本。推动太阳-氢能系统趋于经济、实用化的因素主要有：

（1）随着研究的深入，太阳-氢能系统的效率将进一步提高，达到实用化程度；

（2）工艺和材料的改进，以及规模化生产，可降低太阳-氢能系统的建造成本；

（3）建立低成本、超长距离输氢系统，在太阳能丰富的地区建立太阳-氢能系统，制备廉价的氢；

（4）储氢、用氢技术的成熟，可促进太阳-氢能系统向规模化和产业化方向发展；

（5）随着化石能源的资源减少，其价格必然不断升高；

（6）随着环境保护的要求提高，对化石能源的社会成本的估算会提到议事日程。

5.4.3 氢储能-发电综合能源系统

氢储能，是近两年受德国等欧洲国家氢能综合利用后提出的新概念。氢是21世纪人类最理想的能源之一。制氢的原料是水，其燃烧的产物也是水，因此氢的原料用之不竭，也无环境污染问题。氢的单位质量热值高，比体积小，管道运输最经济。它的转化性也好，可以从火力发电以及核能、太阳能、风能、地热能、水能发电等转化而得。氢能发电作为一种清洁、高效的发电方法，是继火电、水电和核电之后的第四代发电方式，是电力能源领域的革命性成果，具有绿色环保、发电效率高、机械传动部件少、启动快、成本低等优点。容易实现小型分布式电力系统的普遍建置，来克服大型电力开发的不足，通过洁净能源的使用，来解决环保抗争问题；并借由分布式小型发电，减少电力传输损失及提供高质量、高可靠度的电力。随着氢气制备与安全储运技术的发展，其燃料来源将极为丰富，还可采用再生资源，因此氢能发电技术的研究与开发已在世界范围内引起人们的高度重视，在国家电网、工程电源、备用电源、便携电源、电动汽车、航空航天和军事装备领域等市场潜力巨大，前景十分广阔。世界各地都掀起了利用氢能源的浪潮。近期，美国、日本、英国和德国等发达国家都将氢储能作为电网新能源应用长期的重点发展方向进行战略规划，并加大了研发投入。

常见的氢能发电方法有：燃料电池、氢直接产生蒸汽发电、氢直接作为燃料发电。其中采用燃料电池发电效率最高。系统主要由风力发电机组或太阳能发电系统、电解水装置、储氢装置、燃料电池、电网等组成。图5-21为可再生能源发电系统示意图，从中可见，把太阳能、风能、地热等新能源发电多余的电量进行电解水制氢，将氢气储存，需要时通过燃料电池进行发电，具备能源来源简单、丰富、储存时间长、热机转换效率高、几乎无污染排放、并网稳定等优点，是一种具有非常广泛前景的储能及发电形式，可有效地解决新能源稳定并网问题，并大幅降低碳排放。

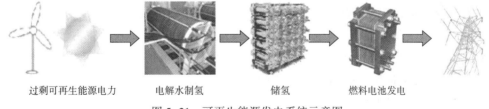

过剩可再生能源电力　　　　电解水制氢　　　　　　储氢　　　　　燃料电池发电

图5-21　可再生能源发电系统示意图

积极发展智能电网，推动清洁能源大规模利用，实现低碳经济以适应未来可持续发展的要求，已成为当今世界能源科技发展的最新动向。我国计划到2020年，全面建成统一的坚强智能电网。届时，依赖于储能技术的风力发电和光伏发电装机将突破$1.7 \times 10^8 kW$，其发电量预计超过1亿余吨标准煤发电量，相当于减排二氧化碳$2.67 \times 10^8 t$。但风能、太阳能等可再生能源发电具有随机性和间歇性，会对电网产生冲击，大规模可再生能源发电并网困难已成为当前电网发展的瓶颈之一。因此，迫切需要发展大容量、高功率、长寿命、高安全和低成本的储能技术，实现电网系统的安全稳定，以及可再生能源的充分利用。氢储能是一种清洁、环保、高效的储能技术，可削峰填谷，有效地解决新能源稳定并网问题，并大幅降低碳排放(图5-22)。

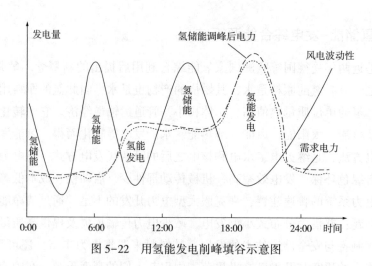

图 5-22　用氢能发电削峰填谷示意图

风能、太阳能等可再生能源发电具有随机性和间歇性，与大电网用电高峰不同步，在电网高峰或低谷时，不能及时补充调控，在并入电网时会引起电网电压的大幅波动。为此，可能需要建造比风电场总容量大 2~3 倍的"调压控制电站"，来调控和抑制这种大量电能的波动，以解决风力发电输出电能不稳定问题。因此，迫切需要发展大容量、高功率、长寿命、高安全和低成本的储能技术，实现电网系统的安全稳定，以及可再生能源的充分利用。必须建立一个高效的储能系统，下面将分析几种储能方式的可行性。

抽水蓄能，这是一个成熟的技术方案，但是受特定的条件限制，首先要有大量的水源，还要有合适的地形高差，才能够实现利用水流的落差能量进行调控发电，从而得到稳定的可控制的电能。另外，从规模上看也是差距太大，刘家峡水电站有巨大的水坝和 5 台水轮发电机组，其总发电量也就是 $130×10^4kW$，假设要将 $1000×10^4kW$ 的电能进行这样的抽水储能，那就要建 10 个刘家峡水电站和储能水库，是现有刘家峡水电站的十倍规模的上、下水库和 10 倍的发电机组才能够满足需要，这是很难实现的。并且现在已经规划和建设中的三个国内最大的"千万千瓦级风电场"来说，都是在极度缺水的地区(2 个在内蒙古，1 个在甘肃酒泉)，平坦的地形(风能资源好的地方都是平坦的地形、地貌)，也没有落差高的地形环境，所以不能应用，能够使用"抽水储能"方式调控风电的方式不可能大规模地采用，只能够小规模地在特殊的有条件的地区才行。

使用铅酸电池肯定不行，没有这么大的功率容量，并且价格特别贵，大量地使用还有铅污染问题；镍氢电池与锂离子电池受限于这两种元素的数量限制(全球的储量也是不多的)和特别昂贵的价格的限制，也不能够采用；最近还有全钒氧化还原液流电池在研发中，但是多次还原过程中的离子膜污染问题也一直没有很好解决，要达到实用的程度还要相当长的时间，商业化的应用究竟会不会影响到环境还是未知数。其他的储能方式，如压缩空气储能、飞轮储能等都因为效率太低、容量太小，也是不能使用。

氢能源是一种最干净的、可以循环的、可大规模利用的能源方式。可以利用大规模的风电、太阳能电等进行大规模的电解水制氢，会得到大量的最干净的能源，能够实现大规模的能量储存，解决现在模式的风电并网难题并且不会对环境有任何影响。

氢气能源可以长时间储存、可以管道长距离输送，可以直接用来大规模发电，更可以提供给汽车、火车、飞机、轮船等移动的交通运输工具使用，氢气燃烧利用后除产生能量外，只产生水蒸气，冷凝后就是纯水，实在是最清洁、最环保的能源。地球上有70%的面积是水，作为一种能量的转换物质，是取之不尽、用之不竭的，风电在这里只是起到了一种能量的转换，将巨大的风能、太阳能等资源，通过风力/太阳能发电→电解海水→制氢制氧→氢气能源→发电、制热、炊事、取暖、交通工具使用等过程后又变成了水，这些水返回到大自然的水系统循环中为下一次的能量转换循环中再利用(图5-23)。我国应该是世界第一大产氢国，大概年产1000多万吨的氢气。全世界最大的一个制氢工厂就在我国的鄂尔多斯，是用煤来制氢的，一年能够生产$18×10^4$t氢气。还有，我们跟日本一样，是世界最大的储氢材料产品国。中国和日本两国几乎包了全世界金属储氢材料的生产，而且我们的销售量比日本还大。

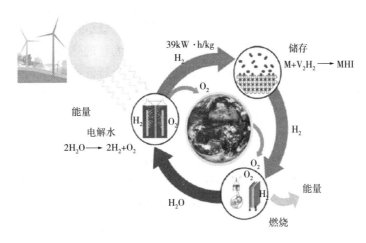

图5-23　氢循环路线图

氢能发电的经济效益分析：

氢气燃烧热值很高，除核燃料外，氢的发热值是所有化石燃料、化工燃料和生物燃料中最高的，为142351kJ/kg，是汽油发热值的3倍。氢气的密度小，纯氢的密度仅为空气的1/14，为0.0899g/L。$1m^3$氢气重89.9g，热值为12797.355kJ。1kg水电解后不但可以得到1/9kg的氢气，并且还可以得到8/9kg的氧气和0.3/10kg的固体物。

拿千万千瓦级风电场来说，假设是满发，1h就是$1×10^7$kW·h，按2.5kW·h电能产生$1m^3$氢气计算，就可以得到$4×10^6$m³氢气。$1m^3$氢气的热值是2956kcal(1cal＝4.18J)，标煤的热值是7000kcal，大约$2.4m^3$氢气的热值相当于1kg标煤的热值，拿$4×10^6$除2.4得1666666.6kg标煤(我国是按煤当量"标煤"计算热值的)，相当于1600t标煤的热值能量，按市场上的优质煤炭热值一般是5500kcal计算，相当于2100t优质煤炭的能量，也就是说"千万千瓦级的风电场"1h所发出的电力进行风电制氢模式，就能够产生2000t优质煤炭(按煤当量计算)的热值能量，1天24h就能够产生相当于48000t优质煤炭热值能量的氢气能量，就算是只有50%的效率，每天也有20000t优质煤炭热值的氢气能量，一年就是$720×10^4$t优质煤炭能量(20000t乘以365天)。

这些氢能源是能够储存的，既可以直接提供给发电厂发电(燃气轮机方式，省去产生蒸汽的环节最好），产生的电力在电网高峰需要时大量地并入电网（这是高质量的特别平稳、可调、可控的电流，是电网十分欢迎的高质量电能），得到良好的经济效益；又可以在电网低谷时脱离电网，将氢气给大量地使用氢能源的汽车、火车、飞机、轮船等移动交通工具加氢气能源，立马就变成实实在在的真金白银收入，或者是通过管道方式输送到大城市，提供给千千万万的家庭炊事使用，这种模式就是氢能源模式。

电解制氢的同时除去产生单项的氢气外，还有 8/9 的氧气产生（纯氧），每产生 $1m^3$ 氢气，同时就可以产生 $0.45m^3$ 氧气，在产生 $4×10^6 m^3$ 氢气的同时还产生 $1.6×10^6 m^3$ 的氧气，这些氧气也是可以直接卖的商品，大量的机械加工企业的钢铁切割和有色金属的焊接就需要大量的氧气，其他在医疗卫生、化工还原、污水处理方面都需要大量的氧气，在高效"燃料电池"工作时也需要大量的氧气，市场上一瓶氧气（容量 $6 \sim 8m^3$）$15 \sim 20$ 元，$1.6×10^6 m^3$ 氧气，每瓶装 $8m^3$ 就是 20 万瓶氧气，价值 400 万元，这仅仅是这个风电场 1h 电解水产生的氧气效益，1 天 24h 就是 9600 万元的氧气收入，一年仅凭氧气就可以收入近 300 亿元，这些收益也是风电制氢效益的一部分。在电解水时还可以回收大量的热能，这是因为电解的过程中，会有一部分能量变成热能，这些热量可以通过热交换器置换出来，既提高了电解的效率，又得到数量很大的热能，冬季可以取暖、供鱼池加温等，夏季可以为洗浴提供热能等，用途是十分广泛的，总之是一种很有价值的能源，也是风电制氢、制氧同时的副产品，有实在的经济效益。

电解水制氢的过程中也是对水的浓缩过程，拿海水来说，其含盐量是 3%，1kg 海水中含盐 30g，每小时制氢 $4×10^6 m^3$ 时需要消耗海水约 $4×10^6 kg$，合 4000t 海水，每吨海水中含盐 300kg，就算是只提炼出来一半，也是 150kg，4000t 乘以 150kg 等于 $60×10^4 kg = 600t$（1h 的产量），这又是一种伴随着制氢过程中产生的副产品，都是利用风电产生的，有实际价值的产品。

从上述分析可以认为，氢能发电不仅产出巨大，而且可以大幅降低风力发电机的制造成本，提供和产出多种有直接经济效益的产品，达到了大量减少二氧化碳的目的，具有很好的经济效益和环保效益。

5.4.4 能源互联网

能源互联网可理解为综合运用先进的电力电子技术、信息技术和智能管理技术，将大量由分布式能量采集装置、分布式能量储存装置和各种类型负载构成的新型电力网络、石油网络、天然气网络等能源节点互联起来，以实现能量双向流动的能量对等交换与共享网络。

美国著名学者杰里米·里夫金在其著作《第三次工业革命》一书中首先提出了能源互联网的愿景。里夫金认为，由于化石燃料的逐渐枯竭及其造成的环境污染问题，在第二次工业革命中奠定的基于化石燃料大规模利用的工业模式正在走向终结。里夫金预言，以新能源技术和信息技术的深入结合为特征的一种新的能源利用体系，即"能源互联网"即将出现。而以能源互联网为核心的第三次工业革命将给人类社会的经济发展模式与生活方式带来深远影响。里夫金认为，能源互联网应具有以下四大特征：①以可再生能源为主要一次能源；②支持超大规模分布式发电系统与分布式储能系统接入；③基于互联网技术实现广域能源共享；④支持交通系统的电气化（即由燃油汽车向电动汽车转变）。从上述特征可以看出，里夫金所倡导的能源互联网的内涵主要利用互联网技术实现广域内的电源、储能设备与负荷的协调；最终目的是实现由集中式化石能源利用向分布式可再生能源利用的转变。

从能源互联网在世界范围内的发展来看，美国在2008年最早提出了能源互联网的概念，美国国家科学基金在北卡州立大学建立了未来可再生能源传输与管理系统（the future renewable electric energy delivery and management system，FREEDM），提出了能源互联网的概念，希望将电力电子技术和信息技术引入电力系统，以分布对等的系统控制与交互，在未来配电网层面实现能源互联网的概念；德国于2008年在智能电网的基础上选择了6个试点地区进行为期4年的E-Energy技术创新促进计划，成为实践能源互联网最早的国家；日本数字电网联盟提出了基于"电力路由器"的能源互联网，电力路由器能够使现有的电网接入互联网，通过互联网上的IP地址进行电源、电源和符号的识别，能够通过"区域A的电力路由器将电能传输到区域B的电力路由器"。

"能源互联"的概念可进一步分为物理互联与信息互联。其中物理互联是指由物理系统，即电网、气网、热网、交通网等构成的综合能源网。该综合能源网以微网、分布式能源等能量自治单元为基本组成元素，通过新能源发电、微能源的采集、汇聚与分享及微网内的储能或用电消纳形成"局域网"，并在此基础上进行广域延伸，如图5-24所示。

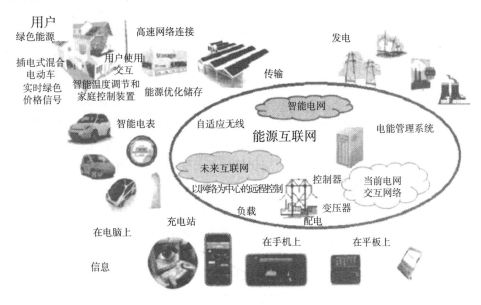

图5-24　能源互联网构成

物理互联是信息互联的基础，也是本书讨论的核心内容。信息互联是指通过整合运行数据、天气数据、气象数据、电网数据、电力市场数据等，进行大数据分析、负荷预测、发电预测、机器学习，打通并优化能源生产和能源消费端的运作效率，需求和供应将可以随时进行动态调整。

以氢能为基础的系统用于整合在其他情况下被削减的电力，但不仅仅局限于电力储存。如前所述，以氢能为基础的能源储存系统可用于整合波动性可再生能源所发的电力并将其用于不同的能源领域，根据应用模式的不同，可分为以下7种途径，在不同的应用途径中能源转换效率差异明显，可以归纳如下。

（1）电-氢-FC发电。电力通过电解转化成氢气，储存在地下洞穴或加压罐中，并在需要的时候通过燃料电池或氢燃气轮机重新转化成电力。

（2）电-氢-混合燃气发电。电力通过电解转化成氢气，储存在地下洞穴或者加压罐中，并在需要的时候通过混氢燃气轮机重新转化成电力。

（3）电-氢-甲烷-燃气发电。通过后续的甲烷化步骤转化为合成甲烷，再通过燃气轮机重新转化成电力。

（4）电-氢-移动发电。电力转化成氢气，然后在交通运输领域作为燃料电池电动交通工具燃料使用。

（5）电-氢-混合燃料。电力通过电解转化成氢气，随后将其混入天然气供应网络（富氢天然气-HENG）作为混合燃气进入工业和民用。

（6）电-氢-甲烷燃料。电力通过电解转化成氢气，随后再通过甲烷化步骤转化为合成甲烷，后作为燃气使用。对于甲烷化反应来说，低成本的二氧化碳资源是很必要的。

（7）电-氢-化工原料。电力转化成氢气然后作为原料使用，如在合成氨行业、炼油行业、煤化工行业等。

基于氢储能的上述7种转化应用模式基本包括了其所有可能的应用转化路径和能效情况，前4条转化路径本质是电力-电力的转化，最终的出口都是落脚到发电上，这4条转化技术路径整体转换效率在20%~30%，与其他种类以电力输出为主的储能技术相比，总体效率偏低，但对第4条电-氢-移动发电的转化路径来说有其特殊性，实际是把远端电场的弃电转化为移动车辆的高效动力源，且其总体效率基本与现有内燃机车的燃料转化效率相当。第5条至第7条转化路径本质是电力-燃料的转化，转化效率总体处在50%~65%，作为一种包含制、储、输、配等环节后的清洁气体能源，这样的转化效率还是可以接受的。在这7种转化路径中，第3条电-氢-甲烷发电和第6条电-氢-甲烷燃料的转化路径都包含了氢气的甲烷化过程，虽然二氧化碳和氢气的甲烷化反应是个放热反应，但其实际转化效率一般在60%~85%，随着催化技术的进步及合成规模的增大，转化效率会明显提升，尽管如此，整体效率还是很难突破85%，所以导致了包含甲烷化过程的转化路径效率均比没甲烷化的转化路径效率低很多。总体而言，转换次数越多，整体效率则越低，输配距离越远，转化效率越低。相比甲烷化路径，氢掺天然气的应用路径可能更有潜力，按照现有国际研究结果，在天然气管网中混掺5%~10%的氢气，对管网材料几乎没有影响，且对天然气的应用终端也基本不会有影响。此外，直接将波动电力生产的氢气应用于炼油、合成氨、煤化工等传统用氢行业，不仅能源转换效率最高，而且氢气的需求量巨大，但此种转换路径最大的挑战应该是氢储能系统的经济性和区域适应性。

与其他电力储存技术相比，尽管采用氢储能技术具有较低的能源转换效率，但对于波动性可再生能源电力严重"过剩"的区域而言，能源转换效率不是关键因素，最大的挑战应该是氢储能技术的经济性和季节适应性。首先电解有着显著的投资成本，这意味着，这些设备只有在一年中有足够的设备利用率才能使投资成本有效。由于可再生能源电力的波动性特征，特别是季节性波动会使电解制氢装备仅依靠"过剩电量"制取氢气不足以达到设备的年度利用率，造成经济性下降；其次这种季节性电力波动会显著影响部分下游用氢产业氢气供应稳定性，这一缺陷会直接影响项目的可行性。

参 考 文 献

［1］赵岩. 煤制氢器——当今全加氢型炼油厂的发展方向［J］. 炼油技术与工程，2012，42(4)：11-14.

［2］王业勤，杜雯雯. 天然气制氢工艺技术现状与发展前景［C］//国际清洁能源论坛(澳门). 国际清洁能源论坛(澳门)，2017.

［3］Cano Z P，Banham D，Ye S，et. al. Batteries and fuel cells for emerging electric vehicle mar-kets［J］. Nature Energy. Beijing：2018，3：279-289.

［4］李艳，等译. 风电场并网稳定性技术［M］. 北京：机械工业出版社，2011.

［5］王艳艳，等编著. 氢气储能与发电开发［M］. 北京：化学工业出版社，2017.

［6］毛宗强，等编著. 氢能：21 世纪的绿色能源［M］. 北京：化学工业出版社，2006.

［7］邵志芳，等. 能源互联评价与仿真［M］. 北京：科学出版社，2018.

［8］钟财富，等. 氢能产业有序发展路径和机制［M］. 北京：中国经济出版社，2021.

［9］中国国际经济交流中心课题组. 中国氢能产业政府研究. 北京：社会科学文献出版社，2020.

第6章 氢安全

　　《中华人民共和国国民经济和社会发展第十四个五年规划和 2035 年远景目标纲要》提出"氢能与储能等前沿科技和产业变革领域，组织实施未来产业孵化与加速计划，谋划布局一批未来产业""锚定努力争取 2060 年前实现碳中和"。氢能是落实国家战略、应对气候变化的绿色能源。目前，氢能在世界各国的能源革命中崭露头角，中国、日本、韩国、美国、德国等不少国家和国际团体、机构颁布了氢能规划。全世界氢燃料汽车保有量和加氢站数量逐年增加。世界氢能委员会预测 2050 年氢能将贡献世界能源的 18%，减排 60×10^8 t 二氧化碳，创造2.5 万亿美元的产值，提供 3000 万个就业岗位。氢能利用正处于上升阶段，然而，近期氢能的安全却频频亮起红灯，研发氢能安全技术可为氢能利用保驾护航。

6.1 氢安全基础

6.1.1 氢安全基本特性

(1) 泄漏

随着氢作为能量载体的大规模引入，氢在容器和管道内的泄漏量为甲烷气体泄漏量的1.3~2.8倍，约为空气泄漏量的4倍。此外，任何泄漏的氢气通过质量扩散、湍流对流和浮力的作用迅速在大气中弥散，从而大大减少了氢危险区的存在。

(2) 飘浮

氢气的密度约为空气的1/14，即氢泄漏后迅速向上扩散，从而减少了点火危险。然而，饱和氢蒸气比空气重，它会一直靠近地面扩散。一旦温度上升，密度减小，就会增加向上扩散的可能性。氢气在常态空气中的飘浮速度范围为1.2~9m/s，具体速度大小取决于空气和氢蒸气密度的差异。因此，液氢泄漏产生冷的高密度蒸气，最初在地面附近扩散，其上升速度比标态燃料气体慢。

(3) 火焰可见性

氢-空气火焰主要辐射光谱在红外线和紫外线区域，在白天几乎看不见。任何白天能看到的氢火焰都是由空气中的杂质(如水分或颗粒)引起的。在黑暗中容易看到氢火焰，但在白天，可以感知到氢火焰对皮肤的热辐射。低压下氢火焰为淡蓝色或紫色。暴露在泄漏的氢火焰中的人员可能会受到严重烧伤，十分危险。

(4) 火焰温度

可燃气体在氧化剂(如空气、氧气等)中燃烧时所产生的火焰的温度，如空气中19.6%氢的火焰温度测量值为2318K。如果发生爆燃或爆轰，其火焰温度可能会更高。

(5) 燃烧速度

这里指可燃气体-空气混合物的层流燃烧速度。氢的层流燃烧速度范围为2.65~3.46m/s，具体取决于压力、温度和混合气体当量比。氢的层流燃烧速度比甲烷高一个数量级(甲烷在空气中的最大层流燃烧速度约为0.45m/s)。

(6) 火焰热辐射

暴露在氢火焰热辐射中会导致严重损伤，火焰热辐射在很大程度上取决于大气中的水蒸气量。事实上，大气中的湿空气吸收了从火灾中辐射出来的热能，并能大大降低了热量。

(7) 极限氧指数

极限氧指数是能维持燃料蒸气和空气混合物中火焰传播的最低氧浓度。对于氢，如果混合物中的氧气体积分数小于5%，则标态下不能观察到火焰传播。

(8) 焦耳-汤姆孙效应

当气体通过多孔物质、小孔或喷嘴从高压到低压膨胀时，通常温度会降低。然而，有些真实气体在超过焦耳-汤姆孙不可逆膨胀曲线定义的临界温度和压力下膨胀时，它们的温度会升高。绝对压力为零时氢的最高转化温度为202K。因此，当温度和压力大于它时，氢的温度会随着膨胀而升高。就安全性而言，焦耳-汤姆孙效应导致的温度升高通常不足以点燃氢–空气混合物。例如，当氢从 100MPa 的压力膨胀到 0.1MPa 时，氢的温度从 300K 上升到 346K。温度的升高不足以点燃氢，因为氢的自燃温度在 1atm（1atm = 101325Pa）时为 858K，在低压下为 620K。

6.1.2 氢安全通则

（1）氢环境安全通则

① 消除火源，严禁吸烟和明火。

② 必须使用防爆工具。

③ 不要穿合成纤维（尼龙等）衣服，应穿防静电的衣服。

④ 避免氢气在天花板处聚集，封闭区域需顶部通风。

⑤ 将所有仪器、拖车和气瓶组等接地。

⑥ 所有电气设备必须防爆。

⑦ 安装雷电保护设备。

（2）氢气泄漏或积聚时安全通则

① 应及时切断气源，并迅速撤离泄漏污染区人员至上风处。

② 对泄漏污染区进行通风，对已泄漏的氢气进行稀释，若不能及时切断时，应采用惰性气体进行稀释，防止氢气积聚形成爆炸性气体混合物。

③ 若泄漏发生在室内，宜使用吸风系统或将泄漏的气瓶移至室外，以避免泄漏的氢气四处扩散。

④ 高浓度氢气会使人窒息，应及时将窒息人员移至良好通风处，进行人工呼吸，并迅速就医。

⑤ 氢气瓶、存罐和管状拖车等的储氢压力为十几兆帕至上百兆帕，不要靠近压力释放装置的排气出口。

⑥ 液氢温度约为 20K，应防止液氢引起的冻伤或其他严重伤害。

（3）氢气发生泄漏并着火时安全通则

① 应及时切断气源。若不能立即切断气源，不得熄灭正在燃烧的气体，并用水强制冷却着火设备。此外，氢气系统应保持正压状态，防止氢气系统回火发生。

② 采取措施，防止火灾扩大，如采用大量消防水雾喷射其他引燃物质和相邻设备。如有可能，可将燃烧设备从火场移至空旷处。

③ 氢火焰肉眼不易察觉，消防人员应佩戴自给式呼吸器，穿防静电服进入现场，注意防止外露皮肤烧伤。

6.1.3 氢脆

氢脆是指溶于钢中的氢，聚合为氢分子，造成应力集中，超过钢的强度极限，在钢内部形成细小的裂纹，又称白点。氢脆只可防，不可治。氢脆一经产生，就消除不了。在材料的冶炼过程和零件的制造与装配过程（如电镀、焊接）中进入钢材内部的微量氢（10^{-6}量级）在内部残余的或外加的应力作用下导致材料脆化甚至开裂。在尚未出现开裂的情况下可以通过脱氢处理（例如加热到 200℃以上数小时，可使材料内部的氢减少）恢复钢材的性能。

（1）氢脆机理

由于零件内部的氢向应力集中的部位扩散聚集，应力集中部位的金属缺陷多(原子点阵错位、空穴等)。氢扩散到这些缺陷处，氢原子变成氢分子，产生巨大的压力，这个压力与材料内部的残留应力及材料受的外加应力组成一个合力。当这个合力超过材料的屈服强度时，就会导致断裂发生。氢脆既然与氢原子的扩散有关，扩散是需要时间的，扩散的速度与浓度梯度、温度和材料种类有关，因此，氢脆通常表现为延迟断裂。氢脆的机理尚不完全清楚，但很多因素会影响氢脆速度，如压力和环境温度，氢的纯度、浓度和暴露时间，以及材料的应力状态、物理和机械性能、微观结构、表面条件和裂纹前端的性质等。

（2）氢脆类型

① 环境氢脆　金属或合金可能在气态氢的环境中发生塑性变形，导致表面裂纹增加、延展性损失和断裂应力下降。

② 内部氢脆　由氢吸收引起的内部氢脆，导致某些金属过早失效，内部开始出现裂缝。

③ 反应氢脆　由吸收的氢与一种或多种金属成分的化学反应引起的反应氢脆，例如与钢中的碳形成脆性金属氢化物或甲烷。高温有利于这种现象的发生。

（3）氢脆防控

一般来说，不锈钢比普通钢更耐氢脆，如果空气干燥，纯铝和许多铝合金都比不锈钢更耐用。氢系统的所有零部件必须采用与氢相容的材料。

防止氢脆的主要措施有采用氧化物涂层、消除应力集中、使用氢添加剂、保持适当的晶粒尺寸和添加合金。此外，下列措施也可用于有效地消除金属中的氢脆：

① 铝因对氢的敏感性低，可被用作结构材料。

② 加工零部件的中等强度钢(用于气态氢)和不锈钢(用于液氢)应增加厚度、表面光洁度和采用适当的焊接工艺。

③ 在没有测试数据支撑的情况下，金属零部件的抗疲劳性设计需要大幅提高(可提高到五倍)。

④ 不使用铸铁、氢化物成形金属和合金作为储氢设备的材料。

6.2　制氢安全

6.2.1　电解水制氢安全

目前，我国已经成为世界上大型水电解设备的主要生产国，国内碱性水电解设备单台产量可达 $2000m^3/h$，质子交换膜电解水制氢设备单台产量可达 $200\sim400m^3/h$。然而，水电解制氢过程的产品、副产品涉及氢气、氧气，碱性水电解系统还涉及氢氧化钾或氢氧化钠等，均属于危险化学品。研究、规范水电解制氢生产工艺、装备制造维护、操作流程，提高制氢过程的安全性成为重中之重。

（1）水电解制氢过程安全性分析

氢气本身是易燃易爆性气体，主要威胁来自氢气和助燃物质混合达到爆炸(爆轰)极限，发生爆炸(爆轰)产生冲击波或热辐射、碎片等对周围建筑物和人身安全有很大危害，此外还有腐蚀、窒息、碱液灼烫、机械伤害和触电等危险因素。通过对电解水制氢过程的研究发现，氢气制取过程中存在的安全性问题通常与氧气混合有关。由于氢气点火能量低、常温下膨胀升温效应明显，而收集氢用的压缩机工作压力高，高压氢气突然扩散传播和喷射可以引发自燃，因此压缩收集阶段的安全性问题通常与氢气泄漏有关。制氢过程中可能引发安全事故的情况见表6-1。

表6-1　电解水制氢系统主要单元设备危险性

单元设备	危险性
电解槽	泄漏时易燃易爆、有腐蚀性①、带压、灼烫、触电
氢分离器	泄漏时易燃易爆、有腐蚀性①、带压、灼烫
氧分离器	泄漏时易燃易爆、有腐蚀性①、带压、灼烫
碱液①/纯水②过滤器、冷却器	泄漏时有腐蚀性①、带压、灼烫
氢气冷却器	泄漏时易燃易爆、带压、灼烫
氧气冷却器	泄漏时易燃易爆、带压、灼烫
循环泵	泄漏时有腐蚀性①、带压、灼烫、机械伤害、触电
去离子器②	带压、灼烫
补水泵	带压、机械伤害、触电
电解液制备及储存装置①	泄漏时有腐蚀性①
氢纯化器脱氧、干燥塔	泄漏时易燃易爆、带压、灼烫、触电
氢气储罐	泄漏时易燃易爆、带压、触电
直流电源、自控装置	触电

① 碱性水电解装置。

② 质子交换膜水电解装置。

综上，电解槽、气体分离机、气体洗涤设备等均有可能发生安全事故，水电解制氢系统相关设备必须严格按照规范设置，严格控制系统温度；所用原料水需按规定进行过滤，控制碱液浓度和循环量，定期对电解槽进行维护，保证氢气纯度。

电解槽电解生成的氢气和氧气分别汇总于氢气总管和氧气总管导出，并将收集来的高温高湿的氢气冷却、干燥、纯化、压缩升压后，充装进缓冲罐或氢气罐储存。如果要回收电解产生的氧气，必须设氧中氢自动分析和手动分析仪，还应设氧中氢含量报警装置。现场的电气仪表必须符合《爆炸危险场所电气安全规程》规定，防爆等级不低于ⅡCT3防护等级；管路采用法兰连接时应采用软金属和金属缠绕垫以防止静电，管路应进行压力试验和气密性试验合格。

（2）水电解制氢系统的安全体系

2019年颁布实施的《压力型水电解制氢系统技术条件》和《压力型水电解制氢系统安全要求》两项国家标准的实施，针对水电解制氢系统设计、制造、安装和执行等环节进行了规范，结合ISO 22734、ISO/TR 15916、ANSI/AIAAG-095等国际标准，将促进我国水电解制氢系统相关装备的技术进步和应用，推动我国氢能产业的发展。在水电解制氢系统安全技术方面，主要考虑以下方面：

① 制氢房环境和建筑安全。制氢房、储氢室和充气室均为防爆间且相互独立，顶棚和

墙壁采用阻燃材料建造,表面平滑,不应有易聚集氢气的死角;最高处设天窗或通风孔,门窗应采用钢制防火结构,各房间门、窗的面积与房间体积的比值介于 $0.05 \sim 0.22 m^2/m^3$,以便泄压。建筑物间距应符合《氢气站设计规范》(GB 50177—2005)的规定。制氢室结构设计和安装要求应符合《建筑设计防火规范》要求,制氢室内安装制氢主机、冷却用水泵和水箱、加电解液用水泵和水箱,非防爆电机水泵等不准安装在制氢室内。控制室(非防爆间)与制氢室隔墙相邻,应有地沟设计,便于电缆、电线的布局和安装,并设有便于观察制氢机工作状况的观察窗;控制室内安装整流器和控制箱、氢气纯度分析设备和蒸馏水器等。

② 制氢系统供电安全。水电解制氢室的供电装置应符合《爆炸危险环境电力装置设计规范》(GB 50058—2014)、《电气装置安装工程施工及验收规范》和《电气装置安装工程接地装置施工及验收规范》的规定,氢气生产环境的电气设施应按《氢气站设计规范》(GB 50177—2005)的规定分为1区和2区。在有爆炸危险的环境中的电气设备及配线应按 GB 50058—2014的规定进行选用、配置。位于该区域内的所有电气设备均应采用防爆型设备,且防爆等级不应低于 II CT1。成套整流装置应设在与制氢室相邻的控制室内,控制室的设计应符合《低压配电设计规范》的规定。

③ 氢气检测及安全响应系统。制氢系统中有火灾和爆炸危险的区域(制氢间及氢气储罐)内需设置可燃气体(氢气)检测报警仪,设置水电解制氢系统的房间内应在室内最高处或最易积聚氢气处设置空气中氢浓度检测、报警装置,并应符合《可燃气体报警控制器》(GB 16808—2008)、《作业场所环境气体检测报警仪 通用要求》(GB 12358—2006)的要求。符合《石油化工可燃气体和有毒气体检测报警设计标准》(GB/T 50493—2019)中的相关要求。水电解制氢系统在氢、氧气出气管线上应设置氢中氧、氧中氢在线分析仪。氢气纯化设备的产品气出气管线上,应设置微量氧分析仪和露点分析仪。在氢、氧捕集器后的管线上设有在线分析仪,分别监测氢中氧及氧中氢的含量,并与报警系统及紧急停车系统进行联锁,当含量超标时,启动报警系统,必要时自动启动紧急停车。

④ 制氢系统防雷设施安全。水电解制氢室及设备必须安装防雷装置,为防止水电解制氢设备在生产过程中产生静电,必须保证设备良好接地。接地装置和防雷设施必须符合《电气装置安装工程接地装置施工及验收规范》和《建筑物防雷设计规范》的规定。

⑤ 防碱液灼烫。灼烫是指强酸、强碱到身体引起的灼伤;或由火焰引起的烧伤,高温物体引起的烫伤等。碱液电解槽以30%的氢氧化钾溶液作为电解液,《化学品分类和危险性公示 通则》(GB 13690—2009)将其划为第8.2类碱性腐蚀品,具有强腐蚀性、强刺激性,若皮肤和眼睛直接接触,应立即用大量流动清水冲洗。系统设计时在有可能发生 KOH 溶液泄漏区域(如碱液罐、电解槽附近),需设置洗手池、淋浴喷头及洗眼器,使操作人员在发生意外伤害时可以第一时间进行自我救护,保障人身安全。系统中部分设备及管道的操作温度最高可达近400℃,人体接触时会造成高温烫伤,因此,除工艺技术要求需要进行保温的设备和工艺物料管线外,对操作温度高于60℃的设备及管道应进行隔热,以防止其对操作人员的伤害及周围环境的影响。

⑥ 静电消除安全设施。涉及氢气的系统都需要设置静电消除器以及穿防静电服,相关措施须符合《本安型人体静电消除器安全规范》(SY/T 7354—2017)的规定。

⑦ 电子控制元件安全设计。由于制氢系统中涉及许多控制元件及电路,为了避免上述

部件因短路而产生危险，涉及氢气的相关电子控制元件以及电路须符合《爆炸性环境 第4部分：由本质安全型"i"保护的设备》(GB 3836.4—2021)中的规定。

水电解制氢的优点是生产出的氢气中杂质含量少、品质有保证，因此被广泛应用于电子工业高纯氢现场制备和水电解制氢加氢站。同时，水电解制氢最大的特点是，电解水制氢的过程中会释放大量氧气(约为制氢量的8倍)，而氧气的密度比空气大，很难在空气中自然扩散，非常容易聚集形成富氧环境。富氧环境下不仅仅是氢气，其他各种可燃物质都极易发生剧烈燃烧和爆炸，是工业气体行业最为危险的工况之一，且形成富氧环境的风险会随着制氢过程释放氧气量的增大而增加。因此水电解制氢装置必须采用可靠的强制通风措施，避免富氧聚集引发氢气以及周边环境中各种可燃物质的爆炸。在高度集成的水电解制氢、加氢一体化装置的设计中，由于空间狭小，更加应该高度重视氧气浓度的监测和氧气排放通道的畅通，以及强制通风装置的可靠性，消除氧气聚集带来的安全隐患，这比氢气泄漏的监测和制氢装置的可靠性保障更加重要。

6.2.2 重整制氢安全

重整制氢系统是在高温下将化石燃料(如天然气、甲醇等)和水蒸气的混合物转换成含有二氧化碳、一氧化碳以及微量未反应的化石燃料的富氢气体，系统包括反应主体，氢气压缩、储存及充装等单元。反应主体主要包括脱硫器、重整反应器、一氧化碳水气变换反应器与净化器组、燃烧加热器、换热器、燃料储罐与空压机等。重整制氢反应的主要流程为先经脱硫器后，再依序输入重整反应器产氢、一氧化碳水气变换反应器及净化器组提高氢气纯度。

大规模重整制氢最常用的燃料来源是天然气(甲烷)，碳排放低、经济性好，通过水蒸气重整反应来产生氢气。甲烷蒸气重整制氢是将甲烷和水蒸气按一定比例混合，以约30bar(1bar=1×10^5Pa)的压力通入催化重整器，重整压力为3~5atm(1atm=1.013×10^5Pa)、反应温度为700~800℃；一氧化碳水气变换反应可移除重整气体中的一氧化碳并将其变换成氢气，一氧化碳浓度降为0.5%~1%，反应温度为150~300℃；净化器可进一步地将一氧化碳或二氧化碳通过变压吸附、高温再氧化(PrO_x)反应或甲烷化反应移除，使得氢气浓度提高至99.99%以上。另外，由于重整制氢系统需要在高温下操作，因此常与热交换系统搭配将热回收至热水锅炉后产生蒸汽进一步带动发电机发电，整体系统能源效率可达85%以上。

重整制氢过程中除了会面临高温及略微高压的操作环境外，还会涉及可燃性气体(氢气、天然气)、有毒气体(一氧化碳)，设备的维护与操作流程的规范，是提高整体安全性的重要路径。

氢气与天然气都是易燃易爆气体，当空气中氢气的体积浓度超过4%时就有引发燃烧的可能性，当体积浓度超过18%时就可能会产生爆炸。为了满足质子膜燃料电池的需求，系统所生产的氢气纯度需≥99.97%，且CO浓度≤5ppm(1ppm=0.0001%，余同)，根据重整制氢的规模不同会采取不同的氢气提纯措施。大规模制氢通常会采用一氧化碳水气变换反应器(water shift reaction，WGS)搭配变压吸附(PSA)装置分离出高纯度氢气；规模处于中小型时，则通常会利用一氧化碳水气变换反应器先将CO浓度降至<1%后，引入空气与CO进行高温再氧化反应来提纯氢气。由此可见，整个系统中随时会有天然气、氢气、CO局部浓度过高的情形发生。一旦发生泄漏，除了可燃性气体引发的燃烧爆炸危险外，还要考虑CO的

毒性。人员处在 CO 浓度达到 1000ppm 环境中超过 2min 就会产生意识不清、呕吐等情况；若处在 CO 浓度达到 10000ppm 环境中超过 2min，可能会引发死亡。

对于采用再氧化反应进行 CO 最后处理的中小型系统，天然气在系统入口处至重整反应区间内浓度也超过 95%。氢气浓度在位于重整反应部件出口至预先氧化反应出口的浓度逐步由 45% 提高至 76%；CO 局部浓度过高的区域为重整器反应出口至水汽变换出口，浓度范围为 1%~9%，经过再氧化反应后的 CO 浓度会降至 10ppm 以下。要特别注意的是此反应区间由于引入外部空气进行反应，如何抑制管道中的高浓度氢气与氧气产生燃烧反应，以及促进 CO 的再氧化反应，关键在于选择适当的催化剂。在浓度偏高有发生可能的区间，如输入端、反应端与输出端，皆需加装高灵敏性的压力、温度及浓度传感器，实时监测相关指标。可采用危险与可操作性研究（HAZOP）方法对天然气重整制氢装置进行安全分析评价。

重整制氢过程中可能引发的安全事故情况以及可采取的防范措施见表 6-2。通过表 6-2 可以发现：重整器反应温度过高或过低，反应过程中压力过高，静电产生与否等，都会引发诸多的安全事故。因此重整制氢系统内部须按照相关规范设置相应的检测装置，严格控制系统温度、压力以及进料流速，同时须设置静电消除器，并定期维护检修设备，在保证氢气纯度的同时更可避免事故发生。

表 6-2　重整制氢过程的不安全因素汇总

安全事故	原因分析	后果	安全措施	建议措施
天然气制氢重整器压力过高	（1）燃料气/空气进料量大； （2）脱硫效率低； （3）外部着火； （4）天然气进料温度高； （5）天然气进料压力过大； （6）重整器出料管道堵塞； （7）催化剂过量，反应失控	（1）导致反应失控，转化效率低； （2）超压严重导致爆炸； （3）重整器薄弱环节脆落，内部重整气体外泄，人员中毒，遇火源时燃烧或爆炸	（1）天然气入口端设置流量变送器并控制流量阀门； （2）紧急情况下，对燃料气放空处理； （3）重整器设置温度指示联锁高报警； （4）重整器设置压力指示高、低报警； （5）出料管线上设置压力传感器并与原料进料管线上的压力差联锁，并设置压力差高报警； （6）重整器内设置压力传感器	（1）现场设置有毒气体报警仪； （2）催化剂装填容器仅装适量的催化剂，防止过量
天然气制氢重整器温度过高	（1）燃料气/空气进料量大； （2）脱硫效率低； （3）外部着火； （4）天然气进料压力过大； （5）催化剂活性低，反应速度慢	（1）导致反应失控，转化效率低； （2）超压严重导致爆炸； （3）重整器薄弱环节脆落，内部重整气体外泄，人员中毒，遇火源时燃烧或爆炸； （4）重整器管道积炭而局部超温烧坏管道，转化效率低	并控制引风机管线阀门以控制重整器压力； （7）重整器出口端设置气体含量分析传感器并联锁空气预热器进料管上的阀门； （8）紧急情况下，对变压吸附尾气排空处理； （9）自动开启固定消防灭火系统； （10）蒸汽管道中设置流量变送器并控制流量阀门	现场设置有毒气体报警仪

安全事故	原因分析	后果	安全措施	建议措施
进料组分错误	燃料气/空气进料量大	影响转换效率，能源消耗过多	（1）天然气入口端设置流量变送器并控制流量阀门； （2）紧急情况下，对燃料气放空处理； （3）蒸汽管道中设置流量变送器并控制流量阀门，并设置流量联锁低报警； （4）紧急情况下，对变压吸附尾气排空处理； （5）天然气进料与蒸汽进料管道皆设置流量变送器并控制流量阀门	
静电	（1）天然气进料管道内天然气流速过快； （2）进入装置区内的人体带静电； （3）混合气体中的混合气体流速过快； （4）变压吸附尾气流速过快	产生火花，遇天然气/氢气/与空气混合物产生爆炸或燃烧	（1）天然气管道设置流速控制阀门； （2）含可燃性气体管道、变压吸附尾气管道设置阻火器； （3）含可燃性气体管道、变压吸附尾气管道设置放空管，且放空管上设置阻火器； （4）混合气体管道设置流速控制阀门	（1）进入装置区内的人员须穿防静电服； （2）装置内设置静电消除器
天然气制氢重整器温度过低	（1）蒸汽进料温度过低，或进料量过大； （2）天然气进料温度低； （3）外部环境温度低； （4）催化剂过量，导致吸热反应的重整制氢反应剧烈	转换效率低	（1）蒸汽管道上设置温度传感器及温度显示仪； （2）重整器设置温度指示联锁高报警； （3）水路管道上设置流量变送器元件； （4）提供重整器反应温度的燃烧炉设置燃烧指示报警	

6.2.3 氢气提纯安全

通过各种方法制得氢气后，接下来就需要对成品氢气中的气体杂质的含量进行调控，即对氢气进行提纯，为后续处理做好准备。变压吸附提纯技术（PSA）是工业上最常用的气体分离和氢气提纯技术，具有能耗低、流程简单、产品气纯度高以及安全可靠性高等优点，只需程序控制阀门运作即可完成气体分离。PSA 技术是通过气体组分在固体材料上吸附特性的差异以及吸附量随压力而变化的特性，通过周期性的压力变化过程实现气体的提纯。

通过氢气的物理特性得知，氢气可以燃烧的体积浓度范围介于 4%~75%，因此当氢气纯度被提纯至>99%阶段时，只要防止空气渗入管道内或储氢瓶罐内，气态氢系统内部不会有燃烧或者爆炸的风险。对于液氢生产，其原料气对氢气的纯度会有更高的要求。这是因为液氢温度低至 20K 左右，除氦以外所有来自原料氢的气体杂质会在氢气的液化过程中凝固，可能造成液化工艺系统管道堵塞。特别是氧的固化与集聚，还可能引起系统节流阀和临近管路的爆炸。该类事故多有先兆，例如流动不畅、管路产生压差等，一般在阀门晃动或流速改变后发生，既有开车后 2~3 天发生爆炸的案例，也有数月后发生的案例。这是因为氧在液氢中的溶解度极小，固氧刚开始会形成比较细小的结晶，可随氢的气、液两相流移动，并冻在管道的粗糙表面上和阀门的凹凸处。固氧冻结导致节流阀的堵塞，开关阀门使得固氧被粉碎而冲开堵塞处，此时阀门流速骤变，瞬间摩擦和冲击使得固氧颗粒（或富氧固空颗粒）与氢的混合物产生反应而发生爆炸。爆炸大多发生在低于氢临界温度下的阀门和附近管道，往往是在强行开启固氧堵塞的阀门时发生爆炸。因此原料氢气纯度对于液氢系统的安全性具有非常重要的影响。

6.3 氢储运安全

高效、安全可靠、低成本的氢储运技术是氢能规模应用的瓶颈，其中氢储运安全是氢能市场化应用的重中之重。氢储运方式多样，储氢方式主要包括高压气态储氢、液态储氢和固态储氢，输氢方式主要包括气态输氢和液态输氢。现有的气、液及固态氢储运的方式，虽都各有优势，但同时存在不足，其综合性能都有待提高。固态储氢密度高且安全性好，但目前质量储氢密度较低，限制了其在氢燃料电池汽车上的应用，随着储氢材料性能的不断提高，固态储氢的综合性能仍有一定的提升空间；低温液态储运虽能带来较高的储能密度，但氢液化耗能较大，同时液氢在储输过程中的蒸发汽化问题带来安全性隐患，因此，液氢在氢能燃料电池领域的应用目前受到很大限制；高压气态储运方式目前相对比较成熟，应用也最为广泛，是现阶段氢能实现产业化过程中主要的储运方式，本节主要介绍了高压氢气储运过程中的安全问题。

6.3.1 氢压力容器安全

氢压力容器主要包括固定式压力储罐和车载轻质高压氢气瓶，其中固定式压力储罐依据结构的不同又可分为无缝压缩氢气储罐和全多层高压氢气储罐，车载轻质高压氢气瓶依据储氢方式的不同可分为普通高压气瓶和低温高压复合气瓶。

6.3.1.1 固定式氢压力储罐

（1）无缝压缩氢气储罐

固定式高压氢气储存设备主要应用于在固定场所储存高压氢气，如加氢站、制氢站或电厂内的储气罐等，其特点是压力高，固定式使用，但是质量的限制不严，一般都采用较大容量的钢制压力容器。容器内氢气的储存量大，一旦发生泄漏爆炸事故，有可能造成严重损失和人员伤亡。

目前，高压氢气加氢站所用的储罐多为无缝压缩氢气储罐。这种储罐一般按照美国机械工程师学会锅炉压力容器规范第Ⅷ篇第1册的UF篇和附录22的规定用无缝钢管经过两端锻造收口而成，属于整体无焊缝结构。常用材料CrMo钢：SA372GY. J CL65、SA372FGr. J CL70和SA372Gr. M CL A等。主要力学性能为：抗拉强度不小于724MPa、屈服强度不小于448MPa、延伸率(50mm)不小于18%。无缝压缩氢气储罐的特点是制造过程中无须焊接，整个储罐为统一的无缝整体，其最大的优点是避免了焊接引起的裂纹、气孔、夹渣等缺陷，但有以下不足：

① 单台设备的容积小。按美国机械工程师学会锅炉压力容器规范第Ⅷ篇第1册附录22"整体锻造容器"的规定，容器的内直径不得超过610mm，再加上无缝钢管长度的限制(一般在9m以内)，无缝压缩氢气储罐的最大容积为2577L。当氢气储存量大时，往往需要多台容器通过用钢板或工字型钢制成的可拆卸的固定管架组合后并联使用，增加了氢气的泄漏点。

② 无抑爆抗爆功能。无缝压缩氢气储罐通常采用高强度无缝钢管。提高材料的抗拉强度和屈服强度，有利于减薄储罐壁厚，降低质量，但韧性往往下降。若因腐蚀、疲劳及材料性能劣化(如氢脆)等原因导致储罐突然破裂，会导致所存的氢气快速排到周围环境中，引起中毒、窒息或燃烧爆炸，造成严重损失。

③ 健康状态检测困难。无缝压缩氢气储罐的单层结构决定了其只能靠定期检验来确定储罐的安全状况，难以对储罐健康状况进行在线监测。

(2) 多功能全多层高压氢气储罐

为提高高压储氢的安全性，降低制造成本，浙江大学化工机械研究所郑津洋教授等研究开发了一种多功能全多层高压氢气储罐。它由储罐主体和在线健康诊断系统两部分组成。该型储罐已经用于位于北京的中国第一座示范加氢站中。

多功能全多层高压氢气储罐主体由绕带筒体、双层半球形封头、加强箍和接管组成。绕带筒体由薄内筒、钢带层和外保护壳组成。薄内筒通常由钢板卷焊而成，其厚度一般为筒体总厚度的1/6~1/4。钢带层由多层宽80~160mm、厚4~8mm的热轧扁平钢带组成。钢带以相对于容器环向15°~30°倾角逐层交错进行多层多根预拉力缠绕，每根钢带的始末两端斜边用通常的焊接方法与双层封头和加强箍共同组成的斜面相焊接。外保护壳为厚3~6mm的优质薄板，以包扎方式焊接在钢带层外面。双层半球形封头的厚度按强度要求确定，由厚度相近的内外层钢板经冲压成型。在工作压力下，即使内半球形封头因裂纹扩展等原因，导致内层泄漏，外半球形封头也能承受工作压力的作用。外层半球形封头端部有与加强箍相配合的圆柱面和锥面。加强箍先由钢板卷焊成短筒节(对接焊接接头经100%无损检测合格)，再加工成与外层半球形封头相配合的圆柱面和锥面。大接管与双层半球形封头通过角接或对接焊接接头连接，管径根据工艺要求确定。多功能全多层高压氢气储罐具有以下优点：

① 适用于制造高参数氢气储罐。随着压力和直径的提高，氢气储罐的壁厚增加。受加工能力和无缝钢管长度的限制。钢制无缝压缩氢气储罐的容积往往较小。多功能全多层高压氢气储罐由薄或中厚钢板和钢带组成，长度和壁厚不受限制。目前，中国已具备制造直径达2500mm、长度达25m的全多层高压容器的能力。

② 具有抑爆抗爆功能。在工作压力下，失效方式为"只漏不爆"，不会发生整体脆性破坏。这是因为：内筒应力水平低，在钢带缠绕预拉力作用下，内筒沿环向、轴向同时收缩，收缩引起的压缩预应力可以部分甚至全部抵消工作压力引起的拉伸应力，使得内筒处于低应

力水平，内筒与钢带材料性能优良，在材料化学成分和扎制状态相同的条件下，薄钢板、窄薄钢带的断裂韧性高于厚钢板，裂纹、分层等缺陷存在的可能性少，且尺寸小；钢带层摩擦阻力有"止裂"作用，当筒体承受内压时，若内筒上的裂纹开始扩展，位于裂纹上方的钢带层会在裂纹附近产生一些附加背压和阻止裂纹张开的摩擦力，抑制裂纹扩展；泄漏的介质不能剪断钢带层，内筒裂穿时，由于裂口不可能很大，泄漏的介质不足以剪断钢带层，只能通过钢带间隙形成的曲折通道，逐渐向外泄漏至外保护壳内。

③ 缺陷分散。储罐全长无深环焊缝，而绕带层与容器封头连接方式采用相互错开的阶梯状斜面焊缝代替传统的对接焊接结构，这样不仅增大了焊缝承载面积，提高了焊缝结构的可靠性，而且实现了筒体与封头应力水平的平滑过渡。

④ 健康状态可在线诊断。多功能全多层高压氢气储罐的双层封头结构和带有外保护薄壳的绕带结构给实施在线健康状态检测提供了条件。在罐体的外保护薄壳上部和两端的外层封头上开孔，并连接氢气泄漏收集接管。泄漏氢气通过接管进入主管道并通过放空管排放到安全的地方。在接管附近设置传感器探头，实时监测氢气的浓度，传感器探头与信号显示报警仪相连。当有泄漏发生时，信号显示报警仪会显示大致的泄漏位置，并发出声、光报警。

⑤ 制造经济简便。扁平绕带式容器的内筒厚度为总壁厚的 1/6 ~ 1/4，即使对于壁厚达 200mm 以上的大型容器，其内筒壁厚也只有 30 ~ 50mm 左右，仍为中厚板。因此内筒的制作并不困难，质量容易保证。容器厚度的大部分由绕带层组成，因此减少了大量焊接、无损检测和热处理的工作量，尤其是避免了深厚环焊缝和整体热处理。所用扁平钢带轧制简易、成本低廉。钢带窄，缠绕倾角较大，因此钢带端部切割简单，钢带与封头端部采用斜面焊接，不仅施焊容易而且质量可靠。制造过程中不需要采用大型重型设备和困难技术，除了需要一台绕带机床和采用特殊缠绕技术外，其他技术都类似于薄壁容器的制造技术，而且不需要起吊整台容器的重型厂房和桥式行车。

随着 70MPa 车载高压储氢容器的发展，固定式高压储氢容器的压力也对应提高，有的高达 110MPa。浙江大学和巨化集团工程公司利用全多层高压储氢容器的研制经验，负责制定了国际上首部高压储氢容器国家标准（GB/T 26466—2011《固定式高压储氢用钢带错绕式容器》），并成功研制了拥有自主知识产权的国际首台 98MPa 级全多层高压储氢容器，实现了安全状态的远程在线监控，使高压氢气压力平衡充装方式得以实现，大大提高了氢气充装速率，实现了高压氢气的经济规模储存，达到国际领先水平，相关成果成功应用于丰田中国加氢站等。

6.3.1.2 车用轻质高压氢气瓶

高压储氢具有结构简单、充放氢速度快等优点，为目前最主要的车载储氢方式。车用高压燃料气瓶与工业气瓶的服役要求、工作环境不同，其具有以下特点：

① 体积、质量受限。车用高压燃料气瓶在汽车上固定安装，受车内空间限制，容积一般不会超过 450L。汽车质量的增加，不仅会降低其动力性能，还会增加燃料消耗及废气排放，因此，车用高压燃料气瓶多采用质量较轻的复合气瓶。

② 充装要求特殊。充装过程中，需利用压力传感器与加气机进行实时通信，当气瓶内压力达到设定值时，自动停止加气。为满足商业化要求，车用高压燃料气瓶充装过程需在 3 ~ 10min 内完成，而且高压氢气在快速充装过程中有明显的温度升高，需要采取措施限制快

充温升。

③ 使用寿命长。车用高压燃料气瓶的设计使用寿命通常与机动车强制报废年限相同，一般为15年，避免其使用寿命超过汽车强制报废年限而造成资源浪费。

④ 使用环境复杂。多变车用高压燃料气瓶随汽车行驶于不同地域、路况条件下时，会面临多种形式的机械损伤和环境侵蚀。为保证其运行过程中的安全可靠，需要针对不同类别的车用高压燃料气瓶设计更为严格的型式试验。

6.3.2　氢储运设备风险评价

风险评价以危险源辨识为基础，对于氢储运设备，其运行过程中的危险源主要包括：

① 氢气的易泄漏性、易燃性和易爆性。由于氢气的密度很小，高压氢气储运设备中的氢气极易泄漏。如果在开放空间，对安全有利，但是一旦散逸受阻，大量氢气积聚，可能造成人员窒息。泄漏氢气在空间中扩散，达到一定浓度的时候遇火就会燃烧，甚至爆炸。此外，氢气是一种无色、无味、无毒的气体，人体一般不能自动感知到氢气的存在，燃烧的氢气在白天是不可见的。

② 压力危险。高压氢气储运设备一般都在几十兆帕下使用，储存着大量的能量。因超温、充装过量等原因，设备有可能强度不足而发生超压爆炸。车用储氢容器和高压氢气运输设备，需要频繁重复充装，不但原有的裂纹类缺陷有可能扩展，而且可能在使用过程中出现新的裂纹，导致疲劳破坏。

③ 充装危险。高压氢气储运设备在充装气体的时候，气体介质在压力降低时会放出大量的热量，通过热的传递过程，使得设备的各连接部分温度升高。温度过高可能会使充装气体的人员受到损害，同时也改变了设备承压材料的本构关系，影响到承压能力。

此外高压氢气储运设备的管理、人员培训以及设备使用的环境都给设备带来风险。

风险评价方法主要分为定性风险评价和量化风险评价。定性风险评价为经验式的风险评估，将专家分析讨论后得到的结果与风险矩阵进行对比，以获得相应的风险等级，可快速确定主要危险源；量化风险评价是对风险的定量评价，可以科学地评价氢能系统或某一具体事故的风险(个人风险和社会风险)值，为风险减缓措施提供指导和建议，还可以直接应用到氢安全相关标准的制定，如安全距离的确定，现阶段已成为氢风险评价的主流方法。

6.3.3　风险控制策略

按照《特种设备监察条例》的规定，高压氢气储运设备属于特种设备，其风险很大，必须采取有效的措施进行控制。

6.3.3.1　提高设备本质安全

采用多种控制手段，达到设备与环境、设备与人的本质安全，做到解决事故致因，防患于未然，是高压氢气储运设备风险控制的重要方面。

① 结构设计。在高压储氢设备中，可能出现焊接部位。焊接过程中可能产生未焊透、夹渣等缺陷，降低了接头的承载能力，焊接接头是承压设备中的薄弱环节。为提高安全性，应尽量减少焊接接头，特别是深厚焊缝。同样牌号的钢材，钢带的力学性能优于薄钢板，薄钢板又优于厚钢板。因此，采用钢带或薄钢板可提高力学性能。

不同类型的高压储氢设备受其具体使用情况和设计参数的影响，需要安放对设备的约束。过多的约束会使设备本身的刚度分布改变，可能造成局部区域的承载能力下降；过少的约束，会导致设备的约束强度不够而脱离等不利情况。

② 应力控制。结构中的曲率变化较大的地方容易产生较大的应力，通过优化设计，改善储氢设备，特别是高压储氢容器的轮廓，使其不产生较大的应力集中区域，造成容器整体失效。断裂理论研究表明，应力水平越低，材料对缺陷的敏感性也越低。当应力水平低于某一水平时，即使高压氢气储运设备中的缺陷穿透壁厚，也不会发生快速扩展，只会出现泄漏，即达到"未爆先漏"。

③ 超压保护。在高压储氢设备中设置超压保护装置可以很好地解决充装和储运中高压氢气的压力风险。设备出现超压时，超压控制系统可以及时地调整和关闭系统中氢气的通道，截断超压源，同时泄放超压气体，使系统恢复正常。

6.3.3.2 加氢过程风险控制

高压储氢时的加氢过程是一个储氢气源与使用单元的物质和能量交换过程，即使大量的高能气体进入空气瓶中的过程。如果在这一过程中没有掌握好操作和密封问题，就有可能导致储氢设备出现危险。

美国标准 DOT3A 和 3AA 中对于氢气在无缝气瓶中的充装作了很多规定：要求氢气的操作由专业人士来完成；高压储氢设备的连接部分要有较好的密封性；在燃料电池汽车中使用的氢气纯度一般都达到了 99.99% 以上，一方面要防止氢气与杂质的反应，另一方面要防止毒化燃料电池，所以在高压氢气的管路中不能出现油污等杂质；氢气气瓶首次使用的时候应进行抽真空处理；储氢高压气瓶不能受到冲击作用；在使用氢气的场合不能有火星；等等。加氢装置中能引起氢气泄漏的原因很多，要在系统关键部位中安装气体探测器实时监测系统中的气体，以及安装压力传感器来监测储罐和管道中的气体压力。

对于使用金属内衬的高压储氢气瓶就需要参照这两个标准中的一些规定，全复合的高压储氢气瓶在 DOTFRP-1 和 FRP-2 中也有相应的一些规定，但是与 DOT3A 和 3AA 一样，都将氢气的压力限制在 20MPa 以下。我国的汽车用压缩天然气钢瓶的压力也限制在 20MPa 以下，而且不包含复合材料气瓶。车用高压储氢的压力一般都大于这样的压力限制，所以美国和欧盟等都在这方面的标准制定中做积极的工作。

6.3.3.3 输运过程风险控制

输运和车用的储氢设备必须考虑动载荷对设备本身的影响，设备要做减振的措施，增强保护。由于振动等的影响，这类设备的阀门可能会受到一定的影响，配备在输运和车用上的储氢设备必须进行严格检查后才能使用。输运与车用时，高压储氢设备处于移动状态，如果发生事故，其危害性更强。除了在储氢设备中要进行安全状态监控外，还应在驾驶室、车体外部增加气体探测器等。

6.4 用氢安全

用氢首要的安全问题就是氢气的安全。氢气特性如下：

① 泄漏性。氢是最轻的元素，分子直径小，比液体燃料和其他气体更容易从小孔中泄

漏。一旦发生泄漏，氢气就会迅速扩散。在空气中，氢气火焰几乎是看不到的。因此接近氢气火焰的人可能不知道火焰的存在，从而增加了危险性。

② 挥发性。与汽油、丙烷、天然气相比，氢气具有较大的浮力（快速上升）、较强的扩散性（横向移动）和快速挥发性。通常情况下，空气中很难聚集高浓度的氢，如果发生泄漏，氢气会迅速扩散，特别是在开放环境中，很容易快速逃逸，而不像汽油挥发后滞留在空气中不易疏散。美国迈阿密大学的 Swain 博士做过一个著名的试验，即两辆汽车分别用氢气和汽油作燃料，然后进行泄漏点火试验。点火 3s 后，高压氢气产生的火焰直喷上方，汽油则从汽车的下部着火；到 1min 时，用氢气作燃料的汽车只有漏出的氢气在燃烧，汽车没有大问题，而汽油车则早已成为大火球，完全烧光。所以氢气易挥发的性质，与普通汽油相比，更有利于汽车的安全。

③ 可燃性。氢气燃烧性能好、点燃快，与空气混合时有广泛的可燃范围，而且燃烧速度很快。

④ 爆炸性。氢气的爆炸极限为 4%~75%（体积），而甲烷的爆炸极限为 5%~15%。也就是说，在使用中，氢气的体积浓度要保持在 4% 的燃烧下限以下，并安装探测器警报与排风扇共同控制氢气浓度。

⑤ 氢脆。是指金属在冶炼、加工、热处理、酸洗和电镀等过程中，或在含氢介质中长期使用时，材料由于吸氢或者氢渗透而造成力学性能严重退化，发生脆断的现象。

《氢气使用安全技术规程》规定了气态氢在使用、置换、储存、压缩与充（灌）装、排放过程以及消防与紧急情况处理、安全防护方面的安全技术要求。但要注意的是该标准适用于气态氢生产后的地面上各作业场所，不适用于液态氢、水上气态氢、航空用氢场所及车上供氢系统。

6.4.1 氢燃料电池汽车

汽车电动化可以减少内燃机汽车对人体有害的尾气排放，减缓气候变暖，是汽车技术发展的必然趋势。目前，电池电动汽车已经进入普及阶段，有逐步取代以汽油机为主的乘用车之势。但是，由于电池系统能量密度所限，电池电动汽车难以满足长距离、高功率、快速补能充电、宽温度适应性等大型商用车的要求。而燃料电池汽车能够满足这些要求，是取代以柴油机为主的大型商用车的重要候选。但是，燃料电池汽车既需要使用氢气，也需要使用电池，对汽车产业来讲属于新生事物，在实用化、商业化及普及过程中面临诸多课题和挑战。

其中一个重要的挑战就是确保燃料电池汽车的安全性，解除消费者和社会上的疑问和顾虑。内燃机汽车经过百余年的发展，安全相关技术、检测、法规、保险等体系都已经建立、健全。而燃料电池汽车所搭载的燃料电池系统、给燃料电池补充氢气的加氢站，都是新型技术，还没有被充分认知和掌握，而且新知识、新技术还在不断进化和涌现之中。鉴于这些因素，一方面需要充分借鉴目前已经掌握的类似技术的安全保障做法，另一方面对氢气由来的新的课题也要展开研究。例如，在确保氢气安全上，可以借鉴天然气管道的安全标准，借鉴运输天然气车辆的安全标准和检测方法。加氢站中高压气体的使用，可以借鉴 CNG、LPG等可燃高压气体填充实践中所积累的经验，逐步建立、完善适用于氢气的安全设备和法规法律。

安全、卫生等公共性、公众性强的相关技术，客观上要求不论何时、不论何地都要采用同样的检测和处置，为此需要建立能够方便认定、确保统一技术水准的国际标准。现在，日本、美国和欧洲的燃料电池先进国家，不仅在车辆开发上处于领先地位，而且在加氢站的设计与建设技术，以及安全性的研究及国际标准建立等领域也处于领先地位。为了尽快缩小国内外安全技术标准的差距和差异，一方面可以采用已经达成共识的安全标准，另一方面有必要积极加入和参与 ISO、GTR 等安全相关讨论。另外，在试验设备、试验方法上，通过引进吸收先进国家的设备和测试协议，也可以加快安全技术的研发和安全保障体系的构建。

（1）材料安全防护

氢气与金属材料接触会发生氢脆效应，氢脆是溶于金属中的高压氢在局部浓度达到饱和后引起金属塑性下降，诱发裂纹甚至开裂的现象。氢在常温常压下并不会对钢产生明显的腐蚀，但在高温高压下，会发生氢脆，使其强度和塑性大大降低。如果与氢接触的材料选择不当，就会导致氢泄漏和燃料管道失效。目前，高压储氢瓶选择铝合金或合成材料来避免氢脆的发生。例如，丰田 Mirai 储氢瓶采用高强度的混合材料，由三层结构组成，最内层材料是高强度聚合物，中层是强化碳纤维和高强度聚合物的混合材料，外层是玻璃纤维和高强度聚合物的混合材料。其他厂家也有类似的设计，例如昆腾（Quantum）和丁泰克（Dynetek）现在出售的塑料内胆和铝内胆碳纤维缠绕的高压储氢瓶具有质量小、单位质量储氢密度高等优点，与钢制容器相比很好地解决了氢脆问题。国内的燃料电池汽车高压氢瓶主要采用铝内胆加碳纤维缠绕的Ⅲ型气瓶。各种燃料管道以及阀件也都采用适用于氢介质的材料，如抗氢脆的不锈钢(316L，耐压大于 34.48MPa)、铝合金材料或聚合物，并且储瓶、管道及阀件所能承受的压力留有足够的安全余量，储氢瓶的安装及高压氢气连接管材质均应符合相关规范的安全要求。这些材料的使用，均可避免氢脆的发生。

（2）元器件防护

为了防止电路中产生电火花点燃氢气而发生燃烧或爆炸事故，燃料电池汽车的电气元件、管路、阀体均采用相应的防爆、防静电、阻燃、防水、防烟雾材料。例如，燃料电池汽车的氢检测传感器均选用防爆型，而不用触点式传感器，因为触点式传感器在氢气含量达到设定值时通过触点的动作输出信号，容易产生触点火花而引发事故；为了防止继电器触点动作时发生电弧放电而点燃氢气，氢安全处理系统中所用的继电器选用防爆固态继电器；元器件的防水防尘等级为 IP67，以后将逐步提高；线束材料的阻燃级别为垂直燃烧 V0 级和水平燃烧 HB 级，均为最高等级要求。

（3）氢系统安全防护

氢系统的防护措施主要是对高压储氢瓶及氢气管路进行安全设计，安装各种安全设施。燃料电池汽车的氢系统安全防护体系由排空管、安全阀、手动截止阀、单向阀、泄压球阀、碰撞传感器、温度传感器、压力传感器、电磁阀、碰撞传感器等构成，并在监控系统中设定相应的防护值，一旦发生异常状况，则通过氢系统控制器将各种监控信息传递给各种安全设施，及时断开或关闭，使燃料电池汽车处于安全状态。

氢系统的部件主要包括加氢口、氢气过滤器、单向阀、减压阀、电磁阀、排空口、限流阀、安全阀、针阀、温度传感器、压力传感器和氢系统控制器等。

氢系统的安全设施的主要功能如下：

① 气瓶安全阀。当储氢瓶氢气压力超过设定值后能自动泄压。如瓶体温度由于某种原因突然升高造成瓶内气体压力升高，当压力超过安全阀设定值时，安全阀自动泄压，保证气瓶在安全的工作压力范围之内。

② 温度传感器。通过气体温度的变化判断外界是否有异常情况发生。如果气体温度突然急剧上升，若非温度传感器故障，则在气瓶周围可能有火灾发生，可通过氢系统控制器立即报警。

③ 气瓶电磁阀。气瓶电磁阀为12V直流电源驱动，无电源时处于常闭状态，主要起开关气瓶的作用，与氢气泄漏报警系统联动。当系统正常通电工作时，电池阀处于开启状态，一旦泄漏氢气浓度达到保护值则自动关闭，从而达到切断氢源的目的。

④ 手动截止阀。通常处于常开状态，当气瓶电磁阀失效时可以手动切断氢源。电磁阀和手动截止阀联合作用，可有效避免氢气泄漏。

⑤ 压力传感器。用于判断气瓶中剩余氢气量，保证车辆的正常行驶。当压力低于某值时可以提示驾驶员加注氢气。

⑥ 加气口。在加注时与加氢机的加气枪相连，具有单向阀的功能。

⑦ 单向阀。在加气口损坏时，阻止气体向外泄漏。

⑧ 管路电磁阀。在给氢气瓶充气时，可有效防止气体进入燃料电池。

⑨ 减压阀。将氢气的压力调节到燃料电池所需要的压力。当出现异常情况时，可以与针阀、安全阀联动将氢气瓶中的残余氢气安全放空。

⑩ 热熔栓。设置在高压氢瓶内，可防止周边着火导致氢瓶发生爆炸。一旦温度传感器检测到储氢瓶周边温度过高，则氢瓶内的热熔栓将熔化，使氢气低流速释放。如果周边有火源，只出现氢气缓慢燃烧而避免爆燃情况发生。

氢气安全系统分为两类，即被动安全系统和主动安全系统。被动安全系统包括的部件为排空口和氢瓶及氢管路上的安全阀，其部件特征无须电气控制的机械部件，例如当管道内氢气压力过高时，安全阀会打开，过压的氢气就可以通过氢管路从排空口排到空气中；主动安全系统是可通过电气控制的系统，其以氢系统控制器为核心，以氢系统各传感器、整车的部分传感器和其他控制器发送的信号等作为信息读取来源，以可控的电磁阀作为执行部件，当各传感器监控的状态出现异常时，能够主动控制阀门动作，关闭供氢系统，进而保证车辆和人员的安全。

（4）氢系统安全监控

车载氢系统安全监控主要是对储氢瓶系统、乘客舱、燃料电池发动机系统以及尾气排放处的氢气泄漏、系统压力、系统温度、电气元件及其他器件进行实时监控，确保燃料电池在加氢、用氢过程中的安全。氢安全监控系统主要包括氢系统控制器、氢气泄漏传感器、温度传感器和压力传感器等元器件。氢系统控制器在工作过程中，监控氢瓶及氢管路安全、氢气泄漏状态及整车运行状态，只要出现异常，随时主动关闭供氢系统，保证燃料电池车辆安全。

① 氢气泄漏监控。在储氢瓶口、乘客舱及燃料电池发动机系统易于聚集和泄漏处均放置多个氢气泄漏传感器，实时监测车内的氢含量，一旦发生氢泄漏立即采取响应处置措施，确保乘客安全。而且当有任何一个传感器检测到的氢气体积浓度超过氢爆炸下限（空气中的

氢体积含量为 4%）的 10%、25% 和 50% 时，监控器会分别发出 Ⅰ 级、Ⅱ 级、Ⅲ 级声光报警信号。

② 加注安全监控与防护。车载氢系统加氢时，当氢系统控制器检测到氢瓶内压力超过设定的加注压力或低于设定的低压值时，立即向整车管路系统和加氢机发送停止加氢及氢瓶压力过高或过低的报警信息。另外，加氢枪安装了温度传感器及压力传感器，同时还具有过电压保护、环境温度补偿、软管拉断裂保护及优先顺序加气控制等功能。

③ 氢瓶温度监控。当氢系统控制器检测到气瓶的温度超过或低于设定温度时，立即关闭电磁阀，并将氢瓶内温度过高或过低的报警信息发送给整车管路系统和加氢机请求结束正常工作，同时信息提示故障气瓶编号，通过声光报警方式通知驾驶员，立即采取相应措施。

④ 供氢时管路压力监控。当车载氢系统供氢时，氢系统控制器检测低压压力超过或低于设定值时，立即关断电磁阀，并将管路超压或管路低压的报警信息发送给整车管理系统请求结束正常工作，同时声光报警提示驾驶员采取必要措施。

⑤ 电气元件短路监控。氢系统控制器到电气元件发生短路时，立即关闭氢系统所有电磁阀并使氢系统断电，同时通过声光报警提示驾驶员氢系统短路，采取相应的安全措施。

（5）日常安全养护

通常情况下，氢气没有腐蚀性，也不与典型的容器材料发生反应。在特定的温度和压力条件下，它可以扩散到钢铁和其他金属中，导致我们所知的"氢脆"现象。鉴于此，不仅车载氢气系统的设计必须符合高安全标准，而且其日常维护也非常重要。在氢气供给及安全报警系统中，各种传感器的作用尤为突出，它关系到能否对氢气的泄漏进行实时监测，并且做出相应的控制措施。传感器是非常灵敏的元件，只有对其进行定期的校正，才能确保其正常工作。

建立氢气安全系统的主要焦点是使泄漏和火源的危险降低到最低程度。因此，工作人员就应该定期进行载氢系统的气密性检测，对管路进行定期的保压实验，以减少氢气的泄漏。此外，对相关的工作人员进行良好的培训及设计一套较好的强调安全操作的程序是十分必要的。

此外，在燃料电池车开发时，既要考虑常规汽车的安全性，又要考虑燃料电池汽车本身特有的安全性要求。尤其在行李箱内装有氢气瓶和控制系统的情况下，在装载车载供氢系统的汽车行李箱中，要增加通风对流结构以避免非常情况下的氢气快速积聚。

6.4.2　加氢站安全

加氢站是给氢能燃料电池交通工具提供氢气或掺氢燃料加注服务的场所，作为一种新兴的能源基础设施，其安全性是政府和公众非常关心的问题，而安全设计和合理的选址及布置是加氢站安全的首要前提。

（1）安全设计理念

加氢站的设计应严格遵循五层安全防范设计理念，五层设计理念之间的关系为层次递进。

第一层：确保加氢站内氢气不泄漏。而要想实现氢气不泄漏，就要求加氢站工艺系统与设备本身的设计合理并安全。

第二层：若加氢站内设备泄漏可及时检测到，并预防进一步泄漏扩散。这需要加氢站设计严格的安防控制，设置可燃气体检测报警系统及紧急切断系统等。

第三层：加氢站即使发生泄漏，也不产生积聚。这要求加氢站内的建筑/构筑物设计合理，加氢站内尽量不留氢气易集聚死角。易发生可燃气体泄漏的房间均应设置机械排风系统并应与可燃气体检测报警系统连锁控制。

第四层：杜绝点火源。加氢站需建立严禁烟火制度，相关氢气设备采用防爆设计，所有可燃介质的设备管道及其附件采取防静电措施，以消除或减少静电积累的可能性。

第五层：万一发生火灾也不会对周围产生影响或影响小。这需要相应的安全缓解措施来实现。如设计防爆墙、采用合理的防火间距、配备相应的消防设施等。

五层安全防范设计理念的关系层次递进，即：首先保证加氢站尽量不发生氢气泄漏事故；一旦发生泄漏事故，加氢站内安防系统也能发生检测到，防止氢气进一步泄漏扩散；若没有及时制止氢气泄漏，也要求氢气不能集聚，可以快速逃逸，而不产生可燃气云；即使有可燃气云产生，也要严格杜绝点火源，防止从泄漏事故升级为火灾事故；万一存在点火源发生火灾，也要尽量把影响降至最低。

（2）安全运行管理体系

安全管理体系是加氢设施安全运行的重要保障条件，也是安全运行管理的基础。加氢站安全管理包含人员管理、设备管理、加氢管理和安全管理等，可参照国家标准化指导性技术文件 GB/Z 34541—2017《氢能车辆加氢设施安全运行管理规程》执行。

（3）人员管理

保证从业人员的培训是加氢设施安全运行的重要保障，也是降低出险概率的重要措施。

① 全员安全教育

加氢设施运行单位应当对从业人员进行必要的安全生产知识教育培训，使全员熟悉有关的安全生产规章制度和安全操作规程，掌握本岗位的安全操作技能。督促从业人员严格执行本单位的安全生产规章制度和安全操作规程，并向从业人员如实告知作业场所和工作岗位存在的危险因素、防范措施以及事故应急措施。安全教育的内容和学时安排应按照安全教育管理规定的有关内容执行。

② 专业技术培训

加氢设施运行单位应当组织对运行操作人员进行专业技术教育和培训，并确认工作人员取得相关岗位的作业资质。涉及加氢设施运行的操作人员，应持有效的操作证书方可上岗操作。严禁没有充装证或操作证不符的人员进行相关操作。工作人员操作证与作业内容不符、操作证过期等均视为没有本作业操作证。加氢设施运行单位管理人、技术负责人、设备管理及操作人员等需到相应的专业培训机构进行专业技术培训，并取得相关部门颁发的上岗证书。

③ 考核、检查

根据安全教育培训管理规定，对员工的消防、危险物品安全和加氢运行等方面的知识及实际操作进行检查并考核。考核不合格的应下岗进行再培训，培训合格后方可持证上岗；未经安全生产教育和培训合格的从业人员，不得上岗作业。

（4）设备安全管理

加氢设施运行单位必须遵照国家有关设备安全规范标准、规定和制度，制定和完善本单位设备安全管理制度、规定，制定设备安全操作规程。

① 许可确认

加氢设施相关设备的使用、维修、更换等，必须符合国家关于《特种设备安全监察条例》《危险化学品安全管理条例》《安全生产许可证条例》等相关的许可管理规定。

使用需要生产许可、使用许可等管理的压力容器、安全装置等设备，必须具备有效合格证明。更换、新增安全相关设备，必须按照相关安全管理规定进行。委托外单位进行设备检修、安装等施工作业前，应确认施工单位、人员等资质，不得容许不符合资质条件的单位、人员为本单位进行安全相关作业。

② 运行使用

设备操作人员应接受有关设备使用培训和安全教育，熟知设备的使用操作要求和流程，并严格按照设备操作规程进行操作。设备操作人员应确认所使用的设备功能正常、技术状态良好，不得使用损坏、缺失部件等有安全隐患的设备。

设备维修操作人员应接受有关设备使用和维护培训以及安全教育，熟知设备的使用操作要求、维护保养、故障排除等的要求和流程，并严格按照设备维修规程进行维修。设备维修人员应确认维修后的设备功能正常、技术状态良好。

③ 检验标定

应按照规定的检验周期对相关运行设备进行有效检验，记录相关检验信息并保留原始凭据。要在设备上以不易擦除的描述明示下次检验时间或有效期。

④ 维护保养

应根据维护保养规程及计划，对加氢设施的相关设备进行维护、保养和定期检查，及时发现、消除安全隐患，确保设备的技术状态良好。

⑤ 报废

对报废的安全相关设备，应及时登记相关信息。可对设备进行相应处理，使其不易被直接再次使用。

（5）气体质量管理

加氢设施运行单位自产氢气或外购氢气，气体质量需符合氢燃料电池所需氢气质量要求。氢内燃机或氢混合燃料车辆所需气体质量，按用户要求确定。

加氢设施运行单位外购氢气厂家，应具备相关部门颁发的氢气生产或销售许可资质，并提供产品质量证明文件。

（6）生产作业管理

加氢设施运行单位应制定相关的安全运行管理制度、流程、规范等，并严格遵照执行。制度规范的编制要以保障人的安全为主要编制原则。

根据不同加氢设施的结构、配置、规模等特点，科学合理制定各项安全管理制度、规范，做到制度合理、有效、可行。

参 考 文 献

[1] 李亚东. 风光互补联合发电制氢系统的安全性分析与研究[D]. 邯郸：河北工程大学，2016.

[2] 冯是全，胡以怀，金浩. 燃料重整制氢技术研究进展[J]. 华侨大学学报（自然版），2016，37（4）：

395-400.

［3］彭泓．天然气制氢装置危险与可操作性(HAZOP)分析评价[J]．科技与企业，2014(16)：355.

［4］冯庆祥．固氧在液氢中的行为特性及液氢生产的安全问题[J]．低温与特气，1998(1)：55-62.

［5］蔡体杰．液氢生产中若干固氧爆炸事故分析及防爆方法概述[J]．低温与特气，1999(3)：52-57.

［6］刘海生，张震，邱小林，等．液氢中固空沉积形式的试验研究[J]．低温工程，2015(1)：13-16.

［7］倪萌．氢存储技术[J]．可再生能源，2005(1)：35-37.

［8］Hervé Barthélémy. Hydrogen storage－Industrial prospectives ［J］. International Journal of Hydrogen Energy, 2012, 37(22)：17364-17372.

［9］王洪海．CNG 加气站无缝瓶式容器的安全设计[J]．化工设备设计，1999(6)：22-29.

［10］黄宁．钢制无缝高压容器的设计和制造[J]．压力容器，1999(4)：57-59.

［11］郑津洋，陈瑞，李磊，等．多功能全多层高压氢气储罐[J]．压力容器，2005(12)：25-28.

［12］许辉庭．加氢站用多功能全多层高压储氢容器研究[D]．杭州：浙江大学，2008.

［13］李志勇，潘相敏，马建新．加氢站氢气事故后果量化评价[J]．同济大学学报(自然科学版)，2012，40(2)：286-291.

［14］刘艳秋，张志芸，张晓瑞，等．氢燃料电池汽车氢系统安全防控分析[J]．客车技术与研究，2017，39(6)：13-16.

［15］王晓蕾，马建新，等．燃料电池汽车的氢安全问题[J]．中国科技论文，2008(5).